公共建筑冷热源方案设计指南

宋孝春　主编

中国建筑工业出版社

图书在版编目（CIP）数据

公共建筑冷热源方案设计指南/宋孝春主编．—北京：中国建筑工业出版社，2020.3（2023.7重印）
ISBN 978-7-112-24770-7

Ⅰ.①公…　Ⅱ.①宋…　Ⅲ.①公共建筑-制冷系统-系统设计-指南②公共建筑-热源-供热系统-系统设计-指南　Ⅳ.①TU83-62

中国版本图书馆CIP数据核字（2020）第022319号

本书共5章，主要内容为：典型冷热源方案及工程设置，运行费用及全年能耗计算方法，冷热源方案，冷热源方案经济性分析，冷热源方案典型案例。以公共建筑冷热源需求为基础，全面对比分析了市政热、锅炉房、直燃机、热泵、电制冷、蓄能等多种冷热源方式的初投资费用、运行费用、全寿命周期费用等，可为公共建筑能源方案设计提供较全面的指导。

本书适用于建筑电气、给水排水、暖通专业设计人员参考使用。

责任编辑：万　李　范业庶　胡永旭
责任校对：王　瑞

公共建筑冷热源方案设计指南
宋孝春　主编
*
中国建筑工业出版社出版、发行（北京海淀三里河路9号）
各地新华书店、建筑书店经销
北京科地亚盟排版公司制版
北京中科印刷有限公司印刷
*
开本：787×1092毫米　1/16　印张：15　字数：371千字
2020年5月第一版　2023年7月第三次印刷
定价：**89.00**元
ISBN 978-7-112-24770-7
（35329）

作者简介

宋孝春 1963年生，1985年毕业于北京建筑工程学院。

中国建筑设计研究院有限公司总工程师、工程设计研究院院长。注册公用设备工程师，教授级高级工程师。中国建筑学会建筑热能动力分会会长。

曾就职于北京建筑工程学院、北京城市改建综合开发公司、中国农业工程研究设计院、建设部建筑设计院。

三十多年来，参与了50多个大中型工程设计（其中14个工程获市级以上奖25项），总建筑面积1200多万m^2，涉及多种功能、多种类型建筑，比较典型的有文化类建筑、体育类建筑、超高层建筑、办公建筑、居住小区、星级酒店、总部大厦、商务中心、会展中心、行政中心、城市综合体、大型区域能源站等。

代表作品有北京西环广场、黄山玉屏假日酒店、大连星海湾古城堡酒店、海口行政中心、天津于家堡金融中心、鄂尔多斯东胜体育中心、招商银行深圳分行、中国铁物大厦、中铁青岛世界博览城会展及配套项目、奥运村再生水热泵冷热源工程、亚龙湾旅游度假区区域冰蓄冷工程、北京建筑大学新校区供热工程、重庆江北城CBD区域江水源热泵集中供冷供热项目三期工程（1号能源站）、北京丽泽金融商务区智慧清洁能源系统等。

发表论文13篇，主编参编《城市综合体机电技术与设计》、《民用建筑制冷空调设计资料集》等专著6册，参与了《建筑设计防火规范》、《旅馆建筑设计规范》、《建筑机电工程抗震设计规范》（华夏二等奖）、《数据中心设计规范》、《人民防空地下室设计规范》、《蓄能空调工程技术规程》等8本标准规范的编写；参加了利用城市热网驱动吸收式制冷研究、建筑机电节能研究（华夏三等奖）、“十一五”绿色通风空调研究等科研课题的研究工作。

本书编委会

序　一

能源是经济社会发展的基础。国家制定了“四个革命、一个合作”能源战略，即能源消费革命、能源供给革命、能源技术革命、能源体制革命，并全方位加强国际合作，实现开放条件下的能源安全。建筑耗能在全社会能源消耗中占有很大比重，建筑节能是建设领域落实科学发展观的具体体现，也是实现建设领域可持续发展的必由之路。

随着建筑节能工作的持续推进，工作重心已从围护结构的被动式节能转为建筑能源系统的设计和运行优化管理。在建筑能源领域，新型建筑能源系统层出不穷，“互联网＋”智慧能源、多能互补等示范工程启动建设，大规模储能、能源大数据等领域创新日趋活跃……建筑能源系统，尤其是冷热源系统的设计和运行优化越来越引起从业者的重视。

当前，我国能源发展的主要矛盾已经转变为人民日益增长的美好生活用能需要和能源不平衡不充分的发展之间的矛盾。建筑能源领域构建清洁低碳、安全高效的能源体系，还需要全国建筑能源从业者砥砺前行，在探索中实践、在变革中前进、在发展中壮大，持续不断为全面建成小康社会、建设现代化国家提供稳定可靠、绿色高效的能源保障。

本书在建筑能源领域，提出了公共建筑冷热源方案优选的全面分析方法，内容注重理论与实践的结合，突出实用性，强调可读性，可供建筑热能动力领域的设计工程师、工程技术研究人员以及建设方参考。

全国工程勘察设计大师：

序　二

在暖通空调及热能动力方面出版的书籍，大部分为专注专业基础理论的教科书、工程设计手册、设计规范等，而对于工程设计、施工运行中出现的实际问题及其分析解决方法，则较少有系统性的总结与归纳，能够出版成书的更少，本书的出版，填补了这方面的空白。

暖通空调冷热源的节能降耗成为现阶段建筑节能的关键。建筑设计分为方案设计、初步设计以及施工图设计等阶段，其中方案设计阶段的建筑节能设计是建筑节能的源头，因此，在建筑方案设计阶段贯彻冷热源优化设计方法，建设绿色高效的建筑能源系统，具有非常重要的意义。

本书以公共建筑冷热源需求为基础，首先分析介绍了市政热力、锅炉房、直燃机、热泵、电制冷（风冷、水冷）、蓄能等多种冷热源方式的基础知识和系统特点，以便读者更好地理解相关知识；在初投资、运行费用、全寿命周期费用等方面对上述各建筑能源系统进行综合技术经济对比，提出不同能源条件、环境资源、能源政策前提下，最佳冷热源设计的优选方法，并通过典型的工程示例加以说明，为公建能源方案设计提供了较全面的理论基础和分析框架。

本书作者长期工作在中国建筑设计研究院有限公司建筑暖通及热能动力工程设计一线，在建筑暖通及热能动力工程设计领域，尤其是供暖空调冷热源设计方面积累了丰富的工程经验。本书是作者长期工作经验的总结，给出了公共建筑冷热源方案优选的全面分析方法，内容上深入浅出，体现了作者深入观察、勤于思考的工程思维方式，突出实用性，可供建筑暖通及热能动力领域业内相关人员参考。

全国工程勘察设计大师：李娥飞

前　言

随着我国科技的飞速进步，经济的迅速发展，空调技术日新月异。空调冷热源是中央空调系统的核心，冷热源系统分类多样，各有特色，现常用的系统有市政热力、锅炉房、直燃机、热泵、电制冷（风冷、水冷）、蓄能等多种冷热源方式。冷热源的选择直接关系到系统的初投资、运行费用、节能性及用户舒适性等，如何因地制宜地选择空调冷热源，成为暖通设计重要的环节。

近年来，业主对空调系统愈加重视，在项目分析阶段，往往会提出空调冷热源方案的经济性对比研究的要求，重要项目甚至要求专家论证。本书应时而著，以公共建筑冷热源需求为基础，全面分析研究市政热力、锅炉房、直燃机、热泵、电制冷（风冷、水冷）、蓄能等多种冷热源方式，经过技术经济分析，在初投资费用、运行费用、全寿命周期费用等方面进行综合对比，充分体现节能环保、低碳绿色等概念，推选不同能源条件及政策的最佳冷热源设计，为今后各设计院公共建筑能源方案设计提供较全面的理论基础和分析框架。

总之，冷热源的正确选择不但关系到项目的投资、运行费用，还对环境有重要影响。选择正确的系统可以减小对环境的影响，减少能源消耗，对我国节约能源具有重大意义。

目　　录

第1章　典型冷热源方案及工程设置

1.1　冷热源方案选择原则

冷热源方案应根据建筑物的规模、用途以及建设地点的自然条件、能源状况、结构、价格，国家节能减排和环保政策的相关规定等进行选择。

（1）有可利用的废热或工业余热的区域，热源宜采用废热及工业余热；当废热或工业余热温度较高时，经技术经济论证合理，冷源宜采用吸收式冷水机组；

（2）在技术经济合理的情况下，冷、热源宜利用浅层地温能、太阳能、风能等可再生能源；

（3）有城市或区域热网的地区，集中式空调系统的供热热源宜优先采用城市或区域热网；

（4）城市电网夏季供电充足时，冷源宜采用电动压缩式制冷方式；

（5）城市燃气供应充足时，宜采用燃气锅炉、燃气热水机供热或燃气吸收式冷（温）水机组供冷、供热；

（6）在执行分时电价且峰谷电价差较大的地区，经技术经济比较，采用低谷电价能够明显地起到对电网“削峰填谷”和节省运行费用时，宜采用蓄能系统供冷、供热；

（7）夏热冬冷地区及干旱缺水地区的中、小型建筑宜采用空气源热泵或土壤源热泵系统供冷、供热；

（8）有天然地表水等资源可利用或者有可利用的浅层地下水且能保证100％回灌时，可采用地表水或地下水源热泵系统供冷、供热。

1.2　典型冷热源方案

本书选择了下列几类常用的冷热源方案，作为分析对比框架：

（1）常规电制冷（夏）；

（2）冰蓄冷（夏）；

（3）直燃机（冬、夏）；

（4）风冷热泵（夏）；

（5）地下水源热泵（冬、夏）；

（6）土壤源热泵（冬、夏）；

（7）市政热源（冬）；

（8）燃气锅炉（冬）。

1.3　典型工程的设置

选定一个典型公共建筑，对其进行冷热源方案分析。

1. 工程概况

(1) 工程地点：北京；

(2) 建筑功能：高层办公楼；

(3) 建筑面积：10万m^2。

2. 冷热负荷

空调冷热负荷按建筑面积指标法计算，其中冷指标100W/m^2，热指标80W/m^2（见表1-1）。

建筑冷热负荷表　　**表1-1**

建筑面积（m^2）	冷负荷（kW）	冷指标（W/m^2）	热负荷（kW）	热指标（W/m^2）
100000	10000	100	8000	80

第2章 运行费用及全年能耗计算方法

随着室外温湿度和室内人员设备情况的变化，空调系统的冷、热负荷是实时变化的。由于各种影响空调负荷的因素的变化有一定的随机性，建筑物有非常大的热惰性，导致理论计算空调全年能耗非常困难。因此，为了满足工程需要，宜采用估算方法计算空调全年能耗。本书采用“供冷能耗系数”法计算供冷能耗，采用度日数法计算供热能耗。

2.1 “供冷能耗系数”法计算供冷能耗

2.1.1 计算方法

将公共建筑全年供冷期按冷负荷占设计冷负荷的百分比划分为4个阶段：100%负荷阶段、75%负荷阶段、50%负荷阶段、25%负荷阶段。根据上述供冷期阶段划分，公共建筑空调全年供冷能耗可用下式估算：

$$W=\frac{100\%Q\cdot a\cdot H}{COP_{100\%}}+\frac{75\%Q\cdot b\cdot H}{COP_{75\%}}+\frac{50\%Q\cdot c\cdot H}{COP_{50\%}}+\frac{25\%Q\cdot d\cdot H}{COP_{25\%}}$$
$$=\left(\frac{100\%a}{COP_{100\%}}+\frac{75\%b}{COP_{75\%}}+\frac{50\%c}{COP_{50\%}}+\frac{25\%d}{COP_{25\%}}\right)\cdot QH \tag{2-1}$$

式中 W——全年供冷能耗，kWh；

Q——设计冷负荷，kW；

H——空调系统全年运行时间，h；

a、b、c、d——100%、75%、50%、25%负荷阶段对应的运行时间占全年空调运行时间的百分比，%；

$COP_{100\%}$、$COP_{75\%}$、$COP_{50\%}$、$COP_{25\%}$——100%、75%、50%、25%负荷阶段对应的冷源运行平均COP。

在部分负荷下，设有多台制冷机组的制冷系统可以通过控制制冷机组的运行台数或负荷加、减载实现输出冷量的调节，因此，在制冷系统部分负荷下，单台制冷机组也可能工作在满负荷状态。为了简化计算，假设制冷系统部分负荷下的冷源运行平均$\overline{COP}$等于单台制冷机组的满负荷COP，即：

$$COP_{100\%}=COP_{75\%}=COP_{50\%}=COP_{25\%}=\overline{COP} \tag{2-2}$$

则将公式（2-2）代入公式（2-1）得：

$$W=(100\%a+75\%b+50\%c+25\%d)\cdot\frac{QH}{\overline{COP}} \tag{2-3}$$

定义供冷能耗系数CCF为：

$$CCF=100\%a+75\%b+50\%c+25\%d \tag{2-4}$$

将公式（2-4）代入公式（2-3）得：

$$W = CCF \cdot \frac{QH}{COP} \tag{2-5}$$

2.1.2　供冷能耗系数 *CCF* 的确定

文献［1］给出了全国通用的水冷式电动蒸气压缩循环冷水（热泵）机组的综合部分负荷性能系数 *IPLV* 的计算方法：

$$IPLV = 2.3\%A + 41.5\%B + 46.1\%C + 10.1\%D \tag{2-6}$$

式中　A、B、C、D——对应 100%、75%、50%、25%负荷时的性能系数。

根据文献［1］~［6］，公式（2-6）中的系数 2.3%、41.5%、46.1%、10.1%分别为对应部分负荷下的负荷时间百分比。参照上述统计平均值，确定式中的 a、b、c、d 值，并计算适合全国的供冷能耗系数 *CCF*，列于表 2-1 中。同理，参考表 2-2 中列出的我国不同气候区办公建筑 *IPLV* 的权重系数，计算相应各气候区的供冷能耗系数 *CCF*，列于表 2-1 中。

全年供冷能耗估算公式　　表 2-1

适合区域	各部分负荷段运行时间百分比				*CCF*	*W*
	a	*b*	*c*	*d*		
全国	1.2%	29.1%	48.5%	21.2%	52.6%	$W=52.6\%\times\frac{QH}{COP}$
严寒地区	0.5%	21.0%	49.4%	29.1%	48.2%	$W=48.2\%\times\frac{QH}{COP}$
寒冷地区	0.3%	24.8%	54.8%	20.1%	51.3%	$W=51.3\%\times\frac{QH}{COP}$
夏热冬冷地区	1.2%	26.3%	48.2%	24.3%	51.1%	$W=51.1\%\times\frac{QH}{COP}$
夏热冬暖地区	1.2%	32.9%	44.0%	21.9%	53.3%	$W=53.3\%\times\frac{QH}{COP}$

我国不同气候区办公建筑 *IPLV* 的权重系数分布　　表 2-2

区域	*IPLV* 的权重系数（%）				气候区权重系数（%）
	A	B	C	D	
严寒地区	1.04	32.68	51.22	15.06	6
寒冷地区	0.68	36.17	53.36	9.79	27
夏热冬冷地区	2.28	38.61	47.19	11.92	35
夏热冬暖地区	2.21	46.31	41.21	10.27	32

2.1.3　供冷系统附属设备的能耗计算

供冷系统的冷冻水泵、冷却水泵、冷却塔等附属设备的能耗，假设与冷源的供冷量成正比，参考上述冷源能耗计算方法，可按式（2-7）计算：

$$W_F = CCF \cdot N \cdot H \tag{2-7}$$

式中　W_F——供冷系统附属设备全年能耗，kWh；

N——供冷系统附属设备在设计工况下的额定功率，kW；

H——空调系统全年运行时间，h。

2.2 度日数法计算供热能耗

2.2.1 计算方法

在供暖期，公共建筑的空调系统是间歇运行的，在有人使用时，室内温度为设计温度；在下班后没有人员使用时，室内温度为值班温度。根据设计温度和值班温度延续的时间，可以计算出建筑的室内平均温度。进而根据工程当地的供热期室外平均温度和供热期长度，求得供热能耗计算度日数，如式（2-8）：

$$HDD = (\overline{t_n} - \overline{t_w}) \cdot D \tag{2-8}$$

式中 HDD——度日数，K·d；

$\overline{t_n}$——供暖期室内平均温度，K；

$\overline{t_w}$——供暖期室外平均温度，K；

D——供暖期天数，d。

根据建筑物的平均传热负荷和度日数，可以计算出建筑物的年供热能耗，如式（2-9）：

$$W' = \frac{Q'}{t_n - t_w} \cdot HDD \times 24 \tag{2-9}$$

式中 W'——年供热能耗，kWh；

Q'——供暖设计热负荷，kW；

t_n——供暖室内设计温度，K；

t_w——供暖室外设计温度，K。

2.2.2 供热系统附属设备的能耗计算

供热系统的热水循环泵等附属设备的能耗，假设与热源的供热量成正比，参考上述供热能耗计算方法，可按式（2-10）计算：

$$W'_F = \frac{N'}{t_n - t_w} \cdot HDD \times 24 \tag{2-10}$$

式中 W'_F——供热系统附属设备全年能耗，kWh；

N'——供热系统附属设备额定功率，kW。

2.3 空调系统全年能耗计算

空调系统的全年能耗为上述供冷能耗和供热能耗之和。针对本书工程所在地北京地区，能耗计算相关参数如下：

夏季空调：

运行时长：150d，每天运行10h，从8：00—18：00。

冬期供热：

运行时长：120d，室内设计温度20℃（8：00—18：00），室内值班温度5℃（18：00—次日8：00）；采暖期空调室外设计干球温度−9.9℃，供暖期室外平均温度−0.7℃。

第3章 冷热源方案

3.1 常规电制冷方案

3.1.1 系统介绍

人工制冷方式的种类繁多，形式各异。制冷所用的能源也各有不同，有以电能为能源制冷的，如用氨、氟及其他工质实现制冷循环的压缩式制冷机；有以蒸汽为能源制冷的，如蒸汽型溴化锂吸收式制冷机等；还有以其他热能为能源制冷的，如热水型溴化锂制冷机、直接燃烧油或天然气的溴化锂制冷机以及太阳能吸收式制冷机等。目前我国广泛使用的制冷方式为压缩式电制冷机，有活塞式、离心式、螺杆式制冷机；以及吸收式制冷机，有溴化锂吸收式制冷机。

空调工程常用的压缩式电制冷机，无论是活塞式、离心式还是螺杆式冷水机组，制冷原理均为制冷压缩机将蒸发器内的低压低温的气态工质（氨或氟利昂）吸入压缩机本内，经过压缩机的压缩做功，使之成为压力和温度都较高的气体排入冷凝器。在冷凝器内，高压高温的制冷剂气体与冷却水或空气进行热交换，把热量传给冷却水（水冷方式）或空气（风冷方式），结果气态工质凝结为液体。高压液体再经节流阀降压后进入蒸发器。在蒸发器内，低压制冷剂液体气化，而气化时必须吸取周围介质（如冷媒水）的热量，从而使冷媒水温度降低了，这就是所需制取的低温冷水。蒸发器中气化形成的低压低温的气体又被制冷压缩机吸入压缩，这样周而复始，不断循环，连续制出冷水。

由于活塞式冷水机组单机制冷量较低，在大型建筑物内应用较少，下面着重说明螺杆式冷水机组和离心式冷水机组的特点。

1. 螺杆式冷水机组

螺杆式冷水机组因其关键部件压缩机采用螺杆式而得名（见图3-1～图3-3），机组由蒸发器出来的状态为气态冷媒；经压缩机绝热压缩以后，变成高温高压状态。被压缩后的气态冷媒，在冷凝器中等压冷却冷凝，经冷凝后变成液态冷媒，再经节流阀膨胀到低压，变成气液混合物。其中低温低压下的液态冷媒，在蒸发器中吸收被冷物质的热量，重新变成气态冷媒。气态冷媒经管道重新进入压缩机，开始新的循环。这就是冷冻循环的4个过程，也是螺杆式冷水机组的主要工作原理。

（1）螺杆式冷水机组的主要类型

1）根据其所用的螺杆式制冷压缩机不同分类。螺杆式制冷压缩机分为双螺杆和单螺杆两种。双螺杆制冷压缩机具有一对互相啮合、旋向相反的螺旋形齿的转子。单螺杆制冷压缩机有一个外圆柱面上加工了6个螺旋槽的转子螺杆。在蝶、杆的左右两侧垂直地安装着完全相同的有11个齿条的行星齿轮。

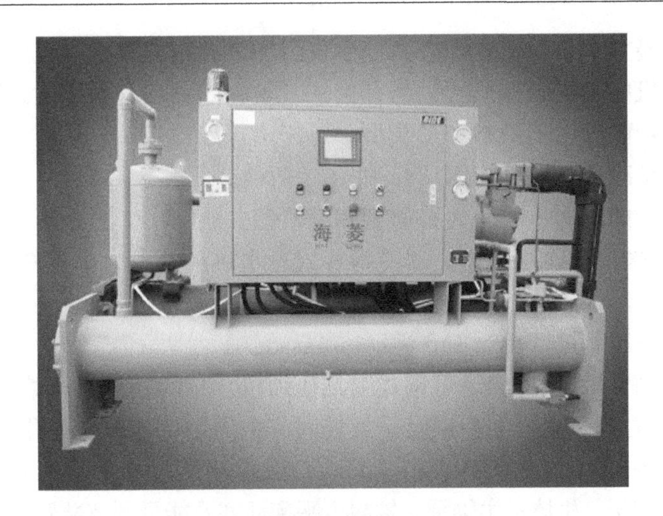

图 3-1 螺杆式冷水机组（一）

图 3-2 螺杆式冷水机组（二）

图 3-3 螺杆式冷水机组（三）

2）根据其冷凝方式分为水冷螺杆式冷水机组和风冷螺杆式冷水机组。

3）根据压缩机的密封结构形式分为开启式、半封闭式和全封闭式。

4）根据空调功能分为单冷型和热泵型。

5）根据采用制冷剂不同分为 R134a 和 R22 两种。

6）根据蒸发器的结构不同分为普通型和满液型。

主要探讨水冷螺杆式冷水机组，水冷螺杆式冷水机组又分为单螺杆和双螺杆两种，具体介绍如下：

1）双螺杆制冷压缩机（twin screw compressor）

双螺杆制冷压缩机是一种能量可调式喷油压缩机。它的吸气、压缩、排气三个连续过程是靠机体内的一对相互啮合的阴阳转子旋转时产生周期性的容积变化来实现的。一般阳转子为主动转子，阴转子为从动转子。

主要部件：双转子、机体、主轴承、轴封、平衡活塞及能量调节装置（见图 3-4、图 3-5）。容量可以在 15%～100%范围内无级调节或二、三段式调节，采取油压活塞增、减载方式。常规采用：径向和轴向均为滚动轴承；开启式设有油分离器、储油箱和油泵；封闭式为差压供油进行润滑、喷油、冷却和驱动滑阀容量调节之活塞移动。

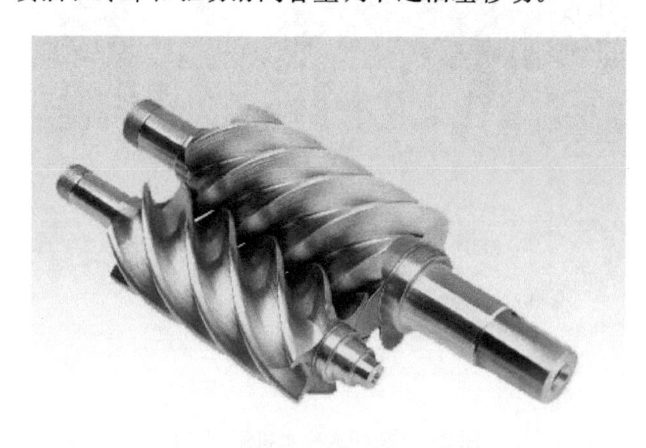

图 3-4　螺杆式制冷压缩机的转子

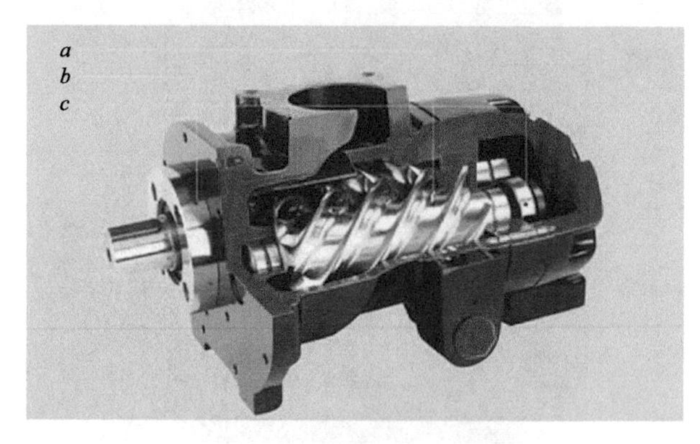

图 3-5　双螺杆制冷压缩机结构图

a—阴转子；*b*—轴封；*c*—止推轴承

工作原理（见图 3-6）：

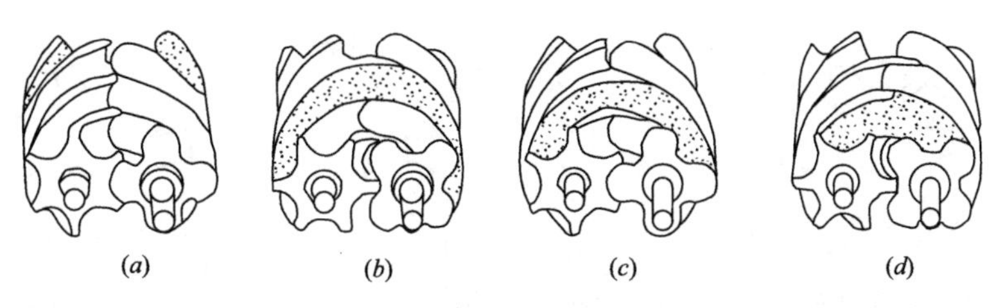

图 3-6 双螺杆制冷压缩机工作原理

（a）吸气过程；（b）吸满蒸汽；（c）压缩过程；（d）排气过程

吸气过程：气体经吸气口分别进入阴阳转子的齿间容积。

压缩过程：转子旋转时，阴阳转子齿间容积连通（V 形空间），由于齿的互相啮合，容积逐步缩小，气体得到压缩。

排气过程：压缩气体移到排气口，完成一个工作循环。

2）单螺杆制冷压缩机（single screw compressor）

利用一个主动转子和两个星轮的啮合产生压缩。它的吸气、压缩、排气三个连续过程是靠转子、星轮旋转时产生周期性的容积变化来实现的。转子齿数为 6，星轮齿数为 11。主要部件为一个主动转子、两个星轮、机体、主轴承、能量调节装置（见图 3-7、图 3-8）。容量可以从 10%～100%无级调节或三、四段式调节。

图 3-7 单螺杆制冷压缩机结构图

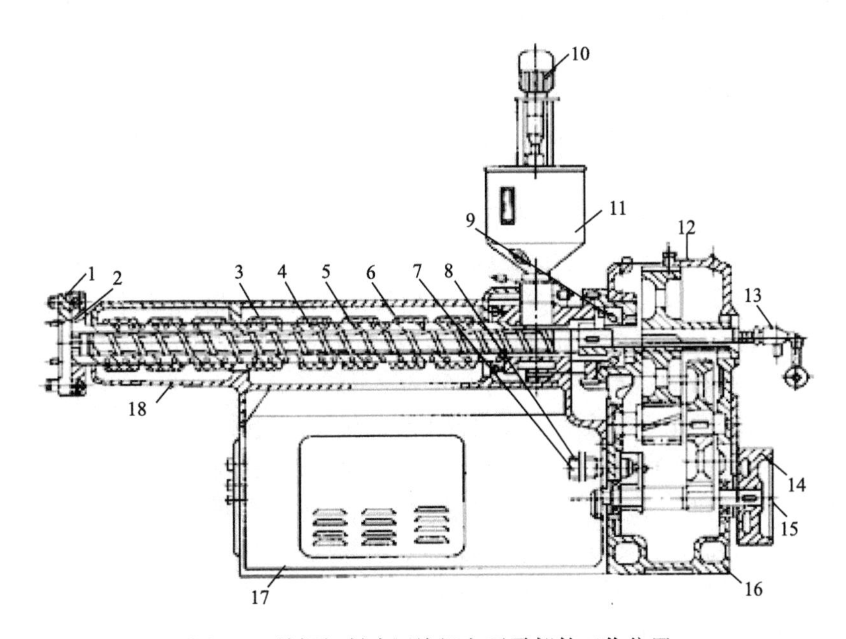

图 3-8 单螺杆制冷压缩机主要零部件工作位置

1—连接法兰；2—多孔板；3—螺杆；4—冷却水管；5—电阻加热器；6—机筒；7—齿轮油泵；8、10—电机；9—轴承；11—料斗；12—齿轮减速箱；13—旋转接头；14—V 形皮带轮；15—电动机；16—齿轮减速箱体；17—机座；18—电阻加热器罩

工作原理（见图 3-9）：

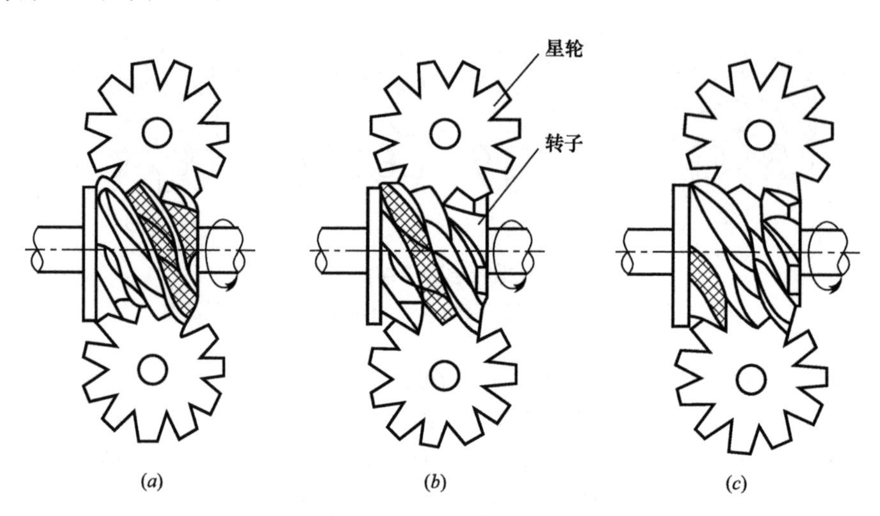

图 3-9　单螺杆制冷压缩机工作原理

（a）吸气过程；（b）压缩过程；（c）排气过程

吸气过程：气体通过吸气口进入转子齿槽。随着转子的旋转，星轮依次进入与转子齿槽啮合的状态，气体进入压缩腔（转子齿槽曲面、机壳内腔和星轮齿面所形成的密闭空间）。

压缩过程：随着转子旋转，压缩腔容积不断减小，气体向前移动直至压缩腔前沿转至排气口。

排气过程：气体移动到压缩腔前沿转至排气口后开始排气，便完成一个工作循环。由于星轮对称布置，循环在每旋转一周时便发生 2 次压缩，排气量相应是上述一周循环排气量的 2 倍。

（2）螺杆式冷水机组的选用要点

1）螺杆式冷水机组的主要控制参数为制冷性能系数、额定制冷量、输入功率以及制冷剂类型等。

2）冷水机组的选用应根据冷负荷及用途来考虑。对于低负荷运转工况时间较长的制冷系统，宜选用多机头活塞式压缩机组或螺杆式压缩机组，便于调节和节能。

3）选用冷水机组时，优先考虑性能系数值较高的机组。根据资料统计，一般冷水机组全年在 100%负荷下运行的时间约占总运行时间的 1/4 以下。总运行时间内 100%、75%、50%、25%负荷的运行时间比例大致为 2.3%、41.5%、46.1%、10.1%。因此，在选用冷水机组时应优先考虑效率曲线比较平缓的机型。同时，在设计选用时应考虑冷水机组负荷的调节范围。多机头螺杆式冷水机组部分负荷性能优良，可根据实际情况选用。

4）选用冷水机组时，应注意名义工况的条件。冷水机组的实际产冷量与下列因素有关：冷水出水温度和流量；冷却水的进水温度、流量以及污垢系数。

5）选用冷水机组时，应注意该型号机组的正常工作范围，主要是主电机的电流限值是名义工况下的轴功率的电流值。

6）在设计选用中应注意：在名义工况流量下，冷水的出口温度不应超过 15℃，风冷机组室外干球温度不应超过 43℃。若必须超过上述范围时，应了解压缩机的使用范围是否允许，所配主电机的功率是否足够。

（3）螺杆式冷水机组的优缺点

1）优点：

① 结构简单，运动部件少，无往复运动的惯性力，转速高，运转平稳，振动小，质量轻。

② 单机制冷量比活塞式压缩机大，由于无缸内余隙容积和吸排气阀片，因此具有较高的容积效率。压缩比可达到 20，且容积效率的变化不大，*COP* 值高。

③ 易损件少，零部件仅为活塞式压缩机的 1/10，易于维修。

④ 调节方便，制冷量可通过滑阀进行无级调节，滑阀调节输气量可在 10%～100%范围内连续进行。

⑤ 单级压缩比大，可以在较低蒸发温度下使用；排气温度低，可以在高压缩比下工作。

⑥ 对湿行程不敏感。

2）缺点：

① 单机容量比离心式冷水机组小。

② 转速比离心式冷水机组低。润滑油系统比较庞大和复杂，耗油量较大。噪声比离心式冷水机组高（指大容量机组）。

③ 转子、机体等部件加工精度要求高，装配要求比较严格。

④ 油路系统及辅助设备比较复杂。

2. 离心式冷水机组

离心式冷水机组（见图 3-10～图 3-12）是利用电作为动力源，氟利昂制冷剂在蒸发器内蒸发吸收载冷剂水的热量进行制冷，蒸发吸热后的氟利昂湿蒸气被压缩机压缩成高温高压气体，经水冷冷凝器冷凝后变成液体，经膨胀阀节流进入蒸发器再循环。从而制取 7～12℃冷冻水供空调末端空气调节。

图 3-10　离心式冷水机组（一）

图 3-11　离心式冷水机组（二）

图 3-12　离心式冷水机组（三）

（1）离心式冷水机组的特点

1）采用两组后倾式全封闭铝合金叶轮的制冷压缩机。

2）采用半封闭电机：以液态冷媒冷却，恒温高效。

3）叶片高速旋转，速度变化产生压力。为速度式压缩机。

4）运动部件少，故障率低，可靠性高。

5）性能系数值高，一般在 6.1 以上。在 15%～100%负荷下运行可实现无级调节，节能效果更加明显。

6）离心式冷水机组冷量衰减主要由水质引起：机组的冷凝器和蒸发器皆为换热器，如传热管壁结垢，则机组制冷量下降，但是冷凝器和蒸发器在厂家设计过程中已考虑方便清洗，其冷量随着使用时间的增长，冷量衰减很少。

（2）离心式冷水机组的组成

构成离心式冷水机组的部件中，区别于活塞式、螺杆式冷水机组的主要部件是离心压缩机，此外，其他主要辅助设备比如换热设备、润滑油系统、抽气回收装置等均有自己的特点，在这进行简单介绍。

1）压缩机

空调用离心式冷水机组，通常都采用单级压缩，除非单机制冷量特别大（例如 4500kW 以上），或者刻意追求压缩机的效率，才采用 2 级或 3 级压缩。单级离心制冷压缩机由进口调节装置、叶轮、扩压器、蜗室组成；多级离心制冷压缩机除了末级外，在每级的扩压器后面还有弯道和回流界，以引导气流进入下一级。由于离心式冷水机组在实际使用中的一些特殊要求，使得离心制冷压缩机在结构上有其一些特点：

① 离心式冷水机组采用的制冷剂的分子量都很大，声速低，在压缩机流道中的马赫数比较高（特别是在叶轮进口的相对速度马赫数和叶轮出口的绝对速度马赫数一般都达到亚声速甚至跨声速），这就要求在叶轮构型时特别注意气流组织，避免或减少气流在叶轮流槽中产生激波损失，同时适应制冷剂气体的容积流量在叶轮内变化很大的特点。

② 离心式冷水机组在实际使用中，由于气候和热负荷的变化，需要的制冷量变化很大，并且要求在冷负荷变化时，机组的效率也尽可能高。作为制造厂来说，对于不同规格的系列产品，希望零部件的通用化程度越高越好。对于离心制冷压缩机，其叶轮的出口角

小，则压缩机的性能曲线比较平缓，绝热效率较高，还能减少因采用同一蜗室而造成的匹配失当和效率降低，有利于变工况运行。

③ 离心制冷压缩机是通过旋转的叶轮叶片对制冷剂蒸气做功而提高其压力的。但是，如前所述，制冷剂的分子量一般都很大，其声速很低，如果为了提高蒸气能量头的需要，叶轮中布置的叶片数过多，则叶片的厚度将使叶轮进口的通流面积减小，使叶轮进口的气流速度很高，进口气流马赫数达到或超过音速，引起效率的急剧下降。为此，当叶片出口角大于40°且叶片进口直径较小时，往往采用长、短叶片，解决必要的能量头和效率之间的矛盾，效果十分明显。

④ 为了提高叶轮轮毂的强度，特别是为了消除键槽根部因开、停产生的应力集中疲劳破坏，近年来研制出叶轮与主轴采用三螺钉连接、端面摩擦连接等传递扭矩的方式，使叶轮运行可靠。

⑤ 多级离心制冷压缩机一般采取多次节流、中间加气的形式。这种结构的优点是可以提高循环效率而节能，对于低温（蒸发温度在0℃以下）离心式制冷机组还可以实现一机多种蒸发温度，这在某些工艺流程中特别适宜。

2）主电动机

离心式冷水机组多为半封闭式结构。所谓半封闭式机组，是指压缩机、增速器与主电动机联为一体，同处于制冷剂环境中，不需要轴封。机组的主电动机是特殊设计的用制冷剂冷却的封闭鼠笼式感应电动机，冷却用的制冷剂液体从冷凝器引来，分别引入主电动机的定子腔和转子中，冷却了定子绕组和转子，气化后返回到蒸发器。这样的冷却条件比普通的风冷电动机充分、有效，因此电动机的寿命长、故障率低。同时，由于设有冷却风扇，电动机的噪声低，减少了向机房的排热量，改善了机房的工作环境。

3）蒸发器和冷凝器

离心式冷水机组的蒸发器、冷凝器均为卧式管壳式结构，制冷剂都在壳侧流动。蒸发器、冷凝器换热效果的好坏对机组的能耗、质量和尺寸影响极大。就光管而言，管外制冷剂侧的表面传热系数远低于管内水侧的表面传热系数。提高制冷剂侧传热管外表面传热效果的主要方法有两种：一是通过在管外表面喷涂金属颗粒或通过机械加工在管外表面形成翅片以增大管外表面的传热面积；二是通过改进管外表面翅片的形状以改善表面传热，提高表面传热系数。比如，将冷凝管外表面加工成锯齿肋，使管外表面形成的冷凝液膜易于形成珠状很快滴下，不致覆盖在冷凝管外表面形成新的热阻，从而提高了冷凝换热系数。又如，将蒸发管外表面按制冷剂核态沸腾特性进行设计，使冷媒蒸发气泡连续生成，避免沸腾气泡被再冷凝，同时气泡在上升过程中又加大了对制冷剂的扰动，从而提高了表面传热系数。目前，很多制造厂商的传热管外表面传热系数已经达到或超过管内表面传热系数，有的为了进一步提高管内表面传热系数，甚至在管内壁上也加工出了翅片。由于传热管技术的进步，现在蒸发温度与冷水出水温度之差已可达到2℃左右，蒸发温度的提高使压缩机的压缩比降低，减少了功耗，也减小了换热器的尺寸和质量。在蒸发器的上部有挡液网，以防止蒸发飞溅的制冷剂液滴直接被压缩机吸入。

4）节流装置

将冷凝器底部积存的高压、常温制冷剂液体节流降压为低压、低温的制冷剂液体进入蒸发器内蒸发制冷，以前都是用浮球阀来完成，现在普遍改用一个或多个固定孔口的节流孔板来控制流入蒸发器的制冷剂流量。由于无运动部件，使系统运行更加可靠。

5）润滑油系统

润滑油系统由油泵、油冷却器、油过滤器及调节阀门等组成，向压缩机、齿轮轴、主电动机轴的轴承和齿轮的啮合面供油润滑、冷却。由于离心式冷水机组的结构日趋紧凑，其油泵一般为内置式，浸没于油箱中；油泵电机由于要与溶解有制冷剂的润滑油直接接触，因此其绕组的绝缘材料也应与制冷剂相容。油冷却器一般为板式换热器，利用制冷剂液体在板式换热器中蒸发的汽化潜热冷却润滑油，因此尺寸小，也内置于压缩机机壳内，便于蒸发后的制冷剂蒸气返回压缩机。油过滤器的过滤精度要求很高（一般为10～15μm），其安装位置应尽量靠近供油口，为及时发现油过滤器被杂质堵塞，机组运行中应监视过滤镜前后的压力差。

在离心制冷压缩机中，油箱也处于制冷剂环境中，润滑油与制冷剂是互溶的，且温度越低，制冷剂在油中的溶解度越大。润滑油中溶有制冷剂后其黏度要降低，直接影响启动时机组正常供油压力的建立。为此，在油箱中都设有一组供机组停机阶段加热润滑油的电加热器。

（3）离心式冷水机组的分类

1）按总体结构形式分为开启式、半封闭式和全封闭式。

2）按换热器筒体结构形式分为单筒式、双筒式两种形式。

（4）离心式冷水机组的制冷原理

同活塞式冷水机组类似，其循环原理仍然是由蒸发、压缩、冷凝和节流4个热力状态过程所组成的单级和双级蒸气压缩式制冷循环，其工作系统仍然是由蒸发器、离心制冷压缩机（单级和双级）、冷凝器和节流机构（装置）四大部件所组成的封闭式工作系统。在满液式卧式壳管式蒸发器中，制冷剂液体在较低的饱和温度（2～5℃）状态下吸收进入蒸发器传热管内冷水的热量（汽化潜热）而沸腾气化（液态→气态），相应地使管内冷水出水温度下降为7℃（标准工况），提供给中央空调系统中的气—水热交换器（空气调节箱中的表冷器和风机盘管）冷却送风，通过管道输送给空调对象，使其内部气温维持在规定的26℃±2℃（标准空调工况）人体舒适感范围之内，或其他工作室所要求的非标准空调工况范围之内，达到中央空调的目的。

在离心式冷水机组中无论采用高压（R22）制冷剂、中压（R134a）制冷剂还是低压（R123）制冷剂，制冷剂在工作循环的全过程中都存在气态、液态、气/液混合态3种物理状态。制冷剂的气、液相变化主要发生在冷凝器（气态→液态）和蒸发器（液态→气态）中。制冷剂在压缩机中呈过热蒸气状态，在减压膨胀阀或线性浮球阀室中呈液态（少量呈气态）。

1）关于部分负荷性能

离心式冷水机组通常是按最大负荷选型的，在实际使用中，有70%以上的时间不在满负荷下工作。而离心制冷压缩机一般在满负荷点附近效率最高。当前，评价冷水机组性能的好坏，已不仅是消耗单位功率的制冷量（*COP*）要大，美国空调制冷学会在其标准中，提出用综合部分负荷值*IPLV*（或*NPLV*）作为评价单台机组平均部分负荷效率的指标。该*IPLV*是在标准规定的工况条件下，分别实测出在100%、75%、50%、25%额定制冷量下的性能系数*COP*，然后乘以各自的常数加权平均得到。使用*IPLV*（或*NPLV*）为冷水机组的部分负荷性能提供了一个简单的评估方法，但是，由于地区差异，*IPLV*（或*NPLV*）值并不能直接作为我国计算年运行费用的依据。

2）冷却水进水温度对机组性能的影响

冷却水进水温度与机组的冷凝温度直接相关，在其他条件相同的情况下，冷却水进水温度越高，冷凝温度、冷凝压力越高，机组的能耗也越高。一般冷却水进水温度每升高1℃，能耗将增加满负荷能耗的3%左右，制冷量将减少约3%。因此，对于我国全年极端温度不是很高、相对湿度不是很大的北方地区，不必按全国的统一标准提出以32℃作为冷却水进水温度的设计条件，这样可以节省一次性投资。

3）冷水出水温度对机组性能的影响

冷水出水温度与机组的蒸发温度直接相关。在其他条件相同的情况下，冷水出水温度越低，蒸发温度、蒸发压力越低，机组的能耗增加、制冷量减少。一般冷水出水温度降低1℃，机组的能耗将增加负荷能耗的3.5%左右，制冷量将减少约3%。对于中央空调系统，冷水出水温度的确定必须十分仔细。一方面冷水出水温度必须足够低，以保证室内合适的空气参数；另一方面，冷水出水温度又必须足够高，使一次性投资和运行费用尽可能合理。另外，使用中的冷水机组，盛夏过后改用较高的冷水出水温度，则可以达到明显的节能效果。据对美国一些医院的中央空调系统的调查，在过渡季节，冷水出水温度的设定值可以比设计值提高2.2～4.4℃。

4）水侧污垢

换热管水侧（内表面）积垢会使传热热阻增大，换热效果降低，使冷凝温度升高或使蒸发温度降低，最终使机组的能耗增加、制冷量减少。开式循环的冷却水系统最容易发生积垢，这主要是由于水质未经很好地处理和水系统保管不善所致，由此在换热管内壁出现以下问题：

① 形成结晶（碳酸钙等无机物）；

② 产生铁锈、沙、泥土等沉积物（特别是当管内水速较低时）；

③ 生成有机物（黏质物、藻类等）。

所以定期清洗换热管是必要的。

对于按标准污垢系统设计、制造的离心式冷水机组，制造厂会提出相应的水质要求给用户，只要能满足对水质的要求，并对换热管内表面作定期清洗，则机组可以长期保证其额定性能。

（5）离心式冷水机组的控制原理

离心式冷水机组的控制系统已相当完善，大都采用微型计算机，配以可靠的参数传感器、变送器，对机组运行进行控制、调节、保护。对于单台机组，可随时显示运行中的冷水进出口温度、冷却水进出口温度、蒸发压力、冷凝压力、供油温度、供油压力、压缩机排气温度、导叶开度百分比、主电动机电流、累计运行时间、启动次数等参数；对运行中发生的故障可预先发出警告、指出故障名称，并有故障诊断系统，提示产生故障的几种可能原因。每台机组的基本安全保护功能有：冷凝压力过高、供油压力过低、供油温度过高、蒸发压力过低、冷水出水温度过低、冷水断水、主电动机电流过大、主电动机绕组温度过高、主电动机再次启动延时保护等。运行中可根据热负荷的变化，在保证冷水出口温度一定的情况下，自动调节进口导叶开度来调节制冷量，以保持室内空气参数恒定。对多台机组，可根据热负荷的变化，按最经济的原则，自动开、停几台机组。此外，机组还备有远程通信接口，与楼宇自动化控制系统（BAS）连接，对冷水机组实行远程遥控。总之，可靠的冷水机组配置先进的自动化控制系统，可以使离心式冷水机组安全、可靠、经济地全自动化运行。

另外，舒适性空调使用最多的380V主电动机的启动，以前多采用Y—△启动来降低启动电流，但启动电流仍为主电动机额定电流的5～7倍，对电网的冲击仍比较大，为此，新开发的闭式Y—△启动器、固态启动器、电抗器（启动电流为额定电流的2～3倍）和自耦变压器（多级调压）启动器（启动电流最低可为额定电流的1.75倍），既保证了机组启动所必需的启动力矩，又减少了对电网的冲击。特别提倡对6kV、10kV电源采用直接启动，既可省去变压器、减少占地面积、降低一次性投资，又因运行电流小，使设备使用更安全。

（6）离心式冷水机组的选用要点

1）离心式冷水机组的主要控制参数为制冷性能系数、额定制冷量、部分负荷时喘振及能效比问题、输入功率以及制冷剂类型环保与否等。

2）冷水机组的选用应根据冷负荷及用途来考虑。

3）选用冷水机组时，优先考虑性能系数值较高的机组。设计选用时，一般按极端条件下可能需要的冷量最大值选取。根据资料统计，一般冷水机组全年在100%负荷下运行的时间约占总运行时间的1/4以下。总运行时间内100%、75%、50%、25%负荷的运行时间比例大致为2.3%、41.5%、46.1%、10.1%。因此，在选用冷水机组时应优先考虑效率曲线比较平缓的机型。推荐选用双级离心式压缩机＋喷淋式蒸发器解决方案的设备。同时，在设计选用时应考虑冷水机组负荷的调节范围。

4）选用冷水机组时，应注意名义工况的条件。冷水机组的实际产冷量与下列因素有关：冷水出水温度和流量；冷却水的进水温度、流量以及污垢系数。

5）选用冷水机组时，应注意该型号机组的正常工作范围，主要是考虑电压是380V、6kV、10kV等。

6）在设计选用中应注意：在名义工况流量下，冷水的出口温度不应超过15℃，风冷机组室外干球温度不应超过43℃。若必须超过上述范围时，应了解压缩机的使用范围是否允许，所配主电动机的功率是否足够。

7）主要应用于中央空调系统与工业冷却，主要部件为半封闭二级离心式压缩机、喷淋式蒸发器、冷媒液体再循环系统、闪变式节能器以及孔口板节流装置。制冷量范围：550～3000冷冻吨；*COP*：6.05～6.22。

（7）离心式冷水机组的优缺点

1）优点：

① 制冷效率*COP*值高，叶轮转速高，压缩机输气量大，单机容量大，结构紧凑，质量轻，占地面积小。

② 叶轮做旋转运动，运转平稳，振动小，噪声较低。制冷剂中不混有润滑油，蒸发器和冷凝器的传热性能好。

③ 调节方便，在15%～100%的范围内能较经济地实现无级调节。当采用多级压缩时，可提高效率10%～20%且改善低负荷时的喘振现象。

④ 无气阀、填料、活塞环等易损件，工作比较可靠。

2）缺点：

① 当运行工况偏离设计工况时效率下降较快。制冷量随蒸发温度降低而减少，且减少的幅度比活塞式冷水机组快，制冷量随转速降低而急剧下降。

② 单级压缩机在低负荷下容易发生喘振。

离心式冷水机组与螺杆式冷水机组的对比见表 3-1。

离心式冷水机组与螺杆式冷水机组对比　　表 3-1

<table>
<tr><th>指标类别</th><th colspan="2">比较项目</th><th colspan="2">离心式冷水机组</th><th>螺杆式冷水机组</th></tr>
<tr><td rowspan="7">标准工况与循环类别</td><td colspan="2">执行的国家/行业标准</td><td colspan="2">《蒸气压缩循环冷水（热泵）机组　第 1 部分：工业或商业用及类似用途的冷水（热泵）机组》GB/T 18430.1—2007</td><td>《蒸气压缩循环冷水（热泵）机组　第 2 部分：户用及类似用途的冷水（热泵）机组》GB/T 18430.2—2016</td></tr>
<tr><td rowspan="2">标准（名义工况）</td><td>夏供冷</td><td colspan="3">冷水出水温度：7℃，环境温度：35℃</td></tr>
<tr><td>冬供热</td><td colspan="3">热水出水温度：45℃，环境温度：7℃</td></tr>
<tr><td colspan="2">制冷循环类别</td><td colspan="3">蒸气压缩式制冷循环</td></tr>
<tr><td colspan="2">压缩机使用能源</td><td colspan="3">电力</td></tr>
<tr><td colspan="2">压缩原理</td><td colspan="2">回转离心式</td><td>回转容积式</td></tr>
<tr><td colspan="2">采用制冷剂</td><td colspan="2">R22、R123、R134a</td><td>R22、R134a、R407C</td></tr>
<tr><td rowspan="5">机组特性指标</td><td colspan="2">国产单机制冷量范围（kW）</td><td colspan="2">703～4222</td><td>115～2200</td></tr>
<tr><td colspan="2">转动件转动范围（r/min）</td><td colspan="2">4800～8490</td><td>2960</td></tr>
<tr><td colspan="2">机组噪声和振动</td><td colspan="2">较低</td><td>较高</td></tr>
<tr><td colspan="2">冷量调节方式（压缩机）</td><td colspan="2">进口导叶及扩压器宽度</td><td>滑阀机构</td></tr>
<tr><td colspan="2">变工况适应能力</td><td colspan="2">较好</td><td>最好</td></tr>
<tr><td rowspan="11">生产制造和运行指标</td><td colspan="2">加工精度和加工成本</td><td colspan="2">最高</td><td>较高</td></tr>
<tr><td colspan="2">对加工设备的要求</td><td colspan="2">较高</td><td>最高（专用）</td></tr>
<tr><td colspan="2">压缩机带液（制冷剂）工作</td><td colspan="2">不允许</td><td>少量允许</td></tr>
<tr><td colspan="2">制冷剂中带油（有无分离器）</td><td colspan="2">不允许（有）</td><td>允许（有）</td></tr>
<tr><td colspan="2">油中带制冷剂</td><td colspan="2">不允许</td><td>少量允许</td></tr>
<tr><td colspan="2">对润滑油质要求</td><td colspan="2">最高</td><td>较高</td></tr>
<tr><td colspan="2" rowspan="3">制冷剂泄漏方式及制冷剂压力等级</td><td>R22</td><td>高压，漏出</td><td rowspan="3">高压，漏出</td></tr>
<tr><td>R123</td><td>低压，空气渗入</td></tr>
<tr><td>R134a</td><td>中压，漏出</td></tr>
<tr><td colspan="2">机组易损件多少</td><td colspan="2">最少</td><td>较少</td></tr>
<tr><td colspan="2">机组维护管理难易程度</td><td colspan="2">较易</td><td>最易</td></tr>
<tr><td rowspan="8">产品选型技术经济指标</td><td colspan="2">最佳使用制冷量范围（kW）</td><td colspan="2">≥580</td><td>≤1160</td></tr>
<tr><td colspan="2">机组制冷性能系数 COP（W/W）</td><td colspan="2">≤528kW　4.40
528～1163kW　4.70
>1163kW　5.10</td><td>≤528kW　4.10
528～1163kW　4.30
>1163kW　4.60</td></tr>
<tr><td colspan="2">冷/热供应方式</td><td colspan="2">热回收离心式</td><td>螺杆式热泵</td></tr>
<tr><td colspan="2">机组运行可靠性统计</td><td colspan="2">较高</td><td>较高</td></tr>
<tr><td colspan="2">无故障运行周期</td><td colspan="2">最长</td><td>较长</td></tr>
<tr><td colspan="2">机组使用寿命</td><td colspan="2">最长</td><td>较长</td></tr>
<tr><td colspan="2">国产产品单价比（元/kW）</td><td colspan="2">较低</td><td>较高（进口压缩机）</td></tr>
<tr><td colspan="2">运行费用（按年、月计）</td><td colspan="2">较低</td><td>较高</td></tr>
</table>

3.1.2　系统设计

根据建筑物估算冷负荷，选用3台离心式冷水机组，制冷量为2989kW（850RT）；1台螺杆式冷水机组，制冷量为1231kW（350RT）。

空调冷水系统采用一次泵定流量系统，设置3大2小共5台冷冻水泵，相应设置3大2小共5台冷却水泵，同时设置3大2小共5台冷却塔。

常规电制冷系统原理图见图3-13。

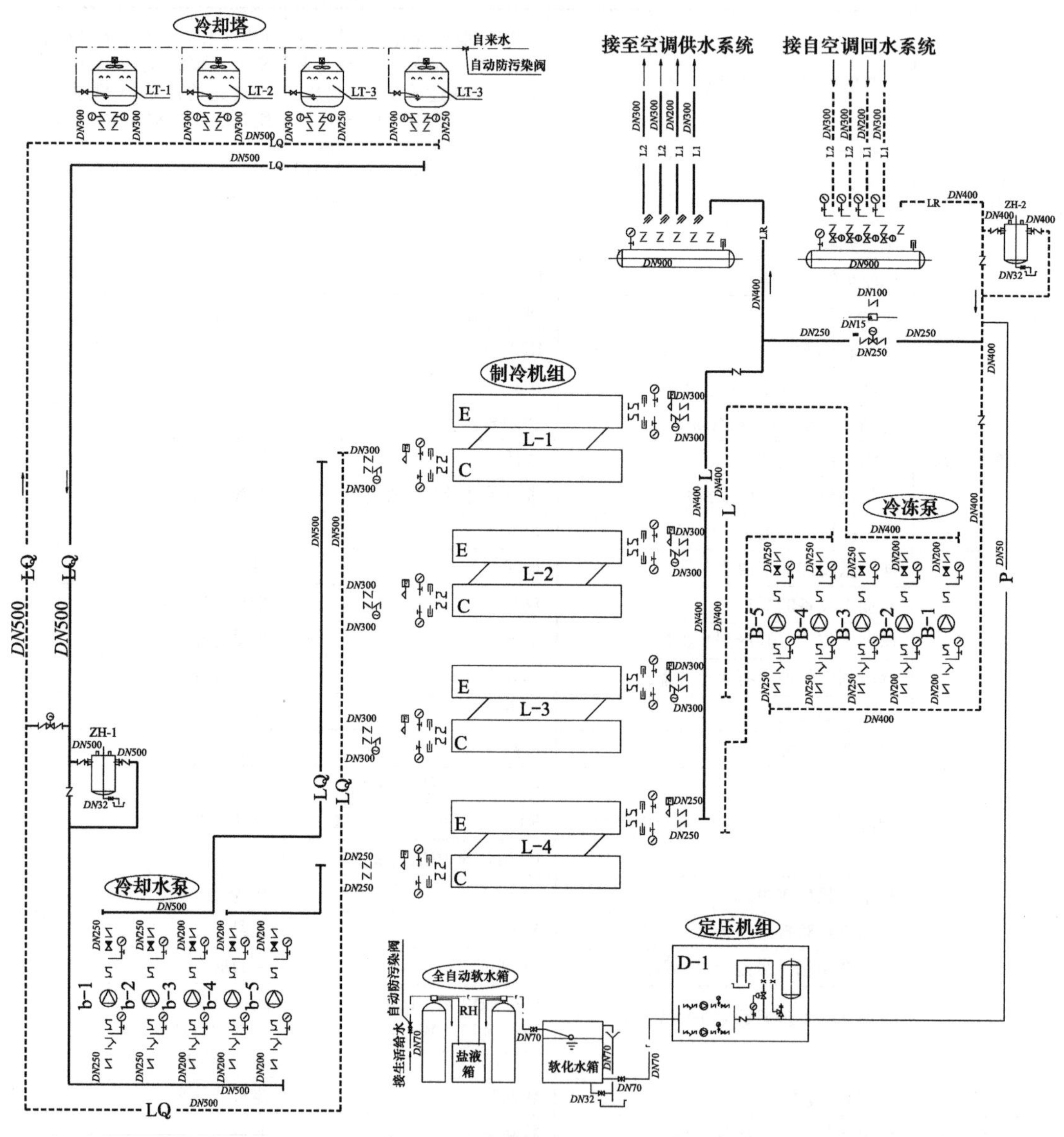

图3-13　常规电制冷系统原理图

3.1.3　主要设备

常规电制冷系统主要设备见表3-2。

常规电制冷系统主要设备 表 3-2

序号	系统编号	设备名称	主要性能	单位	数量	备注
1	L-1	螺杆式冷水机组	制冷量：1231kW(350RT) 冷水：7℃/12℃，230m³/h 冷却水：32℃/37℃，280m³/h 电机功率：230kW，380V/50Hz 工作压力：1.6MPa	台	1	
2	L-2～L-4	离心式冷水机组	制冷量：2989kW(850RT) 冷水：7℃/12℃，560m³/h 冷却水：32℃/37℃，660m³/h 电机功率：510kW，380V/50Hz 工作压力：1.6MPa	台	3	
3	b-1、b-2	冷却水泵	Q=280m³/h，H=30m，N=22kW，n=1450r/min，工作压力 1.6MPa	台	2	1用1备
4	b-3～b-5	冷却水泵	Q=660m³/h，H=30m，N=55kW，n=1450r/min，工作压力 1.6MPa	台	3	
5	LT-1	冷却塔	处理水量：300m³/h，N=11kW 冷却水：32℃/37℃	台	1	由给水排水专业设计
6	LT-2～LT-4	冷却塔	处理水量：700m³/h，N=30kW 冷却水：32℃/37℃	台	3	由给水排水专业设计
7	B-1、B-2	冷冻水泵	Q=230m³/h，H=32m，N=18.5kW，n=1450r/min，工作压力 1.6MPa	台	2	1用1备
8	B-3～B-5	冷冻水泵	Q=560m³/h，H=32m，N=45kW，n=1450r/min，工作压力 1.6MPa	台	3	

常规电制冷机房布置见图 3-14。

3.1.4 初投资

常规电制冷系统主要设备投资见表 3-3。

常规电制冷系统主要设备投资约为 1122.2 万元，总装机电负荷为 2201.5kW。

3.1.5 运行能耗

按照第 2 章所述全年空调能耗计算方法计算，设计冷负荷 Q=10000kW，运行时间 H=150×10=1500h，供冷能耗系数取全国平均值 CCF=52.6%，$\overline{COP}$=5.3kW/kW，代入公式（2-5），得冷水机组的年能耗为：

$$W = CCF \cdot \frac{QH}{\overline{COP}} = 0.526 \times 10000 \times 1500/(5.3 \times 1000) = 1488.68\text{MWh}$$

供冷系统的冷冻水泵、冷却水泵、冷却塔等附属设备的能耗，假设与冷源的供冷量成正比。附属设备的总额定功率 N=441.5kW，代入公式（2-7），得附属设备的年能耗为：

$$W_F = CCF \cdot N \cdot H = 0.526 \times 441.5 \times 1500/1000 = 348.34\text{MWh}$$

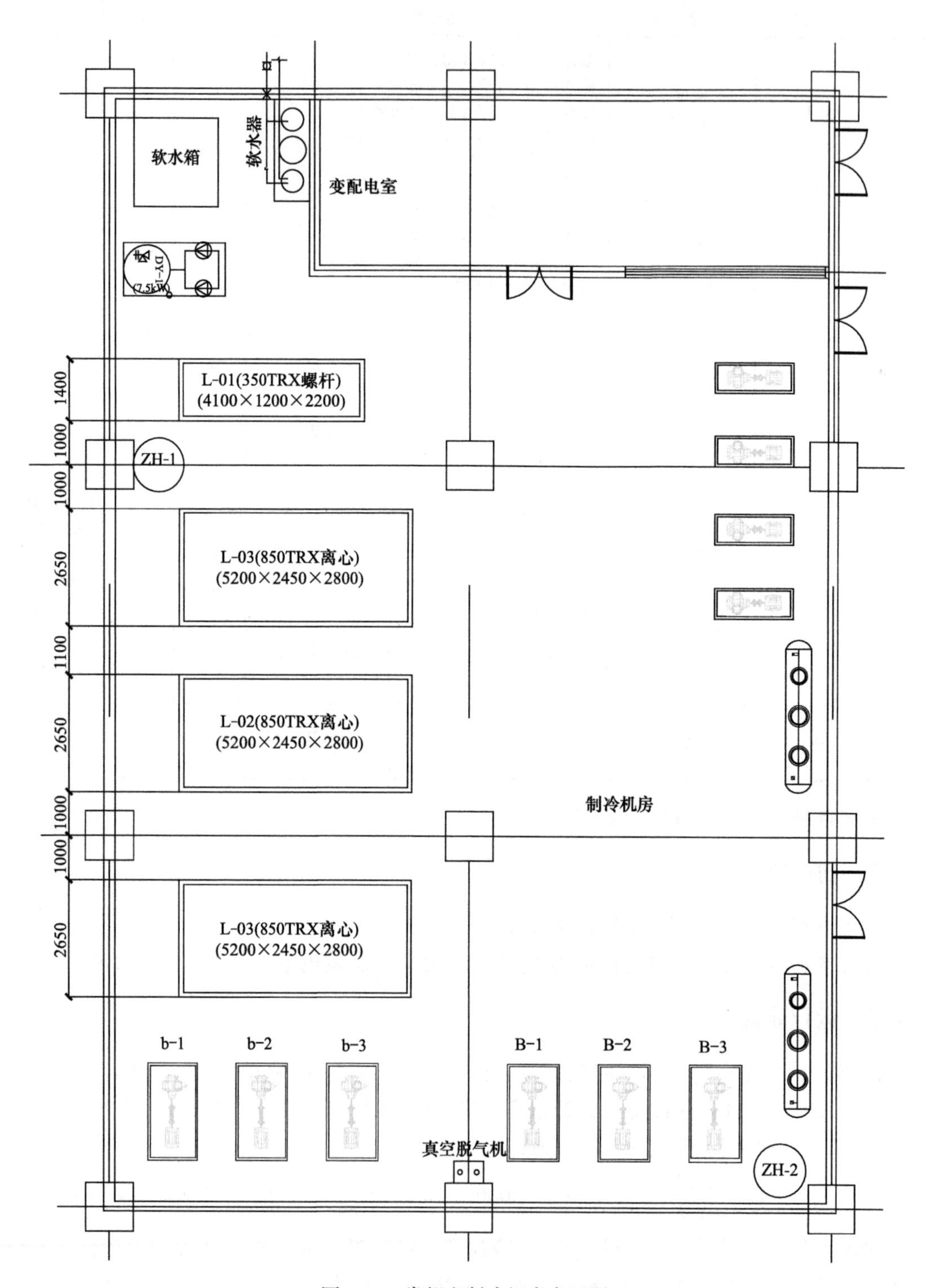

图 3-14　常规电制冷机房布置图

常规电制冷系统主要设备投资 表 3-3

序号	设备名称	参数	单位	数量（台）	电量（kW）	总电量（kW）	设备单价（万元/台）	设备费用（万元）	备注
1	离心式冷水机组	2989/850	kW/RT	3	510	1530	196	588	
2	螺杆式冷水机组	1231/350	kW/RT	1	230	230	88	88	
3	冷冻水泵	560	m^3/h	3	45	135	9	27	7℃/12℃
4	冷冻水泵	230	m^3/h	2	18.5	18.5	3.7	7.4	1用1备
5	冷却水泵	660	m^3/h	3	55	165	11	33	32℃/37℃
6	冷却水泵	280	m^3/h	2	22	22	4.4	8.8	1用1备
7	冷却塔	700	m^3/h	3	30	90	21	63	变频
8	冷却塔	300	m^3/h	1	11	11	9	9	变频
9	自控系统							100	
10	变配电系统							110	
11	机房面积	440	m^2				0.2	88	0.2万元/m^2
12	合计					2201.5		1122.2	

冷水机组和附属设备的年能耗之和即为系统总能耗，列于表 3-4。

常规电制冷系统供冷能耗 表 3-4

项目	单位	供冷能耗估算值
冷水机组	MWh	1488.68
附属设备	MWh	348.34
合计	MWh	1837.02

3.1.6 运行费用

按照表 4-6 列出的北京地区能源价格，取电力价格为 1.1843 元/kWh，得常规电制冷系统的供冷年运行费用为：

$$1837.02 \times 1000 \times 1.1843/10000 = 217.56 \text{ 万元}$$

3.2 冰蓄冷方案

3.2.1 系统介绍

1. 蓄冷发展背景

近年来，我国能源工业取得了长足的进步，特别是电力工业发展更为迅猛，截至 2010 年底，全国发电设备容量 9.66 亿 kW，我国电网规模居世界第一位，发电装机规模连续 15 年居世界第二位。但仍然不能满足我国国民经济快速发展和人民生活水平急剧增长的需要，全国缺电局面未得到根本改变，产需之间存在一定的缺口，特别是东部沿海地区缺电更为严重。目前电力供应紧张主要表现在以下两个方面：

(1) 电网负荷率低，系统峰谷差较大，高峰电力严重不足，致使电网经常拉闸限电。

(2) 城市电力消费增长迅速，致使城市电网不能适应，造成有电送不进、配不下的局面。尤其在炎热的夏季，由于持续的高温天气，用电负荷骤增，许多大中城市都出现了配电设备超载运行的情况。因此，改善电力供应的紧张状况和电力负荷环境已成为当务之急。

解决当前电力供应紧张的局面必须坚持开发与节约并重的原则。一方面要增加对电力的投入，加快电力建设的步伐；另一方面要通过国家对电力政策的调整，移峰填谷，节约用电，充分利用现有电力资源。为此，国家发展和改革委员会、商务部和电力工业部共同作出了在我国实施分时电价的政策。

随着城市迈向现代化，城市用电结构在不断发生变化，其中用在建筑物空调系统的电力负荷比例日益增加。由于空调系统用电负荷一般均在白天用电高峰时段，在电力低谷时段用量甚少，因此空调系统用电量极大地加剧了电网的峰谷负荷差。而在中央空调系统中，制冷系统的用电量通常占整个空调系统用电量的40%～50%，如果能把制冷系统的部分甚至全部用电量转移至夜间用电低谷时段，则对平衡电网负荷及提高电网负荷利用效率将产生十分积极的作用。因此，“蓄冷空调”成为了电力部门和空调制冷界共同关注的目标。

2. 蓄冷的原理及分类

蓄冷技术是在低谷用电期间（夜间），利用蓄冷介质的显热或潜热特性，通过制冷机把冷量储存，在高峰用电期间（白天）把冷量释放出来，达到移峰填谷的目的，实现运行费用节省。

蓄冷技术的分类如图3-15所示。

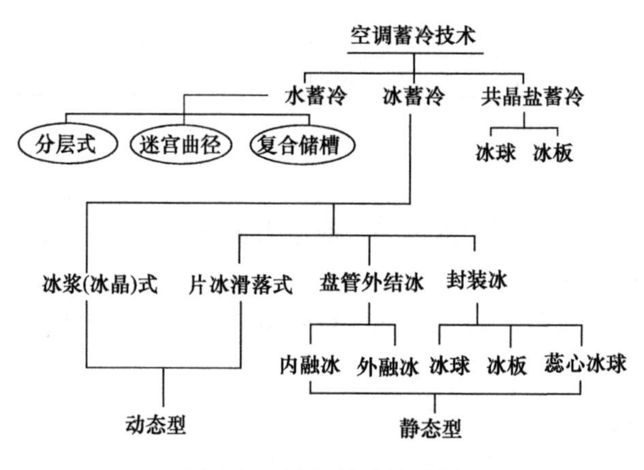

图3-15 蓄冷技术的分类

（1）冰晶式

图3-16所示为冰晶式动态蓄冷系统。水泵从蓄冷槽底部将低浓度乙二醇溶液抽出送至特制的蒸发器。当乙二醇溶液在管壁上产生冰晶时，搅拌机将冰晶刮下，与乙二醇溶液混合成冰浆泵送至蓄冰槽，冰晶悬浮于蓄冰槽上部，与乙二醇溶液分离。蓄冷时蒸发温度为−3℃，储槽一般为钢制，其蓄冰率约为50%。

（2）片冰滑落式

片冰滑落式制冰是一种动态制冰过程，动态制冰是将制冰和蓄冰分开。用蒸发板制冰，蒸发板置于蓄冰槽的上部。当蒸发板上冰的厚度达到8mm时，它就会周期性地脱落到蓄冰槽内。

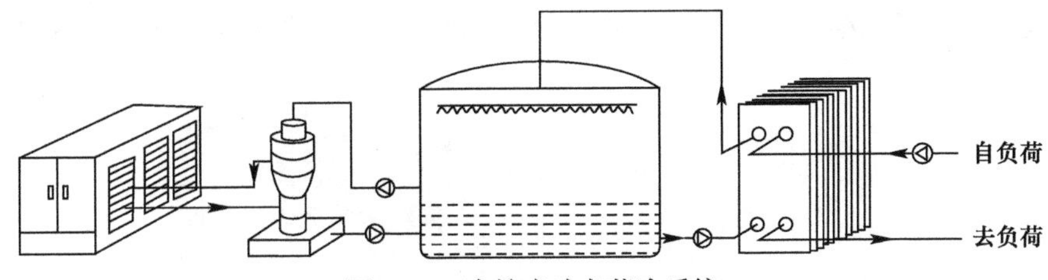

图 3-16 冰晶式动态蓄冷系统

制冰和制备冷水的过程为：循环水通过循环泵进入布水器，再通过布水器沿片冰滑落制冷机（见图 3-17）的板式换热器形式的蒸发器表面流下，而制冷剂由溶液泵从低压贮液器中送到蒸发板内，制冷剂从上至下均匀地从蒸发器内表面流过，根据水温的高低，水在蒸发器外表面均匀凝结成 8mm 厚的薄冰，或者降温，制备成空调所需冷水。

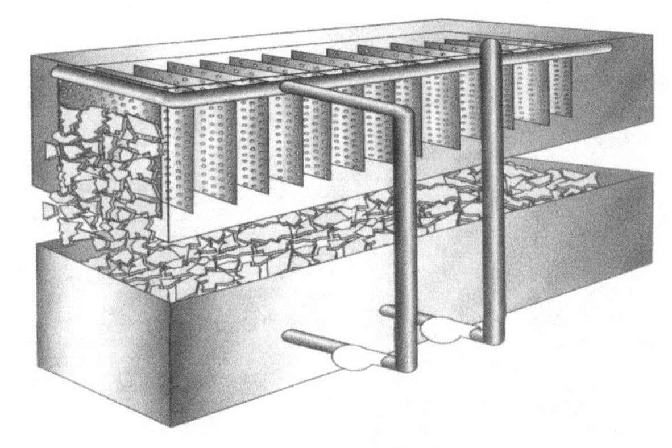

图 3-17 片冰滑落制冷机

融冰的过程为：部分热的制冷剂气体进入蒸发板内，几秒钟后，薄冰从蒸发器表面脱落，落入蓄冰槽内，破碎成小冰片。冷凝后的制冷剂回到低压储液器，继续循环。

3. 蓄冰装置及融冰方式

（1）从蓄冰装置来说，常用的有封装式与盘管式。

封装式即将蓄冷介质封装在球形或板形小容器内，并将许多这种小容器密集地放置在密封罐或开式槽体内。运行时，载冷剂在球形或板形小容器外流动，将其中的蓄冷介质冻结蓄冷，或使其融解取冷。主要有 3 种形式：冰球、冰板和蕊心冰球。现应用较多的是冰球。冰球封装在冰罐内，冰球一般由复合塑料制成，内部为蓄冷介质，外部为中间介质（一般为乙二醇溶液）。封装式蓄冰装置均为外融冰式，它有如下特点：融冰时换热效率高，取冷速度快，系统阻力较小。如图 3-18 所示。

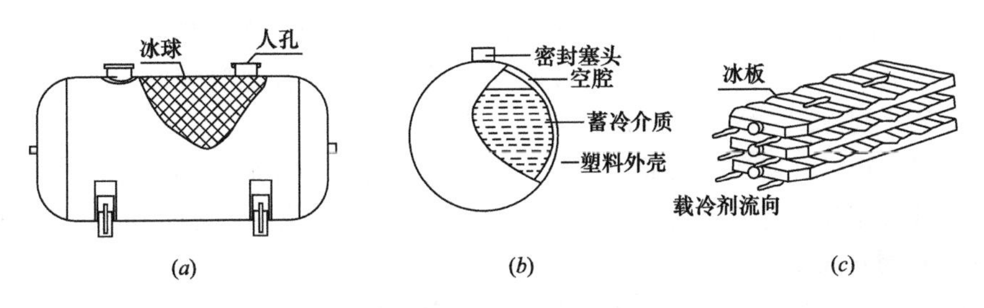

图 3-18 封装式蓄冰
(a) 蓄冰装置；(b) 冰球；(c) 冰板

盘管式蓄冰装置从结构上可分为 U 形盘管、蛇形盘管和圆形盘管等形式（见图 3-19）。

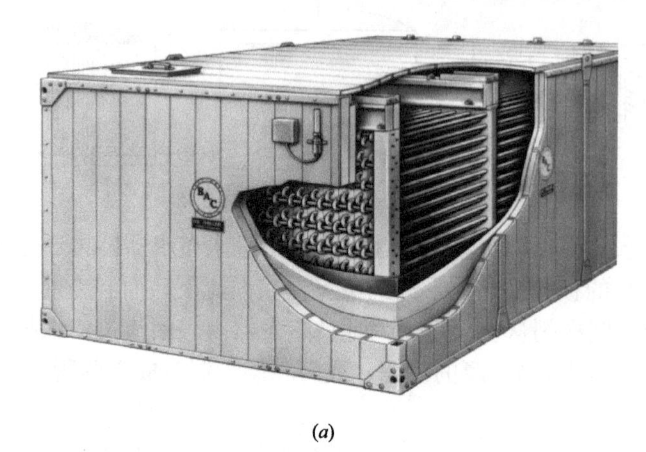

(*a*)

(*b*)

图 3-19　蓄冰盘管
(*a*) 剖视图；(*b*) 盘管

(2) 从融冰方式来说，可分为内融冰式和外融冰式。

所谓外融冰就是温度较高的空调回水直接进入盘管表面结有冰层的蓄冰槽，使盘管表面上的冰层自外向内逐渐融化。

外融冰式盘管一般为钢板卷焊，盘管内部为中间介质，外部为蓄冷介质（水），外融冰式盘管蓄冰装置有如下特点：融冰释冷速度快，系统阻力较小。如图 3-20、图 3-21 所示。

内融冰与外融冰的取冷流体不同。融冰时，来自用户或二次换热装置的温度较高的载冷剂（或制冷剂）在盘管内流动，由管壁将热量传给冰层，使盘管表面的冰层自内向外融化释冷，将载冷剂冷却到需要的温度。如图 3-22 所示。

内融冰式盘管可采用塑料管或金属管，盘管内部为中间介质，外部为蓄冷介质（水），内融冰式盘管蓄冰装置有如下特点：融冰温度较恒定，但系统阻力较大，维修难度大。

4. 冰蓄冷系统形式

冰蓄冷系统根据制冷机组和蓄冰装置在系统中的相对连接形式可分为串联系统和并联系统。

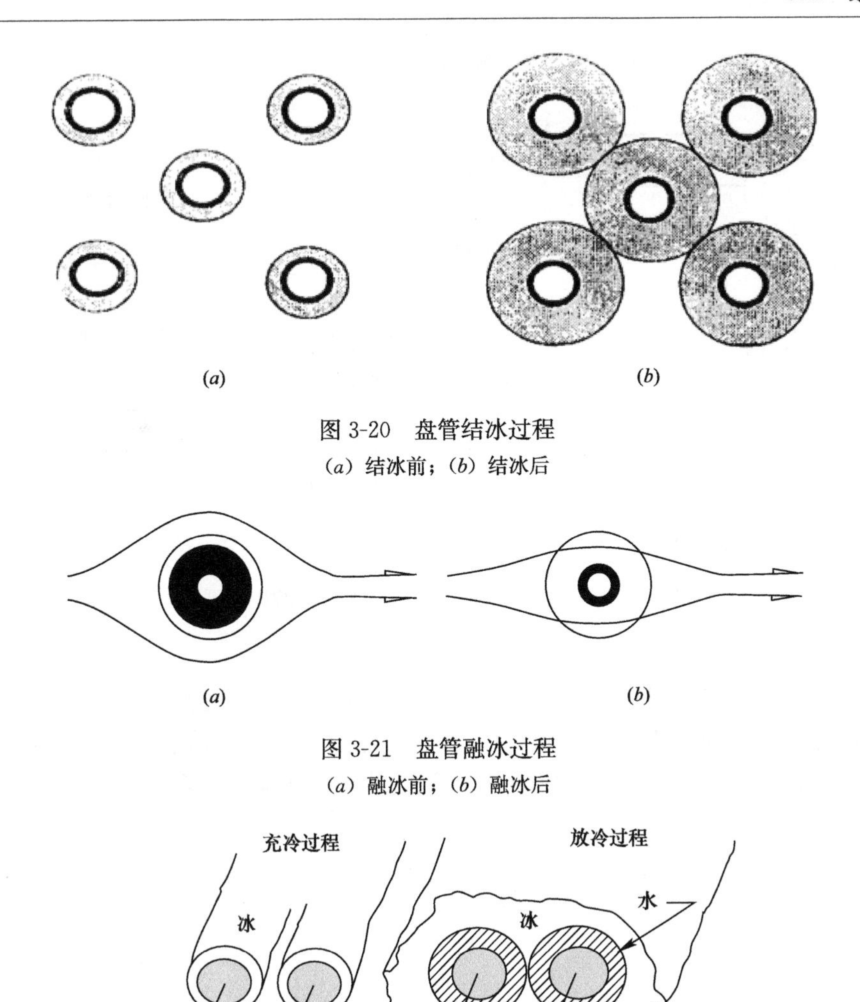

图 3-20 盘管结冰过程

(a) 结冰前；(b) 结冰后

图 3-21 盘管融冰过程

(a) 融冰前；(b) 融冰后

图 3-22 内融冰过程

(1) 串联系统

制冷机组和蓄冰装置在系统中为串联连接。串联式冰蓄冷系统适合于大温差冷冻水供冷和低风温供冷的场所（4℃/12℃或更低），制冷机组和蓄冰装置各负担一部分温差。串联式冰蓄冷系统有冷机蓄冰、冷机供冷、融冰供冷、融冰和主机联合供冷 4 种运行工况。

串联分为机组位于蓄冰装置的上游与机组位于蓄冰装置的下游。以内融冰为例，如图 3-23 所示。机组在上游，把冷机和蓄冰装置串联，在释冷周期，经过空调负荷加热的高温乙二醇回流溶液先经过制冷机组冷却，然后再被蓄冰装置进一步降温，二次冷媒先流经制冷机组，机组的运行效率较高，蓄冰装置的释冷率较低，故对于释冷温度较低的蓄冰装置宜采用此系统。

机组在下游，二次冷媒先流经蓄冰装置，机组的运行效率相对较低，蓄冰装置的释冷率较高，故此种系统宜用于释冷温度相对较高的蓄冰装置。

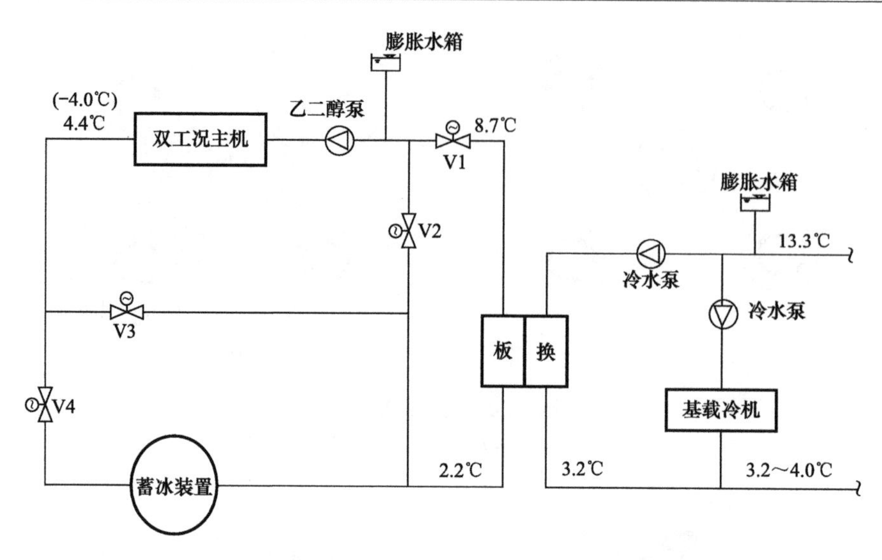

图 3-23　内融冰（有基载冷机）主机上游串联系统

（2）并联系统

并联式冰蓄冷系统的制冷机组和蓄冰装置在系统中为并联连接（见图 3-24），适合于一般温差冷冻水供冷的场所（7℃/12℃）。并联式冰蓄冷系统有冷机蓄冰、边蓄边供（少量供冷）、冷机供冷、融冰供冷、融冰和冷机联合供冷 5 种运行工况。

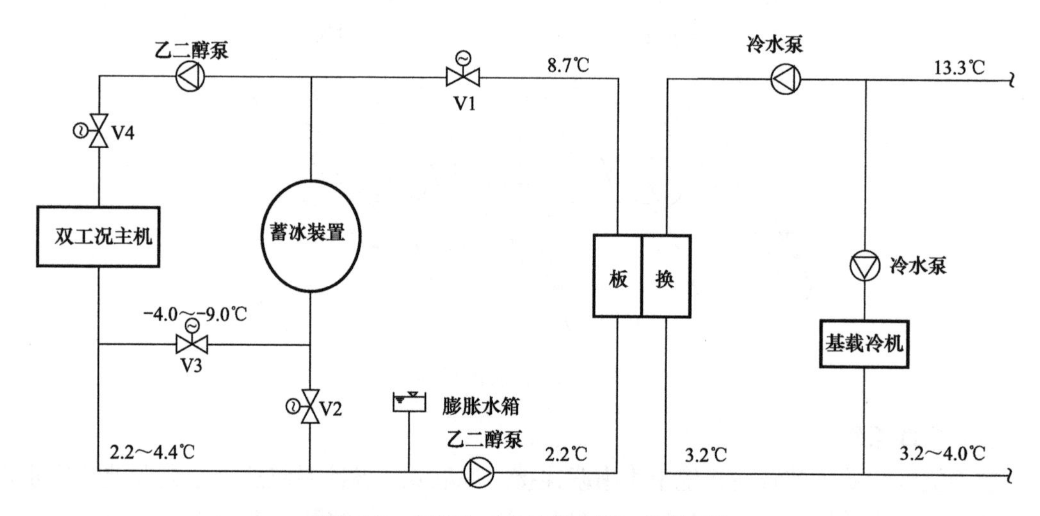

图 3-24　内融冰（有基载冷机）并联系统

制冷机组和蓄冰装置的入口溶液温度不能过低或过高。便于两者均衡地发挥作用，同时具有较高的效率。制冷机组和蓄冰装置并联共同承担冷负荷，其温度控制和流量分配方案复杂。

3.2.2　关键技术分析

1. 使用条件

在空调工程中采用冰蓄冷系统经济与否，主要取决于以下两个方面的因素：一是该地区电力供应部门的电力政策，如是否采取了峰谷分时电价、低谷时段的电费是否低廉、有无相应的电费优惠条件等；二是用户建筑物空调冷负荷的特性，有无可能利用夜间用电低谷时段廉价电力进行制冷和充冷（或蓄冷），在白天用电高峰时段利用夜间蓄存的冷量进行释冷和供冷。

（1）合适的电费结构及其优惠政策。某一地区的电费结构及其优惠政策是影响这一地区能否采用冰蓄冷系统的关键因素，电力峰谷差价越大，则采用冰蓄冷系统就越有利。有的资料介绍，峰谷电价比为2∶1～3∶1时，可以放心使用冰蓄冷系统。这不能一概而论，需进行综合评估以后才能确定。至于优惠政策，通常是指采用冰蓄冷系统后，少收或免收电力增容费，有的电力部门还有移峰电力补贴。目前国内众多地区已经取消了电力增容费，有些地区对采用冰蓄冷系统进行优惠补贴，这对推广冰蓄冷系统在我国的应用有积极的促进作用。

国家对实行峰谷分时电价在政策上一直都是鼓励和提倡的，因为它是合理配置社会资源的一种重要的经济手段。最近国家发展和改革委员会又专门下发文件，要求各地加大实行峰谷分时电价的力度，峰、谷时段电价差在2～5倍之间进行选择，对电力供应紧张的地区，可对高峰用电期间出现的尖峰时段实行尖峰电价，电价水平可适当高于高峰时段电价。

（2）合适的空调冷负荷特性。一般说来，空调冷负荷在电力峰谷时段应有一定的不均衡性，即在白天用电高峰时段空调冷负荷比较大，夜间用电低谷时段空调冷负荷比较小或无冷负荷，从而可以利用闲置的制冷机制冰蓄冷。如果昼夜冷负荷比较均衡，则设置冰蓄冷系统的经济性就要差得多，甚至没有必要。通常情况下，具有以下特点的建筑物适合采用冰蓄冷系统：

1）在白天使用时间内空调冷负荷大，其余时间内无须冷负荷的场所，如办公楼、写字楼、银行、百货商场等。

2）在白天使用时间内空调冷负荷大，其余时间内冷负荷较小的场所，如宾馆、饭店等。

3）使用具有周期性，并且需要空调的时间短、冷负荷比较大的场所，如影剧院、体育馆、大会堂、教堂、餐厅等。

4）空调系统冷负荷变化大，需要减少高峰用电的场所，如某些工厂、车间等。

5）作为区域供冷的冷源。目前在发达国家如美国、日本使用较多，经济性比较明显，应是未来大城市空调系统供冷的一种发展趋势。

2. 经济分析

（1）能源利用角度

有关资料显示，几种电能储存技术的转换效率如下：抽水蓄能65%～75%，压缩空气储能65%～75%，超导电感储能80%以上，新型蓄电池储能75%～85%，水蓄冷90%，冰蓄冷80%。由于超导电感储能和新型蓄电池储能的大型化还未成熟，水蓄冷虽然比冰蓄冷的转换效率高，但由于槽的结构复杂、施工困难、初期投资较高、泵动力较大、水处理麻烦、人工费用增加等原因，采用的较少。因此，在解决电力峰谷差的诸多方法中，冰蓄冷空调转换效率最高，是最佳选择。

（2）电力角度

根据用户要求和设计要求，采用部分蓄冷空调系统，较常规空调系统可减少总冷负荷

40%～50%，减少配备总电量和电力增容量40%，并且可以减小相关的动力设备选用容量，因而可以减少工程总投资10%～20%。采用全蓄冷空调系统，蓄冷设备占地及投资量要比部分蓄冷空调系统增加50%左右。然而它可以转移高峰用电量的70%左右，在优惠电价下的运行费用有较大降低，比日间常规空调系统使用主峰电力时的电费少70%左右。但如果采用小机组、长运行，需要在夜间低谷或其前后的平谷时段运行，其总电费仅比高峰电费少10%～15%，耗电量可能不会减少。因此，全蓄冷空调系统适用于白天供冷时间较短的场所或峰谷电价差很大的地区。

(3) 技术角度

冰蓄冷每千克蓄冷量较水蓄冷多出16倍。因此，储存一定冷量时，水蓄冷比冰蓄冷所需设备的容量大很多。提供同样容量的冷量，蓄冰槽的容积仅为水的32%，即冰蓄冷比水蓄冷蓄存容积缩小了68%。

(4) 环保角度

与常规空调相比，冰蓄冷空调可以减少机组容量，从而也降低了制冷剂的消耗量和泄漏量，特别是对于采用氟利昂制冷剂的制冷机，则必然会减轻对大气臭氧层的破坏作用和全球的温室效应。同时，制冷机组容量的减小也降低了运行噪声，改善了工作环境。

(5) 投资角度

1) 利用夜间低谷或平谷电价，每年可节省运转费15%～35%。

2) 主机、辅机的水泵、冷却塔的台数和容量可部分减少，因而节能。

3) 由于采用低温供水送风，空调水量和风量及设备容量可比常规空调减少30%～40%左右；水泵、风机动力可减少35%～40%。

4) 风管、水泵、保温、建筑空间占用尺寸均可减少。因而投资也可减少10%～15%。

5) 以部分(40%～50%)蓄冷空调而言，一方面少用40%～50%的日间高峰用电量，同时还减少了40%～50%的电力增容费，还相应地减少了日间的高峰运转费，而仅用了夜间优惠的低谷电费，约占总电费的40%。这样，主机的投资也可相应减少40%左右。

3.2.3 系统设计

本工程采用内融冰主机上游串联系统的供冷方式。

(1) 选用2台双工况冷水机组，单台制冷量2637kW (750RT)，白天供冷夜间制冰；选用1台基载冷水机组，制冷量1055kW (300RT)，全天供应冷水。

(2) 采用盘管蓄冰装置，总储冷量8360RT。

(3) 设置3台480m^3/h的乙二醇泵(2用1备)，1台170m^3/h的基载冷水泵，2台700m^3/h的冷水泵。

(4) 设置3台640m^3/h的冷却水泵(2用1备)，1台240m^3/h的基载冷却水泵。

(5) 设置2台680m^3/h的冷却塔，1台270m^3/h的冷却塔。

(6) 冷热水系统为一次泵系统，冷水温度为7℃/12℃，冷却水温度为32℃/37℃。

冰蓄冷系统原理图见图3-25。

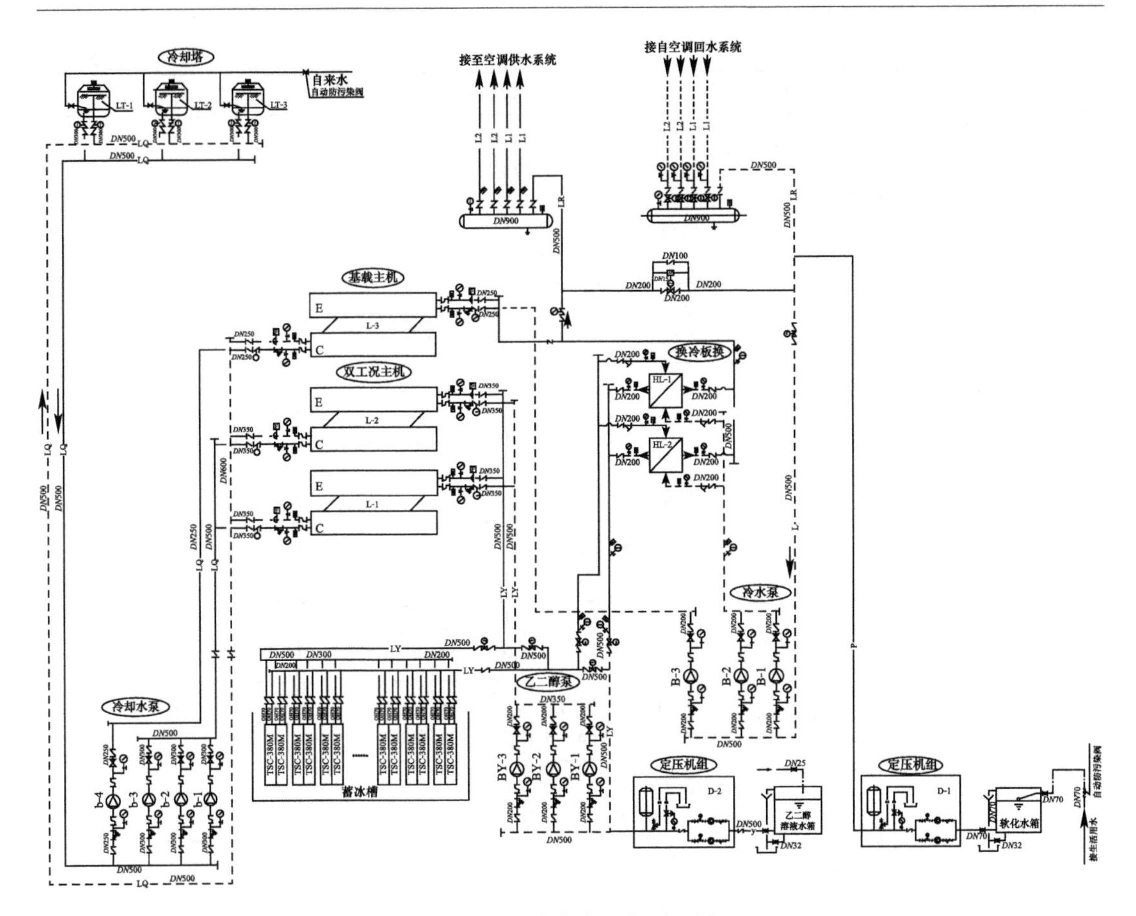

图 3-25　冰蓄冷系统原理图

3.2.4　主要设备

冰蓄冷系统主要设备见表 3-5。

冰蓄冷系统主要设备　　　　表 3-5

序号	系统编号	设备名称	主要性能	单位	数量	备注
1	L-1、L-2	双工况冷水机组	制冷工况 制冷量：2637kW(750RT) 乙二醇：5℃/10℃，480m³/h 冷却水：32℃/37℃，640m³/h 电机功率：510kW，380V/50Hz	台	2	
			制冰工况 制冷量：1933kW(550RT) 乙二醇：−5.6℃/−2.3℃，350m³/h 冷却水：30℃/33.5℃，640m³/h			
			电机功率：510kW，380V/50Hz 工作压力：1.6MPa			

续表

序号	系统编号	设备名称	主要性能	单位	数量	备注
2	L-3	基载冷水机组	制冷量：1055kW(300RT) 冷水：7℃/12℃，170m³/h 冷却水：32℃/37℃，240m³/h 电机功率：200kW，380V/50Hz 工作压力：1.6MPa	台	1	
3	b-1～b-3	冷却水泵	Q=640m³/h，H=32m，N=75kW， n=1450r/min，工作压力1.6MPa	台	3	2用1备
4	b-4	基载冷却水泵	Q=240m³/h，H=32m，N=30kW， n=1450r/min，工作压力1.6MPa	台	1	
5	LT-1、LT-2	冷却塔	处理水量：680m³/h 冷却水：32℃/37℃	台	2	
6	LT-3	冷却塔	处理水量：270m³/h 冷却水：32℃/37℃	台	1	
7	BY-1～BY-3	乙二醇泵	Q=480m³/h，H=30m，N=50kW， n=1450r/min，工作压力1.6MPa	台	3	2用1备
8	B-3	基载冷水泵	Q=170m³/h，H=32m，N=22kW， n=1450r/min，工作压力1.6MPa	台	1	
9	B-1、B-2	冷水泵	Q=700m³/h，H=32m，N=75kW， n=1450r/min，工作压力1.6MPa	台	2	
10		蓄冰盘管 TSC-380M	潜热储冷量：380RTh 工作压力：1.6MPa	组	22	
11	HL-1、HL-2	板式换冷器	换热量：4920kW 一次侧乙二醇温度：3℃/10℃ 二次侧冷冻水温度：7℃/12℃ 工作压力：1.6MPa 水阻力：≤90kPa	台	2	蓄冷

冰蓄冷机房布置见图3-26。

3.2.5 初投资

冰蓄冷系统主要设备投资见表3-6。

冰蓄冷系统主要设备投资约为1336.55万元，总装机电负荷为1743kW。

3.2.6 运行能耗

按照第2章所述全年空调能耗计算方法计算，设计冷负荷Q=10000kW，运行时间H=150×10=1500h，供冷能耗系数取全国平均值CCF=52.6%，冷水机组的$\overline{COP}$=5.3kW/kW，制冰机组的$\overline{COP}$=3.5kW/kW，22台容量为380RTh的蓄冰盘管每天的融冰率取90%。

制冰能耗为：

$$W_1 = 380 \times 3.517 \times 22 \times 0.9 \times 150/(3.5 \times 1000) = 1134.08\text{MWh}$$

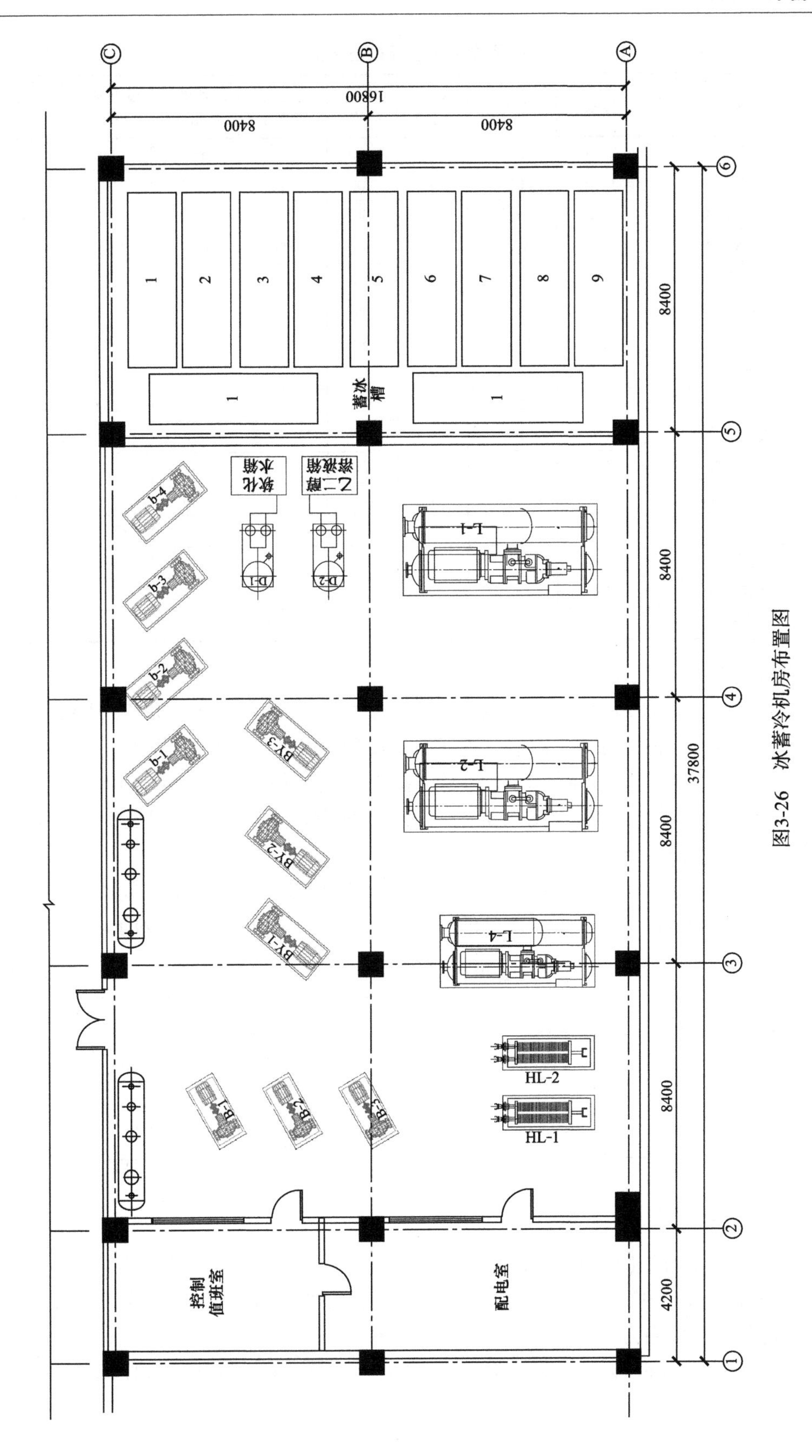

图3-26 冰蓄冷机房布置图

冰蓄冷系统主要设备投资 表 3-6

序号	设备名称	参数	单位	数量（台）	电量（kW）	总电量（kW）	设备单价（万元/台）	设备费用（万元）	备注
1	双工况主机	2637	kW	2	510	1020	188	376	
2	基载主机	1055	kW	1	200	200	100	100	
3	乙二醇泵	480	m^3/h	3	50	100	10	30	2用1备
4	冷却水泵	640	m^3/h	3	75	150	11.5	34.5	2用1备
5	基载冷水泵	170	m^3/h	1	22	22	4	4	
6	基载冷却水泵	240	m^3/h	1	30	30	4.5	4.5	
7	冷却塔	680	m^3/h	2	30	60	20	40	
8	冷却塔	270	m^3/h	1	11	11	10	10	
9	蓄冰盘管	380	RT	22			12	264	12万元/组
10	板式换冷器	4920	kW	2			35	70	
11	冷水泵	700	m^3/h	2	75	150	11.5	23	
12	乙二醇	100%	t	7			1.5	10.50	1.5万元/t
13	变配电系统							87.05	
14	自控系统							150	
15	机房面积	665	m^2				0.2	133	0.2万元/m^2
16	合计					1743		1336.55	

制冷水能耗为：

$$W=(0.526\times10000\times1500/1000-1134.08\times3.5)/5.3=739.76\text{MWh}$$

冰蓄冷系统中，白天融冰工况时，冷水泵、冷却水泵、冷却塔等附属设备的总功率为523kW，每天运行10h；夜间制冰时，附属设备的总输入功率为373kW，每天运行7h。白天融冰工况的附属设备能耗与输出冷量成正比，夜间制冰工况的附属设备能耗假设不变。计算附属设备的年总耗电量如下：

$$W_F=(0.526\times523\times10\times150+373\times7\times150)/1000=804.30\text{MWh}$$

冷水机组、制冰机组以及附属设备的年能耗之和即为系统总能耗，列于表3-7。

冰蓄冷系统供冷能耗 表 3-7

项目	单位	供冷能耗估算值	备注
制冰机组	MWh	1134.08	执行低谷电价
冷水机组	MWh	739.76	
附属设备	MWh	804.30	
合计	MWh	2678.14	

3.2.7 运行费用

按照表4-6列出的北京地区能源价格，取白天（8：00—18：00）电力价格为1.0644元/kWh，夜间（23：00—次日7：00）制冰期间电力价格为0.3908元/kWh，得冰蓄冷系统的供冷年运行费用为：

[(1134.08+391.65)×1000×0.3908+(739.76+412.647)×1000×1.0644]/10000=182.29万元

3.3 直燃型溴化锂吸收式冷热水机组方案

3.3.1 系统介绍

1. 直燃型溴化锂吸收式冷热水机组概述

直燃型溴化锂吸收式冷热水机组简称为“直燃机”，是一种以燃气或燃油在高压发生器中直接燃烧产生的高温烟气为驱动热源，以溴化锂溶液为吸收剂、水为制冷剂制取空气调节或工艺用冷水及热水的设备。

2. 直燃型溴化锂吸收式冷热水机组的工作原理

直燃型溴化锂吸收式冷热水机组由高压发生器、低压发生器、冷凝器、蒸发器、吸收器、高温热交换器、低温热交换器、屏蔽泵及真空泵等主要设备组成，并由真空泵和自动抽气装置保证机组始终处于真空状态。它的工作原理如下所述：

制冷工况：溶液泵将吸收器中的稀溶液送往高压发生器中，由热源加热后浓缩，经初步浓缩的溶液随即进入低压发生器，分离出制冷剂蒸汽进入低压发生器内，再释放热量（自身冷凝变成水），使溶液进一步浓缩，同时再产生制冷剂蒸汽，制冷剂蒸汽在冷凝器中冷凝成水，经节流装置进入蒸发器，在负压条件下低温蒸发，吸收管内的热量，从而使管内的空调水降温，达到制冷效果，而浓溶液经布液装置直接分布到吸收器，将蒸发器中产生的大量水蒸气吸收，浓溶液变成稀溶液，由此可见：水是制冷剂，而溴化锂溶液是吸收剂。制冷循环过程是溴化锂溶液在机内由稀变浓，再由浓变稀和制冷剂水由液态转为气态，再由气态转为液态的循环，两个过程同时进行，周而复始，达到制冷目的。如图 3-27 所示。

供热工况：高压发生器加热溶液所产生的水蒸气，在热水器铜管表面凝结时放出热量，加热管中的热水，浓溶液和制冷剂水混合后的稀溶液由溶液泵送往高压发生器进行再次循环和加热，在制冷工况转入供热工况时，必须同时打开有关的两个切换阀，冷却水泵和制冷剂泵停止运行。如图 3-28 所示。

3.3.2 关键技术分析

溴化锂吸收式冷水机组是利用水在高真空度状态下低沸点蒸发吸收热量而达到制冷目的的制冷设备。溴化锂溶液作为吸收剂吸收蒸发的水蒸气，从而使制冷剂连续运转，形成制冷循环。直燃型溴化锂吸收式冷热水机组包括燃油和燃气两种。

系统优点包括以下几点：

（1）耗电量非常小，其耗电设备仅包括几台小型泵和直燃机的燃烧器，耗电量一般为蒸汽压缩式机组的 3%～4%，对解除电力紧张有好处；但要消耗大量的燃油或燃气，是该机组运行成本的主要部分。

（2）不应用氟利昂类制冷剂，制冷剂采用水，溶液无毒，对臭氧层无破坏作用，对环境无影响，有利于环境保护。

（3）加工简单、操作方便，运行平稳，无噪声、无振动。

（4）夏季制冷，冬季可以制热，也可以同时供冷和供热，除了满足空调冷、热源的要求外，还可以提供其他生活方面的供热，一机多用，节省了占地面积和投资。

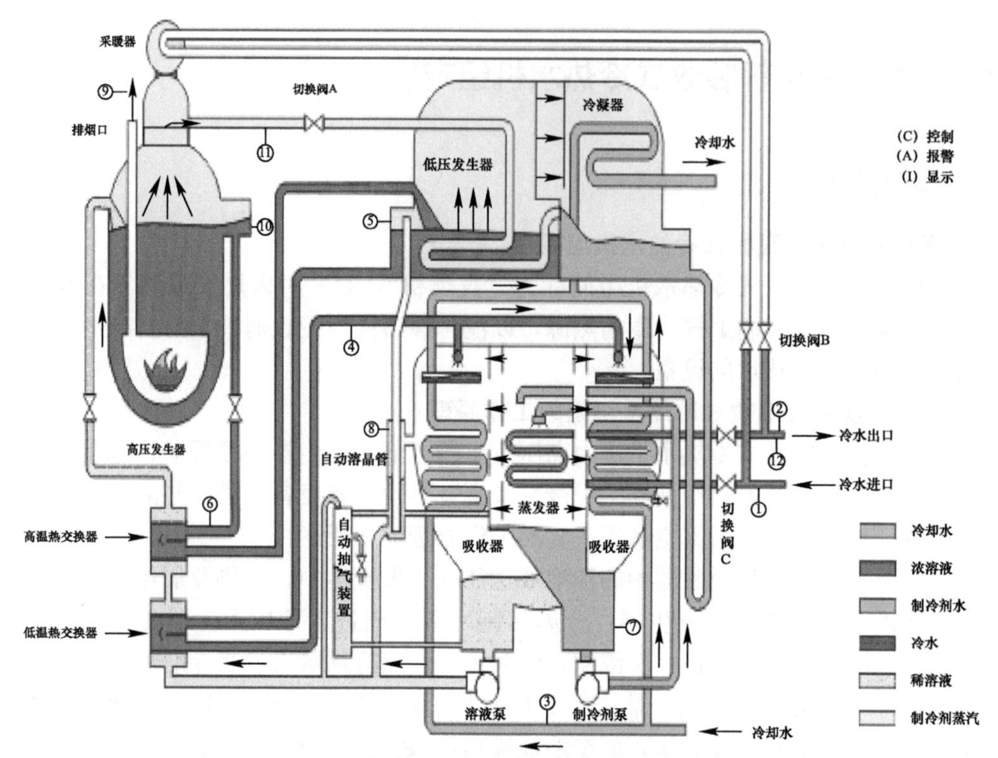

图 3-27 直燃机制冷流程图

①—冷水进口温度（C，I）；②—冷水出口温度（C，I，A）；③—冷却水进口温度（C，I，A）；④—浓溶液喷淋温度（C，I）；⑤—低发浓溶液温度（C，I）；⑥—高发中间浓度溶液温度（C，A，I）；⑦—蒸发温度（I，A）；⑧—溶晶管温度（I，A）；⑨—排烟温度（I，A）；⑩—高发液位（C，I）；⑪—高发压力（A，I）；⑫—冷水流量（A）

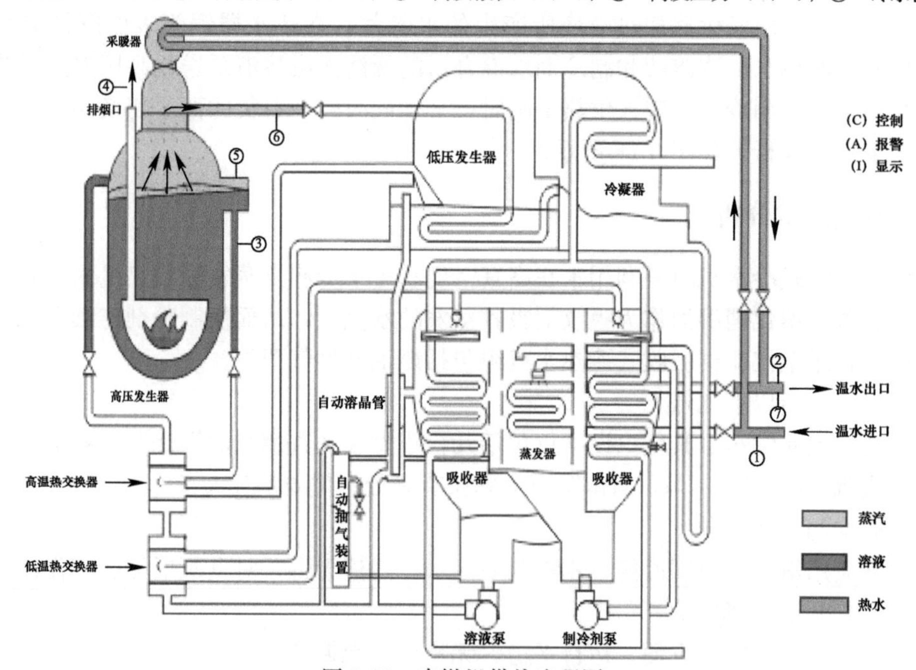

图 3-28 直燃机供热流程图

①—温水进口温度（C，I）；②—温水出口温度（C，I，A）；③—高发浓溶液温度（C，A，I）；④—排烟温度（I，A）；⑤—高发液位（C，I）；⑥—高发压力（C，A，I）；⑦—温水流量（A）

（5）制冷量调节范围广，在20%～100%的负荷内可进行冷量的无级调节，并且随着负荷的变化调节溶液循环量，有优良的调节性能。

（6）采用直燃机，对城市能源季节性的平衡起到一定的积极作用。一般来说，城市中夏季用电量大，而燃气、燃油用量少，因此，用直燃机可以减少电耗，增加燃气、燃油消耗量，有利于解决城市燃气、燃油系统的季节调峰问题。

系统缺点包括以下几点：

（1）存在安全隐患：燃油型机组：由于燃油型机组一般使用轻质柴油，需要配置机房的日用油箱（一般为1m^3）及室外储油罐（最大可做15m^3），两者之间由齿轮油泵及输油管连接，由于柴油的浸润性强，易渗漏，所以管路施工要求高，且要在使用中加强管理，勤检修，否则会有安全隐患；储油罐依据消防的要求，必须安装于离周围建筑物15m以外的空地上，否则消防验收通不过；储油罐需做好防雷及防静电工作，罐上要安装防爆呼吸阀及做好静电接地工作，并定期检查，确保安全。使用单位需配备专门的油罐每星期定期运油。燃气型机组：一般使用天然气、管道煤气或液化石油气（燃烧器一般不通用），其中天然气的燃烧值最高，安装时需按照当地气网的压力设置相应的配套设备（减压阀或增压阀），运行费用较燃油型机组低。就机组本身而言，直燃机必须报请消防部门，经过严格的审批和验收手续后，方可使用。

（2）能源利用率低：考虑到燃烧段排烟侧的低温酸腐蚀因素（由于燃烧产物中有S、N的氧化气体，在温度降低后与烟气中的水蒸气结合，产生酸性液体，对设备的后烟箱等处造成腐蚀），排烟温度一般控制在200℃左右，造成能源的浪费，导致大气的温室效应；同样的原因，即使在200℃的排烟温度下，设备制造时也要在后烟箱等处涂抹特制的防腐蚀涂料，同时在设备运行中，还需定期检修、保养排烟箱等。

（3）维修费用高：溴化锂溶液对钢铁的腐蚀性强，所以在机组中都加了缓蚀剂，尽管如此，还是需要定期维护；同时，作为提供热源的燃烧器，一般都采用原装进口的外国燃烧器，目前还没有国产燃烧器，因此配件价格高。需配专人定期检修燃烧器的增压油泵、光电管、点火棒和点火电磁阀等（对于燃油燃烧器而言），或电磁阀组、点火棒、电离子棒等（对于燃气燃烧器而言），每年的维修费用较蒸汽压缩式机组高。

（4）使用寿命短：溴化锂吸收式机组随着使用年限的增加，制冷效率衰减很快，制冷量下降明显。燃烧器的光电管、增压油泵、点火电磁阀、电离子棒等配件属于易损件，需经常更换。整机的使用寿命短。

（5）运行费用高：直燃型溴化锂吸收式机组运行费用、维修费用总体高于蒸汽压缩式机组。

（6）政策及国际环境的影响：油价和燃气价格受国家政策及国际环境变化（海湾战争等现象）的影响较大，溴化锂吸收式机组的运行费用也因此受到影响。

（7）与蒸汽压缩式机组相比，溴化锂吸收式机组的体积一般较大。

3.3.3 系统设计

（1）选用3台制冷量2908kW/制热量2245kW的直燃型溴化锂吸收式冷热水机组，1台制冷量1454kW/制热量1121kW的直燃型溴化锂吸收式冷热水机组。

（2）相应设置3台550m^3/h的冷水泵，2台275m^3/h的冷水泵（1用1备）；设置3台

850m³/h 的冷却水泵，2 台 425m³/h 的冷却水泵（1 用 1 备）；设置 3 台 210m³/h 的热水泵，2 台 105m³/h 的热水泵（1 用 1 备）；设置 3 台 900m³/h 的冷却塔，1 台 450m³/h 的冷却塔。

（3）冷热水系统为一次泵系统，供冷时提供 7℃/12℃ 的冷水，冷却水温度为 32℃/37℃，供热时提供 60℃/50℃的热水。

直燃型溴化锂吸收式系统原理图见图 3-29。

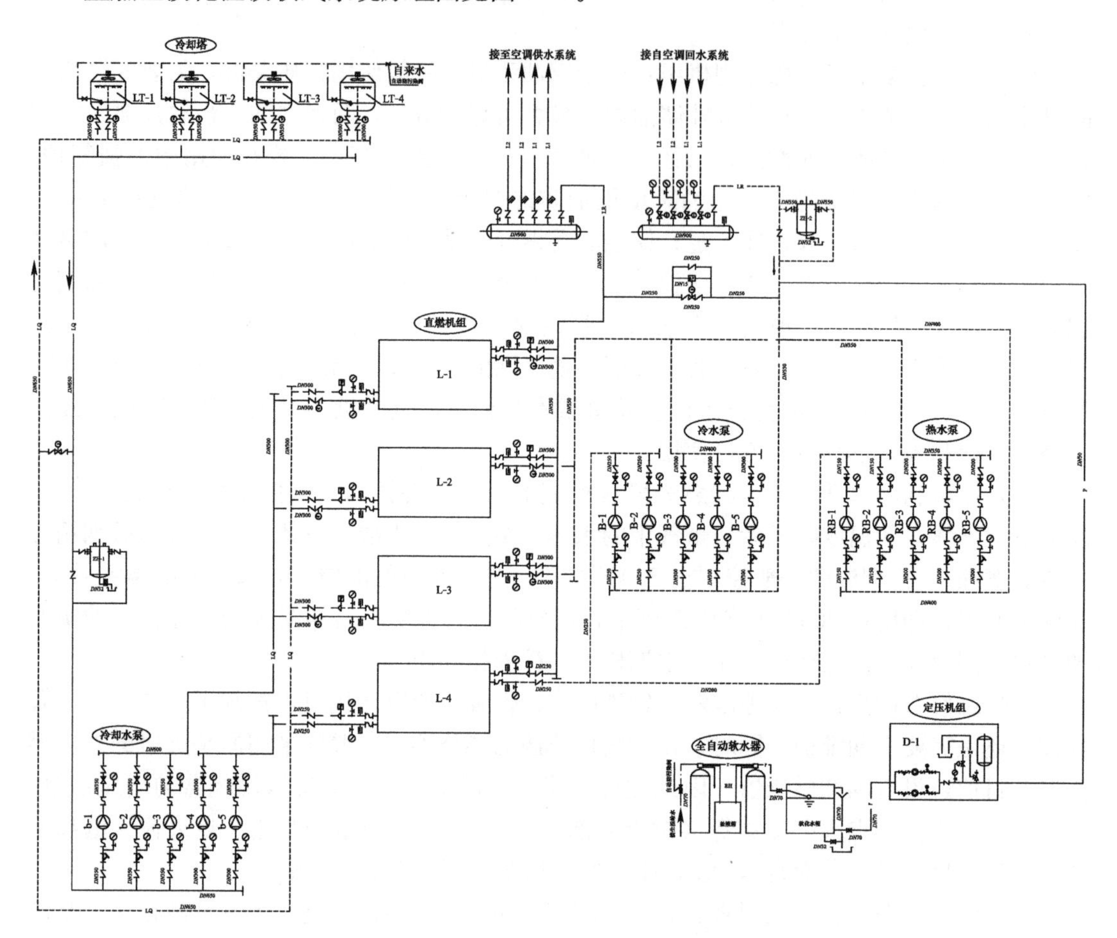

图 3-29 直燃型溴化锂吸收式系统原理图

3.3.4 主要设备

直燃机主要设备见表 3-8。

直燃机主要设备 **表 3-8**

序号	系统编号	设备名称	主要性能	单位	数量	备注
1	L-1～L-3	直燃型溴化锂吸收式冷热水机组	制冷量：2908kW 制热量：2245kW 配电量：17kW 冷冻水：7℃/12℃ 冷却水：32℃/37℃ 热水：60℃/50℃ 设备承压：1.20MPa	台	3	

续表

序号	系统编号	设备名称	主要性能	单位	数量	备注
2	L-4	直燃型溴化锂吸收式冷热水机组	制冷量：1454kW 制热量：1121kW 配电量：10kW 冷冻水：7℃/12℃ 冷却水：32℃/37℃ 热水：60℃/50℃ 设备承压：1.20MPa	台	1	
3	B-1～B-3	冷水泵	流量：550m^3/h 扬程：32m 电量：75kW	台	3	
4	B-4、B-5	冷水泵	流量：275m^3/h 扬程：32m 电量：37kW	台	2	1用1备
5	b-1～b-3	冷却水泵	流量：850m^3/h 扬程：32m 电量：110kW	台	3	
6	b-4、b-5	冷却水泵	流量：425m^3/h 扬程：32m 电量：55kW	台	2	1用1备
7	RB-1～RB-3	热水泵	流量：210m^3/h 扬程：25m 电量：22kW	台	3	
8	RB-4、RB-5	热水泵	流量：105m^3/h 扬程：25m 电量：15kW	台	2	1用1备
9	LT-1～LT-3	冷却塔	处理水量 900m^3/h 电量：37kW	台	3	
10	LT-4	冷却塔	处理水量 450m^3/h 电量：22kW	台	1	

直燃机机房布置见图 3-30。

3.3.5 初投资

直燃机主要设备投资见表 3-9。

直燃机主要设备投资约为 1819 万元，总装机电负荷为 922kW。

3.3.6 运行能耗

按照第 2 章所述全年空调能耗计算方法计算，设计冷负荷 Q=10000kW，运行时间 H=150×10=1500h，供冷能耗系数取全国平均值 CCF=52.6%，直燃机制冷水的$\overline{COP}$=1.3kW/kW，直燃机的总燃烧效率为 80%，天然气热值取 8400kcal/m^3。

得供冷消耗的天然气为：

W=0.526×10000×1500×3600/(1.3×0.8×4.1868×8400×10000)=77.66 万 m^3

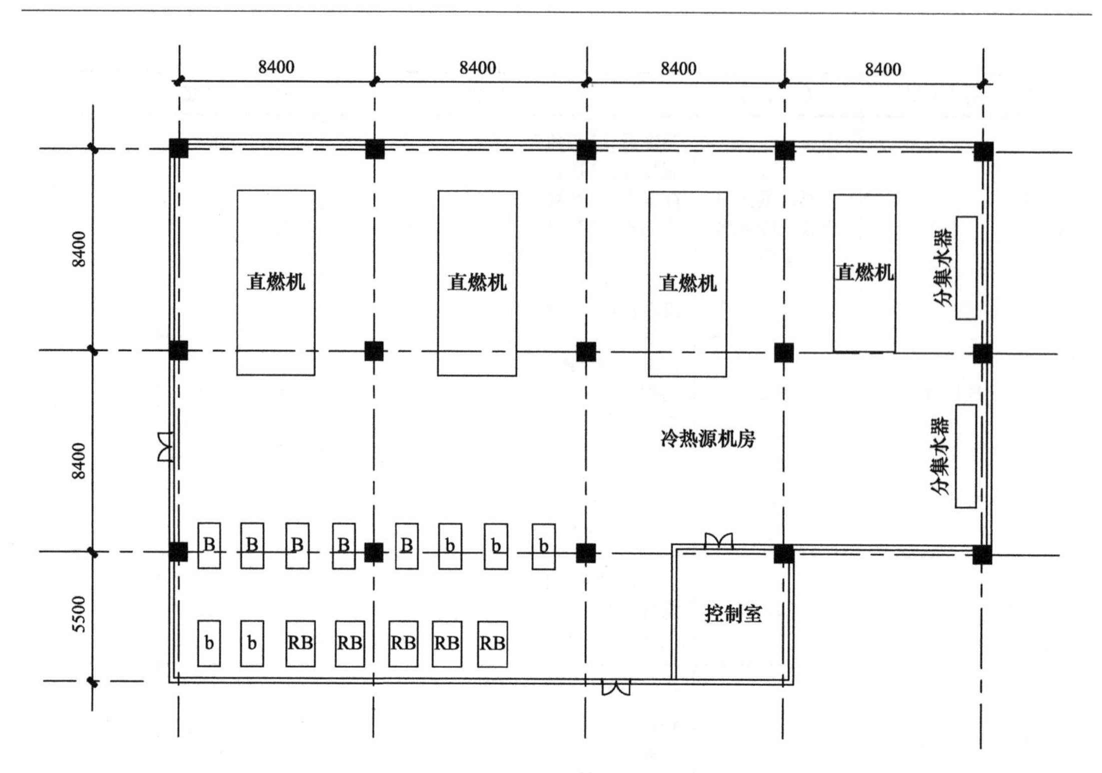

图 3-30　直燃机机房布置图

直燃机主要设备投资　　表 3-9

序号	设备名称	参数（制冷/制热）	单位	数量（台）	电量（kW）	总电量（kW）	燃气耗量（NM/h）	总燃气耗量（NM/h）	设备单价（万元/台）	设备费用（万元）	备注
1	直燃机	2908/2245	kW	3	17	51	212/241	636/723	354	1062	
2	直燃机	1454/1121	kW	1	10	10	106/120	106/120	222	222	
3	冷水泵	550	m^3/h	3	75	225			12	36	
4	冷水泵	275	m^3/h	2	37	37			7.5	15	1用1备
5	冷却水泵	850	m^3/h	3	110	330			17	51	
6	冷却水泵	425	m^3/h	2	55	55			9	18	1用1备
7	热水泵	210	m^3/h	3	22	66			5	15	
8	热水泵	105	m^3/h	2	15	15			3	6	1用1备
9	冷却塔	900	m^3/h	3	37	111			27	81	
10	冷却塔	450	m^3/h	1	22	22			14	14	
11	自控系统									100	
12	变配电系统									49	
13	机房面积	750	m^2						0.2	150	0.2万元/m^2
14	合计					922		742/843		1819	

供冷系统的冷水泵、冷却水泵、冷却塔等附属设备的能耗，假设与冷源的供冷量成正比。附属设备的总额定功率 N=841kW，代入公式（2-7），得附属设备的年能耗为：

$$W_F = CCF \cdot N \cdot H = 0.526 \times 841 \times 1500/1000 = 663.55\text{MWh}$$

供暖设计热负荷 Q'=8000kW，供热期 120d，室内设计温度 20℃（8：00—18：00），

室内值班温度5℃（18：00—次日8：00）；采暖期空调室外设计干球温度−9.9℃，采暖期室外平均温度−0.7℃。

得度日数为：

$$HDD = (\overline{t_n} - \overline{t_w}) \cdot D = (11.25 + 0.7) \times 120 = 1434\text{K} \cdot \text{d}$$

则年供热能耗为：

$$W' = \frac{Q'}{t_n - t_w} \cdot HDD \times 24 = 8000/29.9 \times 1434 \times 24 \times 3600/(4.1868 \times 0.85 \times 8400 \times 10000) = 110.89 \text{ 万 m}^3 \text{ 天然气}$$

供热附属设备额定功率 $N'=142\text{kW}$，供热附属设备全年能耗如下：

$$W'_F = \frac{N'}{t_n - t_w} \cdot HDD \times 24 = 142/29.9 \times 1434 \times 24/1000 = 163.45\text{MWh}$$

汇总上述计算结果，直燃机系统夏季供冷和冬季供热能耗分别见表3-10和表3-11。

直燃机系统供冷能耗 **表3-10**

项目	单位	供冷能耗估算值	备注
冷水机组	万 m^3	77.66	天然气热值 8400kcal/m^3
附属设备	MWh	663.55	

直燃机系统供热能耗 **表3-11**

项目	单位	供热能耗估算值	备注
热水机组	万 m^3	110.89	天然气热值 8400kcal/m^3
附属设备	MWh	163.45	

3.3.7 运行费用

按照表4-6列出的北京地区能源价格，取电力价格为1.1843元/kWh，天然气价格为2.28元/m^3，得直燃机系统的供冷年运行费用为：

$$(77.66 \times 10000 \times 2.28 + 663.55 \times 1000 \times 1.1843)/10000 = 255.65 \text{ 万元}$$

供热年运行费用为：

$$(110.89 \times 10000 \times 2.28 + 163.45 \times 1000 \times 1.1843)/10000 = 272.19 \text{ 万元}$$

综上所述，直燃机系统的年总运行费用为527.84万元。

3.4 风冷热泵方案

3.4.1 系统介绍

1. 定义

以空气为冷（热）源，以水为供冷（热）介质的制冷机组。

2. 工作流程

制冷工况：压缩机将回流的低压冷媒压缩后，变成高温高压（温度高达100℃）的气体排出，高温高压的冷媒气体流经冷凝器，热量经铜管及翅片对流传导到空气。此时，在风扇的作用下，大量的环境空气流过冷凝器外表面，把冷媒散发出的热量带走。而冷却下来的冷媒，在压力的持续作用下变成液态，经膨胀阀后进入蒸发器，由于蒸发器的压力骤然降低，因此液态的冷媒在此迅速蒸发变成气态，同时温度下降至－20～－30℃，从周围吸收大量的热量。与此同时，流经蒸发器的冷水释放热量、降低温度后送入空调系统末端。随后，吸收了一定能量的冷媒回流到压缩机，进入下一个循环。如图3-31所示。

制热工况：在冷媒管路上增加四通转向阀，使低压冷媒的循环顺序逆转，造成蒸发器和冷凝器位置互换，从而达到从空气中吸热、向热水放热的效果。如图3-32所示。

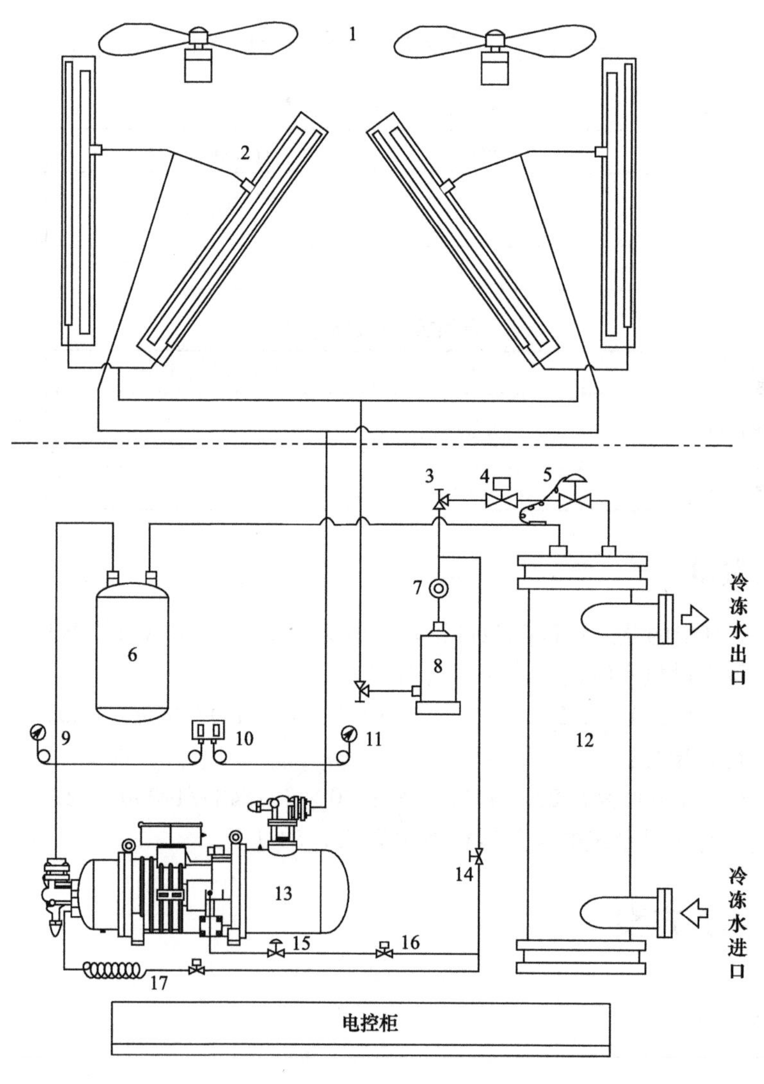

图3-31　单冷型机组系统原理图

1—冷凝风机；2—冷凝器；3、14—截止阀；4—供液电磁阀；5—膨胀阀；6—气液分离器；7—视镜；8—干燥过滤器；9—低压压力表；10—高低压控制器；11—高压压力表；12—蒸发器；13—压缩机；15—喷液膨胀阀；16—喷液电磁阀；17—喷液毛细管

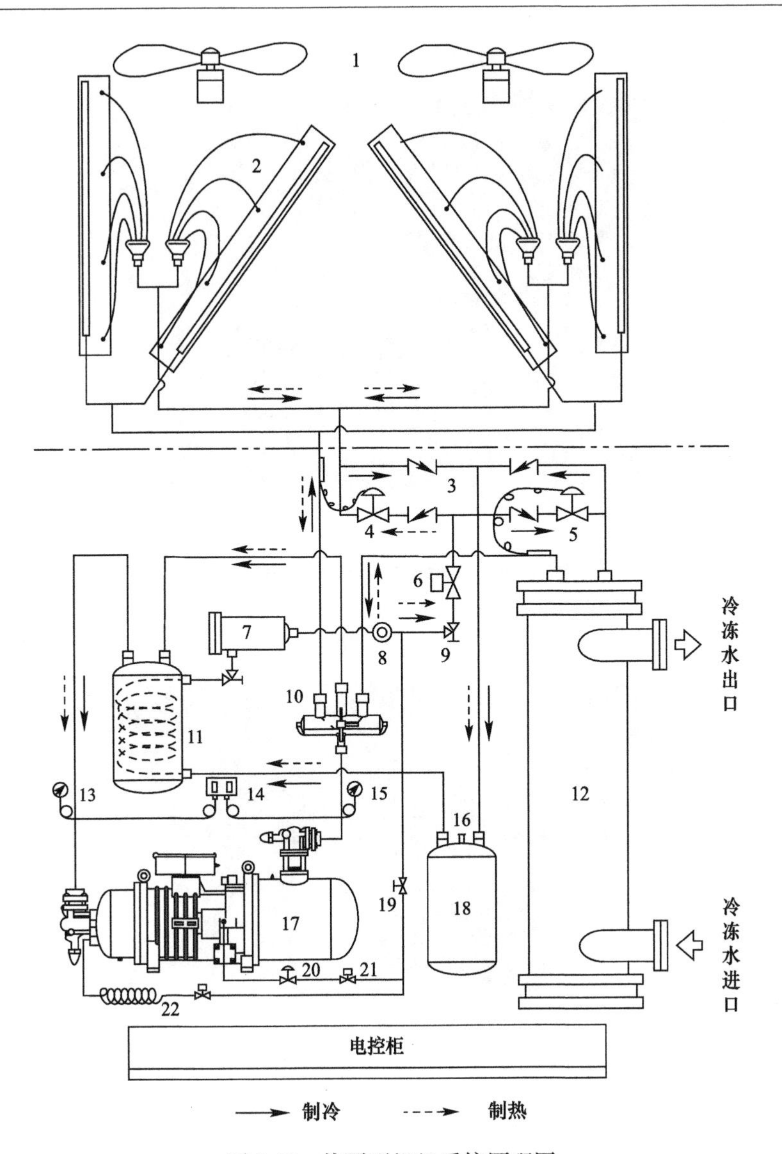

图 3-32 热泵型机组系统原理图

1—冷凝风机；2—冷凝器；3—单向阀；4—制热膨胀阀；5—制冷膨胀阀；6—供液电磁阀；7—干燥过滤器；8—视镜；9、19—截止阀；10—电磁四通阀；11—气液分离器；12—干式蒸发器；13—低压压力表；14—高低压控制器；15—高压压力表；16—安全阀；17—压缩机；18—贮液器；20—喷液膨胀阀；21—喷液电磁阀；22—喷液毛细管

3. 分类

按压缩机形式分为：活塞式、涡轮式和螺杆式（见图 3-33～图 3-36）。

按冷凝器形式分为：V 形、W 形、倒 M 形、单/双向侧置。

蒸发器为卧式壳管式蒸发器，按其形式分为：满液式、半满液式（制冷剂在管外蒸发）和干式（制冷剂在管内蒸发）。

节流装置分为：热力膨胀阀和电子膨胀阀。

图3-33 活塞式风冷热泵机组（一）

图3-34 活塞式风冷热泵机组（二）

图3-35 涡旋式风冷热泵机组

图 3-36 螺杆式风冷热泵机组

3.4.2 关键技术分析

1. 优点

(1) 风冷机组属于中小型机组，适用于 20000m^2 以下的建筑物。

(2) 机组放置于户外，可能会要求一小间水泵房，不需占地面积大的冷冻机房，建筑利用率高。

(3) 无冷却塔、冷却水泵及相关管道，避免了相应设备的初投资和运行费用。

(4) 无冷却塔，故不存在冷却水的损耗，适用于水资源紧张的地区。

(5) 模块化风冷机组负荷调节能力强，部分负荷工况运行效率高，各模块自成独立系统，互为备用，提高了整个空调系统的运行可靠性。

(6) 风冷热泵机组使空调系统的冷热源合一，在南方地区能够同时满足夏季供冷、冬季供暖的需求，省去锅炉房；北方地区增加过渡季采暖，提高室内舒适性。

2. 不足

(1) 风冷机组不适用于大型、超高层建筑物。

(2) 与水冷机组、土壤源热泵等形式相比，*COP* 值偏低，耗电量大。

(3) 风冷机组噪声比较大，对就近房间的使用有影响。

(4) 风冷热泵机组制热运行有制约：

1) 室外温度降到－10℃以下时无法运行，故在北方地区不能承担供热季的采暖需求。

2) 在冬季湿度大的地区，机组制热运行时，蒸发器易出现结霜现象，需要定期停机除霜，影响机组供热效果。

3. 风冷机组和常规水冷机组的比较

风冷机组和常规水冷机组的比较见表 3-12。

风冷机组和常规水冷机组对比表 **表 3-12**

项目	风冷机组	常规水冷机组
初投资	高	低
机房面积	无设备机房或采用小型水泵房	比较大的设备机房

续表

项目	风冷机组	常规水冷机组
系统形式	简单（只有冷冻水系统）	复杂（冷却水系统和冷冻水系统）
COP 值	低	高
运行费用	高（模块机组可以分组卸载，部分负荷时，运行费用有所降低）	低
维护保养	低	高
机型	中小机型，适用于2万m^2以下的建筑物	大中小机型，适用于中大型建筑物
备用	停机检修（模块机组可以部分停机检修）	停机检修
制热能力	热泵机组可以制热，南方部分地区能够承担冬季供热需求	无
其他	无冷却塔，没有飘水问题，节水	冷却塔不可或缺

3.4.3 系统设计

（1）本项目采用屋顶风冷机组承担整栋建筑的供冷需求，大部分厂商提供的屋顶风冷机组额定冷量为1500kW左右，个别厂商提供的设备能力可达到1800kW，方案中取1508.4kW×6台，满足建筑要求。

（2）一次泵系统：水泵为定流量泵，与屋顶风冷机组一一对应，按照用户末端需求，压差旁通控制，阶段性逐台启停风冷机组和对应的水泵。

水泵流量计算：$G=1508.4\div1.163\div5\times1.05=273m^3/h$

（3）空调冷冻水供回水温度为7℃/12℃，系统补水采用软化后的生活给水，循环水采用电子物理处理；闭式隔膜膨胀水罐定压。

（4）风冷热泵系统原理图见图3-37。

3.4.4 主要设备

风冷机组主要设备见表3-13。

风冷热泵屋顶设备布置见图3-38；风冷热泵水泵房布置见图3-39。

3.4.5 初投资

风冷机组主要设备投资见表3-14。

风冷机组主要设备投资约为1260万元，总装机电负荷为3248.4kW。

3.4.6 运行能耗

按照第2章所述全年空调能耗计算方法计算，设计冷负荷$Q=10000kW$，运行时间$H=150\times10=1500h$，供冷能耗系数取全国平均值$CCF=52.6\%$，风冷机组的$\overline{COP}=2.99kW/kW$。

得供冷能耗为：

$$W=0.526\times10000\times1500/(2.99\times1000)=2638.80MWh$$

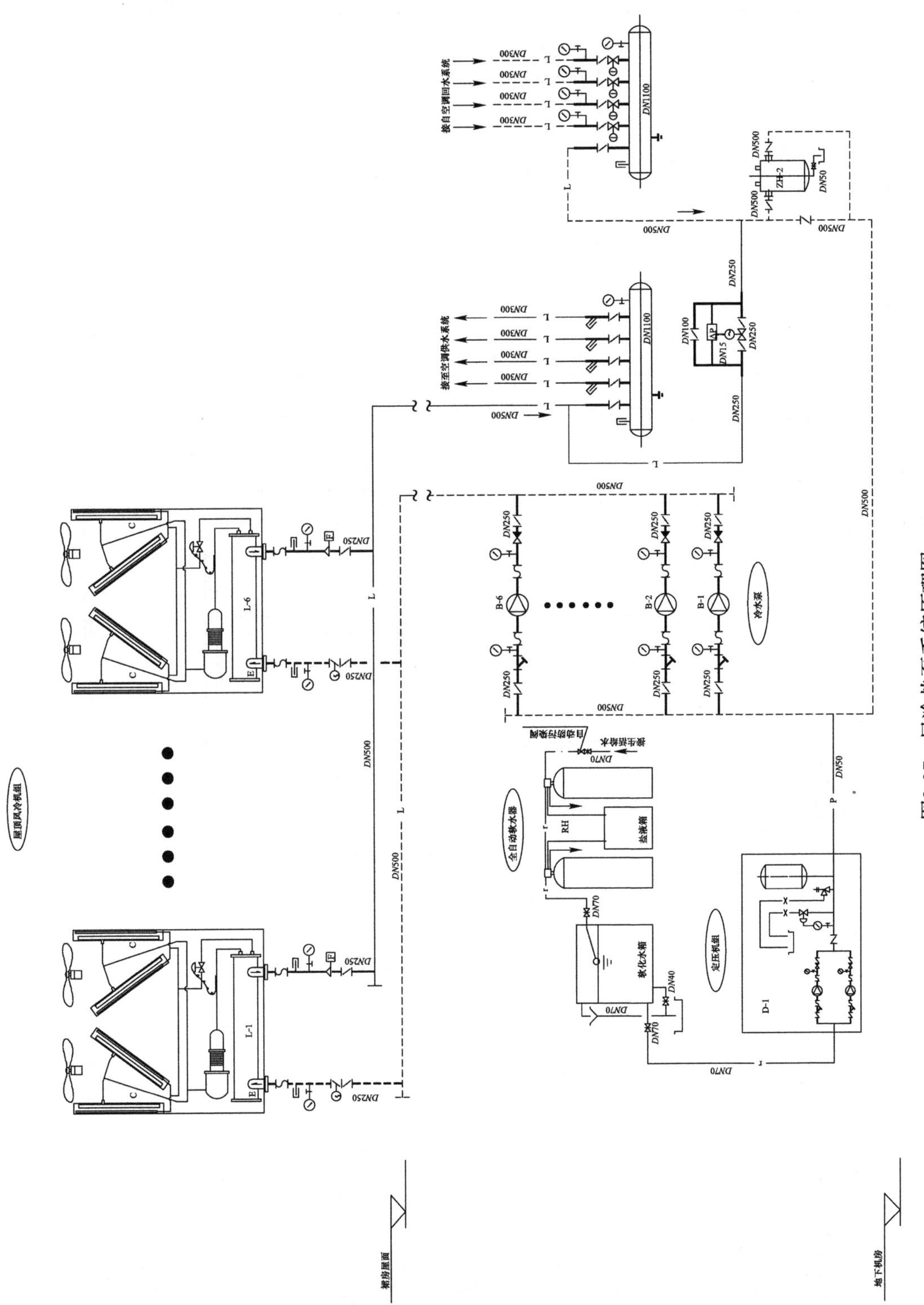

图3-37 风冷热泵系统原理图

风冷机组主要设备 表3-13

序号	系统编号	设备名称	性能参数	单位	数量	备注
1	L-1～L-6	螺杆式风冷机组（单冷型）	制冷量：1508.4kW 冷水温度：7℃/12℃ 冷水流量：259.92m^3/h 额定功率：504.4kW 其中： 压缩机输入功率：445.6kW 风机电机功率：2.45kW×24台 电源：380-3-50 冷媒：HFC-134a *COP*值：2.99 工作压力：1.0MPa	台	6	裙房屋面
2	B-1～B-6	冷水泵	流量：273m^3/h 扬程：32mH_2O 电量：37kW	台	6	无备用

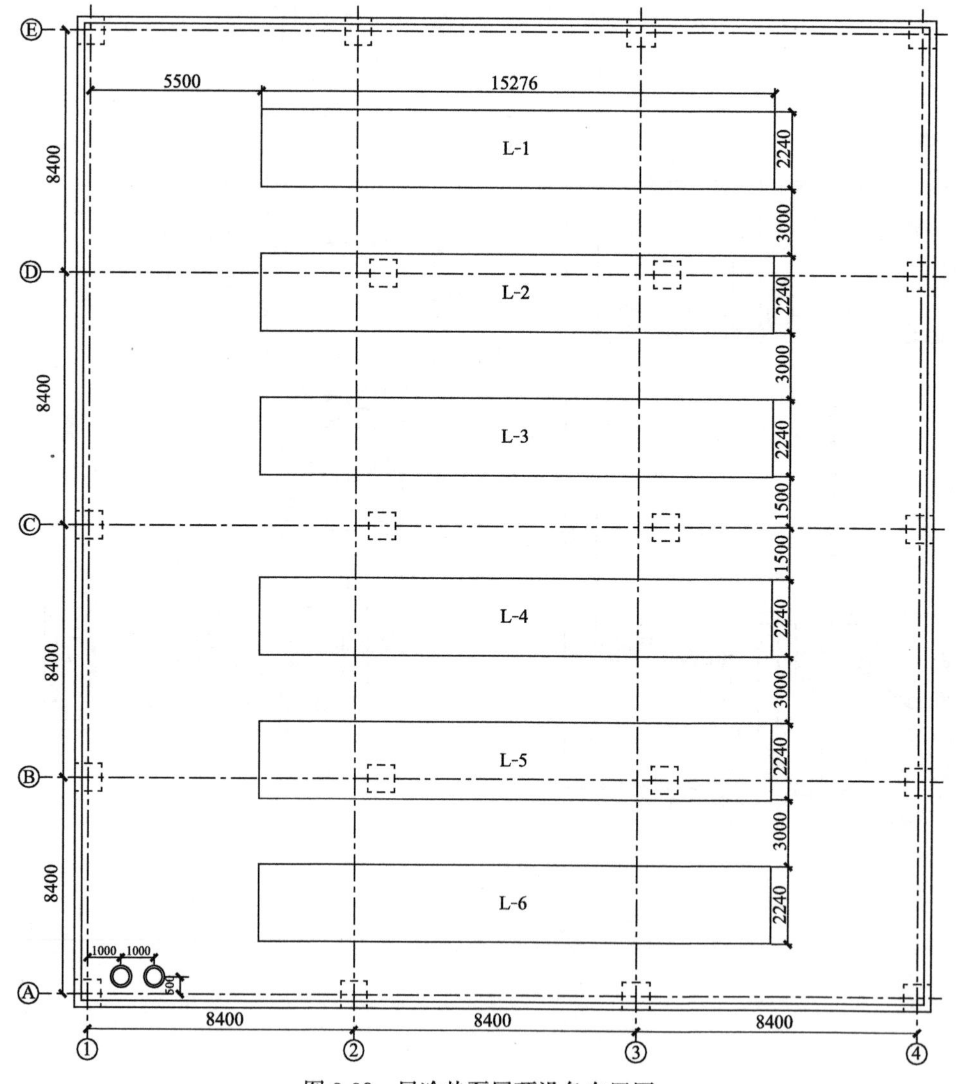

图3-38 风冷热泵屋顶设备布置图

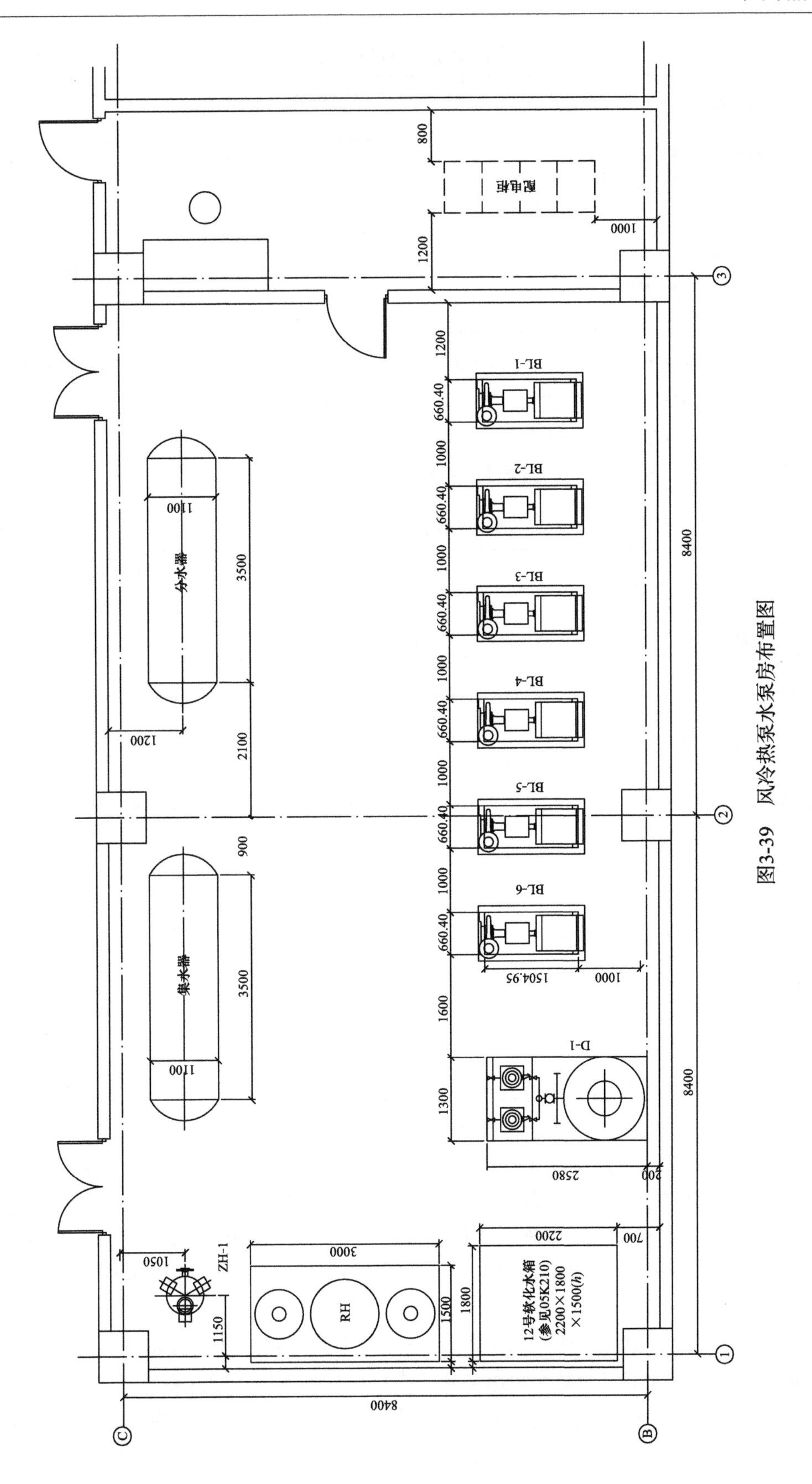

图3-39 风冷热泵水泵房布置图

风冷机组主要设备投资　　表 3-14

序号	设备名称	参数	单位	数量（台）	电量（kW）	总电量（kW）	设备单价（万元/台）	设备费用（万元）	备注
1	风冷机组	1508.4	kW	6	504.4	3026.4	150	900	
2	冷水泵	273	m^3/h	6	37	222	5.5	33	
3	自控系统							100	
4	变配电系统							195	
5	机房面积	160	m^2				0.2	32	0.2 万元/m^2
6	合计					3248.4		1260	

供冷系统的冷水泵等附属设备的能耗，假设与冷源的供冷量成正比。附属设备的总额定功率 N=188.4kW，代入公式（2-7），得附属设备的年能耗为：

$$W_F = CCF \cdot N \cdot H = 0.526 \times 188.4 \times 1500/1000 = 148.65\text{MWh}$$

汇总上述计算结果，风冷热泵系统夏季供冷能耗见表 3-15。

风冷热泵系统供冷能耗　　表 3-15

项目	单位	供冷能耗估算值
风冷机组	MWh	2638.80
附属设备	MWh	148.65
合计	MWh	2787.45

3.4.7 运行费用

按照表 4-6 列出的北京地区能源价格，取电力价格为 1.1843 元/kWh，得风冷热泵系统的供冷年运行费用为：

$$2787.45 \times 1000 \times 1.1843/10000 = 330.12\text{ 万元}$$

3.5 地下水源热泵方案

3.5.1 系统介绍

地下水源热泵是一种利用地球表面或浅层水源（地下水、河流、湖泊），或者人工再生水源（工业废水、地热尾水等）的既可供热又可制冷的空调系统。地下水源热泵技术利用热泵机组实现低温位热能向高温位热能的转移（见图 3-40）。将水体蓄能，在冬、夏季作为供暖的热源和制冷的冷源。即在冬季，把水体中的热量取出来，提高温度后供给室内采暖；在夏季，将室内的热量释放到水体中去（见图 3-41）。地下水温度一年四季相对稳定，波动范围小，为热泵机组提供了良好的冷热源条件，保证了系统运行的高效性和经济性。

热泵机组根据对水源的利用方式不同，可以分为开式系统和闭式系统两种。开式系统是指从地下或地表抽水后经过热泵机组换热后直接排放的系统；闭式系统是指利用闭式循环的土壤换热器进行换热的系统，冬季作为热源从土壤中取热，夏季作为冷源向土壤放热。

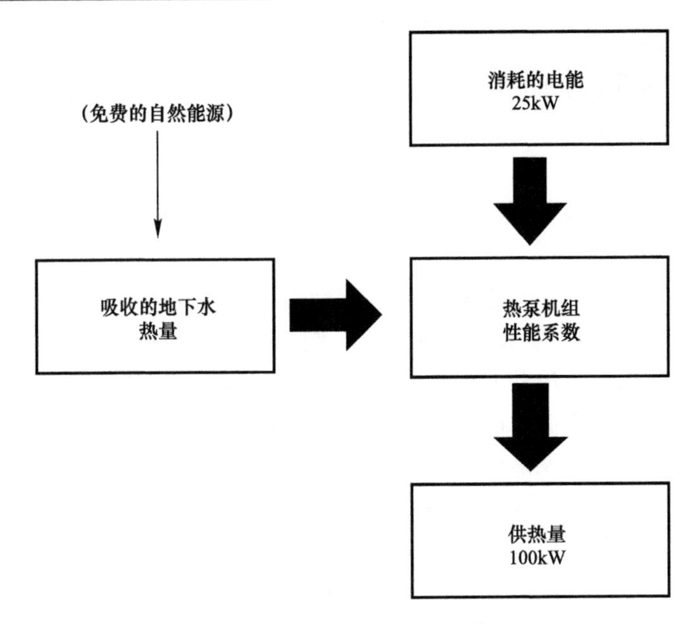

图 3-40 地下水源热泵系统工作流程图

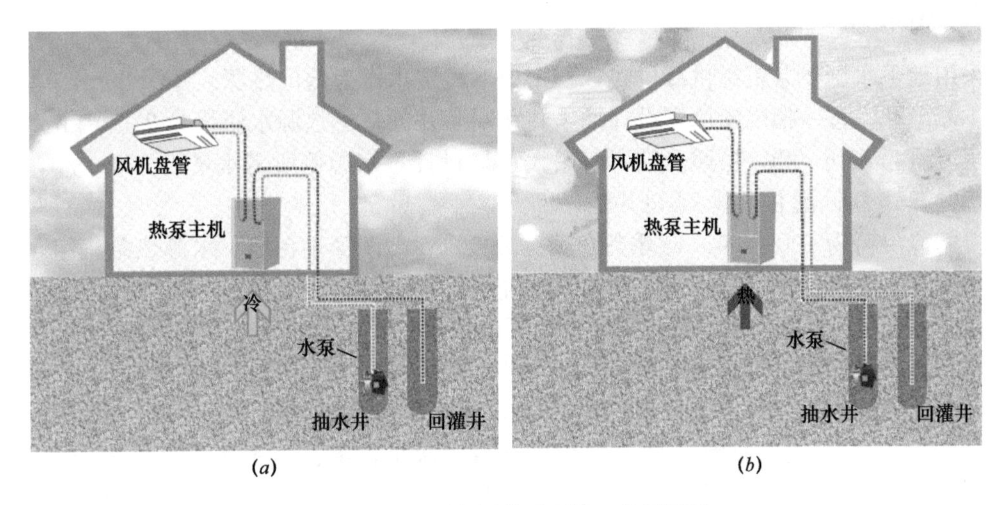

图 3-41 地下水源热泵系统工作原理图

(*a*) 夏季工作原理示意图；(*b*) 冬季工作原理示意图

3.5.2 关键技术分析

地下水源热泵在国内的应用始于 20 世纪 90 年代，住房城乡建设部等部门将其作为绿色环保节能技术建议推广应用。

地下水源热泵以地下水作为能量传导介质，地下水经过抽水系统进入热泵系统，经过热交换后，回灌到地下含水层中。

虽然地下水源热泵技术具有高效节能、环境效益显著等优点，但地下水的水量、水温、水质直接影响到地下水源热泵制冷（制热）效率的高低和使用寿命。地下水源热泵技术受地质条件、环境温度、地下水质和建筑条件的制约。

（1）地下水开采

实际工程中，不同地区水资源利用成本相差很大，是否有合适的地下水源是地下水源热泵应用的关键问题。

（2）地下水水质

地下水水质的基本要求是澄清、水质稳定、不腐蚀、不滋生微生物、不结垢等。

（3）地下水回灌

为保护地下水资源，对于开采的地下水应严格要求回灌，地下水回灌要求等量回灌，即抽出的水量应与回灌的水量相等。地下水应同层回灌，以防止地面沉降和地下水源污染。伴随回灌时间的增长，单井回灌能力因结垢、气泡堵塞、含水层细颗粒重组等原因逐渐变小。加强对地下水回灌能力的分析研究，采用不同的回灌方式和处理方式，保护地下水资源是地下水源热泵今后发展的重要研究课题。

地下水源热泵应用受地域限制较多，由于地下水资源有限，大规模地开采利用地下水可能造成地质环境问题和地质灾害。因此，不同地区的政策、水质、地层结构对出水、打井投资、回灌技术提出了不同的要求。项目实施前，应对地下水源热泵系统进行合理的技术经济分析，以评价热泵系统的节能性和经济效果。

3.5.3 系统设计

采用地下水源热泵机组供冷供热，利用地下浅层水作为低位热源。井深80m，单井出水量120m^3/h。按一抽二灌原则设计抽水井和回灌井。夏季水源水流量为920m^3/h，冬季水源水流量为810m^3/h，按照夏季所需最大水量设计，水源侧所需水量为920m^3/h，设8口抽水井、16口回灌井，共24口井。

夏季冷负荷为10000kW，冬季热负荷为8000kW，设置4台地下水源热泵机组，按3大1小配置，大机组单台制冷量2974kW，制热量3074kW，小机组单台制冷量1163kW，制热量1218kW。夏季最大冷负荷时4台热泵机组运行，冬季最大热负荷时3台大热泵机组运行。夏季空调冷水供水温度为7℃，回水温度为12℃，设置3台大水泵，单台冷冻水泵流量513m^3/h；2台小水泵（1用1备），单台冷冻水泵流量200m^3/h。夏季水源侧供水温度为18℃，回水温度为29℃，设置3台大水泵，单台水源水泵流量270m^3/h；2台小水泵（1用1备），单台水源水泵流量110m^3/h。冬季空调热水供水温度为45℃，回水温度为40℃，设置3台大水泵，单台热水泵流量530m^3/h；2台小水泵（1用1备），单台热水泵流量210m^3/h。冬季地源侧供水温度为15℃，回水温度为7℃，设置3台大水泵，单台地源水泵流量264m^3/h；2台小水泵（1用1备），单台地源水泵流量104m^3/h。

冷冻水泵、水源水泵、地源水泵定流量运行。

空调冷热水系统及地源水系统采用密闭隔膜式膨胀水罐定压方式。

地下水源热泵系统原理图见图3-42。

3.5.4 主要设备

地下水源热泵主要设备见表3-16。

地下水源热泵机房布置见图3-43。

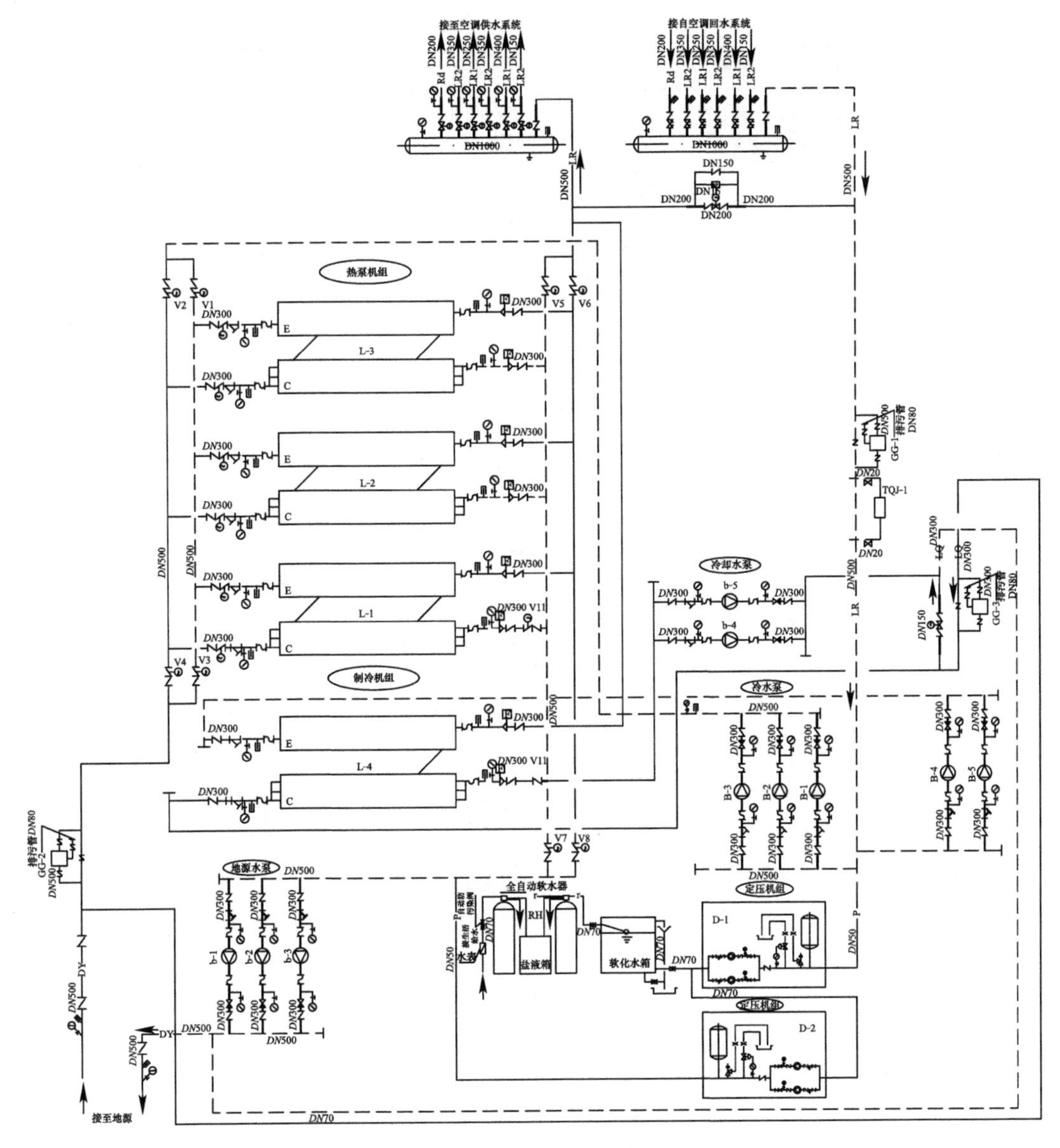

图 3-42　地下水源热泵系统原理图

地下水源热泵主要设备　　　　**表 3-16**

序号	系统编号	设备名称	主要性能	单位	数量	备注
1	L-1～L-3	离心式地下水源热泵机组	制冷工况 制冷量：2974kW（850RT） 冷冻水泵：7℃/12℃，513m³/h 水源水泵：18℃/29℃，270m³/h 耗电量：461kW	台	3	
			制热工况 制热量：3074kW 热水泵：45℃/40℃，530m³/h 地源水泵：15℃/7℃，264m³/h 耗电量：631kW			

续表

序号	系统编号	设备名称	主要性能	单位	数量	备注
1	L-1～L-3	离心式地下水源热泵机组	电机功率：631kW，380V/50Hz 设备承压：1.0MPa	台	3	
2	L-4	螺杆式制冷机组	制冷工况 制冷量：1163kW（330RT） 冷冻水泵：7℃/12℃，200m^3/h 水源水泵：18℃/29℃，110m^3/h 耗电量：185kW 制热工况 制热量：1218kW 热水泵：45℃/40℃，210m^3/h 地源水泵：15℃/7℃，104m^3/h 耗电量：260kW 电机功率：260kW，380V/50Hz 设备承压：1.0MPa	台	1	
3	b-1～b-3	水源水泵	Q=270m^3/h，H=25m，N=32kW，n=1450r/min，设备承压 1.0MPa	台	3	
4	B-1～B-3	冷热水泵	Q=530m^3/h，H=32m，N=75kW，n=1450r/min，设备承压 1.0MPa	台	3	
5	b-4、b-5	水源水泵	Q=110m^3/h，H=25m，N=11kW，n=1450r/min，设备承压 1.0MPa	台	2	1 用 1 备
6	B-4、B-5	冷热水泵	Q=210m^3/h，H=32m，N=32kW，n=1450r/min，设备承压 1.0MPa	台	2	1 用 1 备

3.5.5　初投资

地下水源热泵主要设备投资见表 3-17。

地下水源热泵主要设备投资约为 1624.8 万元。

3.5.6　运行能耗

按照第 2 章所述全年空调能耗计算方法计算，设计冷负荷 Q=10000kW，运行时间 H=150×10=1500h，供冷能耗系数取全国平均值 CCF=52.6%，地下水源热泵的$\overline{COP}$=6.45kW/kW。

得供冷能耗为：

$$W = 0.526 \times 10000 \times 1500/(6.45 \times 1000) = 1223.26\text{MWh}$$

供冷系统的水源水泵、冷热水泵等附属设备的能耗，假设与冷源的供冷量成正比。附属设备的总额定功率 N=364kW，代入公式（2-7），得附属设备的年能耗为：

$$W_F = CCF \cdot N \cdot H = 0.526 \times 364 \times 1500/1000 = 287.20\text{MWh}$$

供暖设计热负荷 Q'=8000kW，供热期 120d，室内设计温度 20℃（8：00—18：00），室内值班温度 5℃（18：00—次日 8：00）；采暖期空调室外设计干球温度−9.9℃，采暖期室外平均温度−0.7℃。热泵供热 EER=4.87。

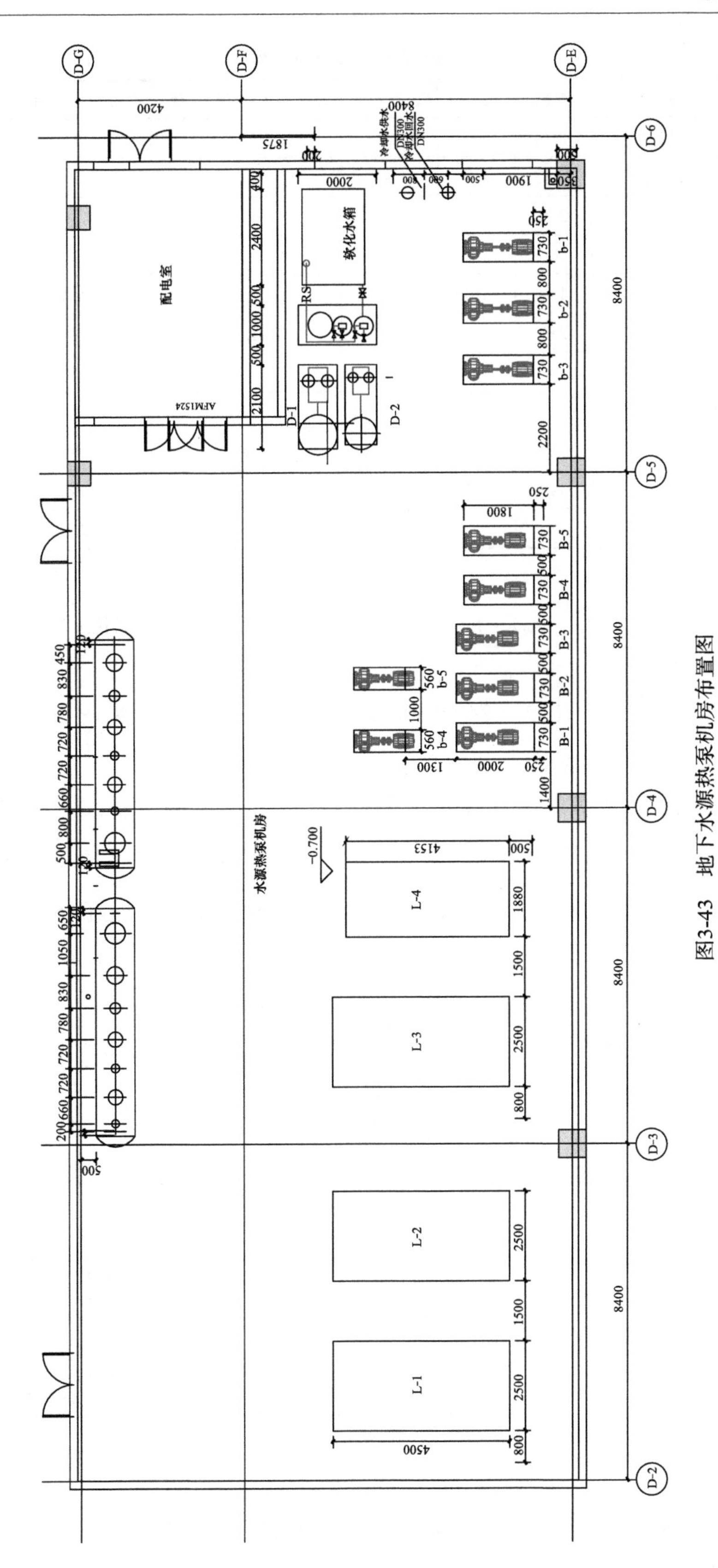

图3-43 地下水源热泵机房布置图

地下水源热泵主要设备投资　　表 3-17

序号	设备名称	参数	单位	数量（台）	设备单价（万元/台）	设备费用（万元）	备注
1	离心式地下水源热泵机组	2974	kW	3	220	660	
2	螺杆式制冷机组	1163	kW	1	66	66	
3	水源水泵	270	m^3/h	3	4.8	14.4	
4	冷热水泵	530	m^3/h	3	11	33	
5	水源水泵	110	m^3/h	2	2.2	4.4	1 用 1 备
6	冷热水泵	210	m^3/h	2	4.5	9	1 用 1 备
7	自控系统					120	
8	变配电系统					150	
9	水源井			24	20	480	20 万元/口
10	机房面积	440	m^2		0.2	88	0.2 万元/m^2
11	合计					1624.8	

得度日数为：

$$HDD = (\overline{t_n} - \overline{t_w}) \cdot D = (11.25 + 0.7) \times 120 = 1434\text{K} \cdot \text{d}$$

则年供热能耗为：

$$W' = \frac{Q'}{t_n - t_w} \cdot HDD \times 24 = 8000/29.9 \times 1434 \times 24/(4.87 \times 1000)$$
$$= 1890.82\text{kWh}$$

供热附属设备额定功率 $N'=364\text{kW}$，供热附属设备全年能耗如下：

$$W'_F = \frac{N'}{t_n - t_w} \cdot HDD \times 24 = 364/29.9 \times 1434 \times 24/1000 = 418.98\text{MWh}$$

汇总上述计算结果，地下水源热泵系统夏季供冷和冬季供热能耗分别见表 3-18 和表 3-19。

地下水源热泵系统供冷能耗电量　　表 3-18

项目	单位	供冷能耗估算值
制冷机组	MWh	1223.26
附属设备	MWh	287.20
合计	MWh	1510.46

地下水源热泵系统供热能耗　　表 3-19

项目	单位	供热能耗估算值
热泵机组	MWh	1890.82
附属设备	MWh	418.98
合计	MWh	2309.80

3.5.7　运行费用

按照表 4-6 列出的北京地区能源价格，取电力价格为 1.1843 元/kWh，得地下水源热泵系统的供冷年运行费用为：

$$1510.46\times1000\times1.1843/10000=178.88 \text{ 万元}$$

供热年运行费用为：

$$2309.80\times1000\times1.1843/10000=273.55 \text{ 万元}$$

综上所述，地下水源热泵系统的年运行总费用为 452.43 万元。

3.6 土壤源热泵方案

3.6.1 系统介绍

土壤源热泵技术是一种利用地下浅层地热资源（也称地能，包括地下水、土壤或地表水等）的既可供热又可制冷的高效节能空调系统。热泵机组通过输入少量的高品位能源（如电能），实现低温位热能向高温位转移。地能分别在冬季作为热泵供暖的热源和夏季空调的冷源，即在冬季，把地能中的热量“取”出来，提高温度后，供给室内采暖；在夏季，把室内的热量取出来，释放到地能中去（见图 3-44）。热泵机组的能量流动是利用其所消耗的能量（如电能）将吸取的全部热能（即电能+吸收的热能）一起输送至高温热源。

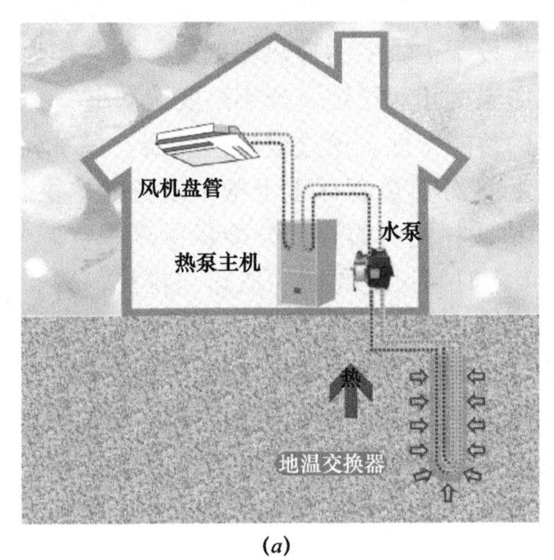

(*a*)

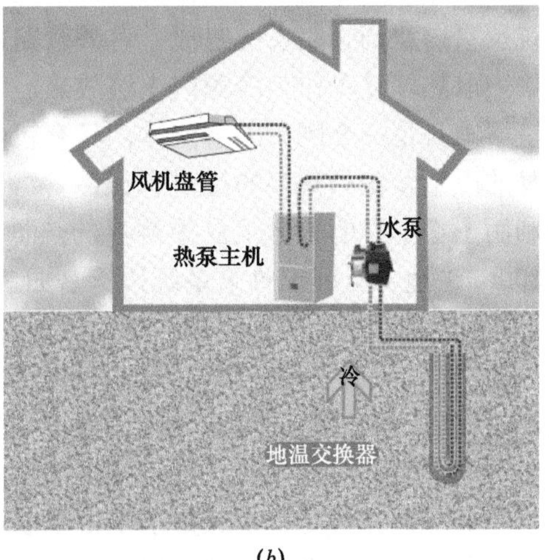

(*b*)

图 3-44 土壤源热泵系统工作原理图

(*a*) 冬季工作原理示意图；(*b*) 夏季工作原理示意图

土壤换热器采用地下埋管（即埋置地下热交换器）的方式来实现，埋管方式多种多样。目前普遍采用的有水平埋管和垂直埋管两种基本形式（见图 3-45）。

水平埋管是在浅层土壤中挖沟渠，将 HDPE 管水平埋置于沟渠中，并填埋的施工工艺。水平埋管占地面积较垂直埋管大，效率较垂直埋管低。

垂直埋管是在地层中垂直钻孔，然后将地下热交换器（HDPE 管）以一定的方式置于孔中，并向孔中注入填充材料的施工工艺。

(a)

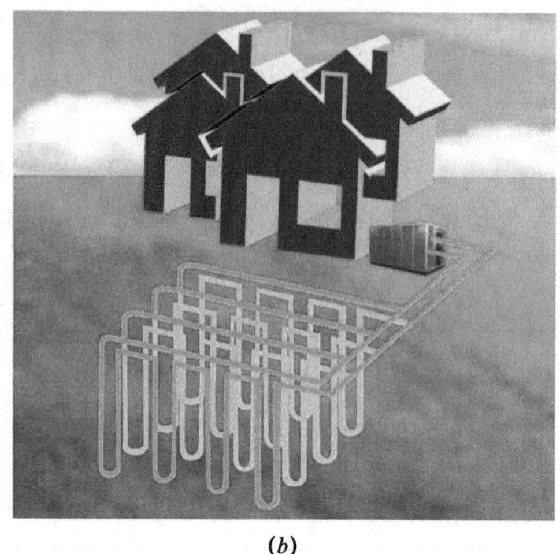

(b)

图 3-45　地埋管方式示意图
(a) 水平埋管；(b) 垂直埋管

3.6.2　关键技术分析

土壤源热泵利用地下土壤作为热泵的低位热源，该系统由室外埋管系统、热泵工质循环系统及室内空调管路系统组成。室外管路由埋设于土壤中的换热器构成，冬季作为热源从土壤中取热，夏季作为冷源向土壤放热。土壤温度相对稳定，全年温度波动小。

土壤本身是一个巨大的蓄能体，具有较好的蓄能特性。通过埋地换热器，夏季利用土壤本身的冷量及冬季蓄存的冷量来供冷，同时将部分热量蓄存于土壤中以备冬季供暖用；冬季利用土壤本身的热量及夏季蓄存的热量来供暖，同时蓄存部分冷量供夏季空调使用。30～300m深地下土壤源热泵系统以天、月、年为时间尺度周期的取热与排热，只要其全年中取热量与总排热量相等，便能持久维持恒温带状态。

一般情况下，冬季取热量与夏季取冷量应该匹配，以避免埋管区域出现越来越热或越来越冷的现象。如何保证夏季排热量与冬季取热量平衡是一个关键的问题。当夏季排热量大于冬季取热量时，可按照冬季负荷设计土壤源热泵，夏季不足部分制冷量用制冷机结合尖峰冷却塔承担。当夏季排热量小于冬季取热量时，可按照夏季负荷设计土壤源热泵，冬季不足部分制热量由尖峰锅炉承担。

3.6.3　系统设计

利用土壤作为低位热源。地埋管采用双U形管垂直布置，夏季地源井个数1225个，冬季地源井个数1060个，按照夏季最多井个数设计，占地面积1.2万m^2，孔深100m，孔径150mm，孔间距5m，回填材料为膨润土＋石英砂。换热管材选用聚乙烯（PE）管材，管道外径32mm，内径25mm。

地源侧水管汇集后接至土壤源热泵机组，热泵机组可满足夏季制冷和冬季制热要求。夏季向土壤中排热量大于冬季从土壤中取热量，地源井按照冬季工况设计，为保证冬季和夏季土壤的热平衡，夏季不足制冷量由冷水机组承担。

夏季冷负荷10000kW，冬季热负荷8000kW，设置3台土壤源热泵机组，单台制冷量2534kW，制热量2691kW。夏季空调冷水供水温度为7℃，回水温度为12℃，冷冻水泵流量436m³/h；夏季地源侧供水温度为25℃，回水温度为30℃，地源水泵流量507m³/h。

冬季空调热水供水温度为45℃，回水温度为40℃，热水泵流量464m³/h；冬季地源侧供水温度为10℃，回水温度为5℃，地源水泵流量366m³/h。设置1台螺杆式制冷机组，制冷量2461kW(700RT)，夏季空调冷水供水温度为7℃，回水温度为12℃，冷冻水泵流量424m³/h；夏季冷却水供水温度为32℃，回水温度为37℃，冷却水泵流量498m³/h。

冷冻水泵、冷却水泵定流量运行，地源水泵根据负荷流量变化变流量运行。空调冷热水系统及地源水系统采用密闭隔膜式膨胀水罐定压方式。

土壤源热泵系统原理图见图3-46。

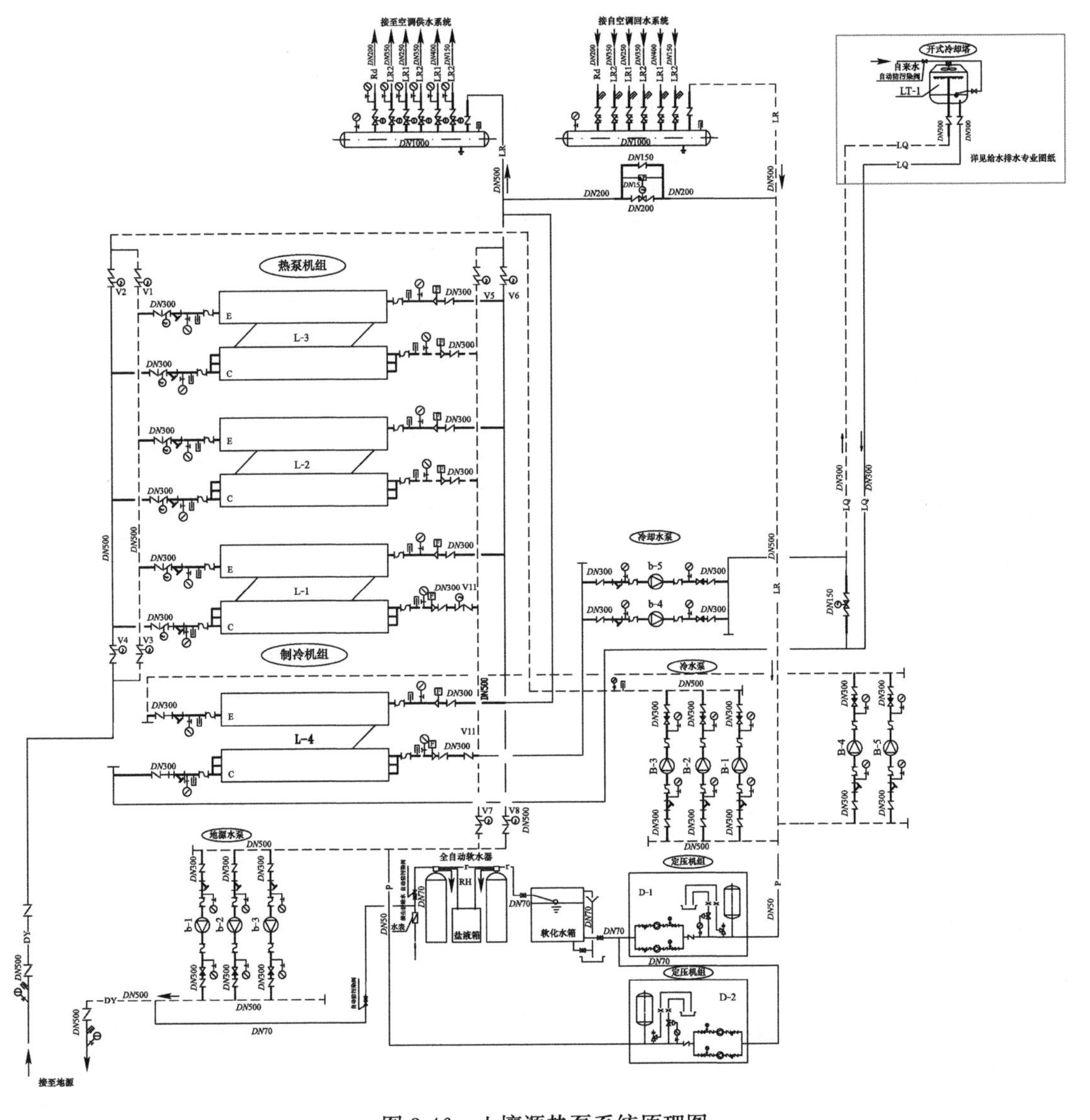

图3-46 土壤源热泵系统原理图

3.6.4 主要设备

土壤源热泵主要设备见表 3-20。

土壤源热泵主要设备 　　表 3-20

<table>
<tr><th>序号</th><th>系统编号</th><th>设备名称</th><th>主要性能</th><th>单位</th><th>数量</th><th>备注</th></tr>
<tr><td rowspan="3">1</td><td rowspan="3">L-1～L-3</td><td rowspan="3">离心式
土壤源热泵机组</td><td>制冷工况
制冷量：2534kW（720RT）
冷冻水泵：7℃/12℃，436m^3/h
地源水泵：25℃/30℃，507m^3/h</td><td rowspan="3">台</td><td rowspan="3">3</td><td rowspan="3"></td></tr>
<tr><td>制热工况
制热量：2691kW
热水泵：45℃/40℃，464m^3/h
地源水泵：10℃/5℃，366m^3/h</td></tr>
<tr><td>电机功率：569kW，380V/50Hz
设备承压：1.0MPa</td></tr>
<tr><td>2</td><td>L-4</td><td>螺杆式
制冷机组</td><td>制冷工况
制冷量：2461kW（700RT）
冷冻水泵：7℃/12℃，424m^3/h
冷却水泵：32℃/37℃，498m^3/h</td><td>台</td><td>1</td><td></td></tr>
<tr><td>3</td><td>b-1～b-3</td><td>地源水泵</td><td>Q=510m^3/h，H=20m，N=45kW，n=1450r/min，设备承压 1.0MPa</td><td>台</td><td>3</td><td>变频</td></tr>
<tr><td>4</td><td>B-1～B-3</td><td>冷热水泵</td><td>Q=470m^3/h，H=25m，N=55kW，n=1450r/min，设备承压 1.0MPa</td><td>台</td><td>3</td><td></td></tr>
<tr><td>5</td><td>B-4、B-5</td><td>冷冻水泵</td><td>Q=430m^3/h，H=25m，N=55kW，n=1450r/min，设备承压 1.0MPa</td><td>台</td><td>2</td><td>1 用 1 备</td></tr>
<tr><td>6</td><td>b-4、b-5</td><td>冷却水泵</td><td>Q=500m^3/h，H=20m，N=45kW，n=1450r/min，设备承压 1.0MPa</td><td>台</td><td>2</td><td>1 用 1 备</td></tr>
<tr><td>7</td><td>T-1</td><td>冷却塔</td><td>Q=500m^3/h</td><td>台</td><td>1</td><td></td></tr>
</table>

土壤源热泵机房布置见图 3-47。

3.6.5 初投资

土壤源热泵主要设备投资见表 3-21。

土壤源热泵主要设备投资约为 2634.1 万元。

3.6.6 运行能耗

按照第 2 章所述全年空调能耗计算方法计算，设计冷负荷 $Q=10000$kW，运行时间 $H=150\times10=1500$h，供冷能耗系数取全国平均值 $CCF=52.6\%$，土壤源热泵的 $\overline{COP}=6.1$kW/kW。

得供冷能耗为：

$$W=0.526\times10000\times1500/(6.1\times1000)=1293.44\text{MWh}$$

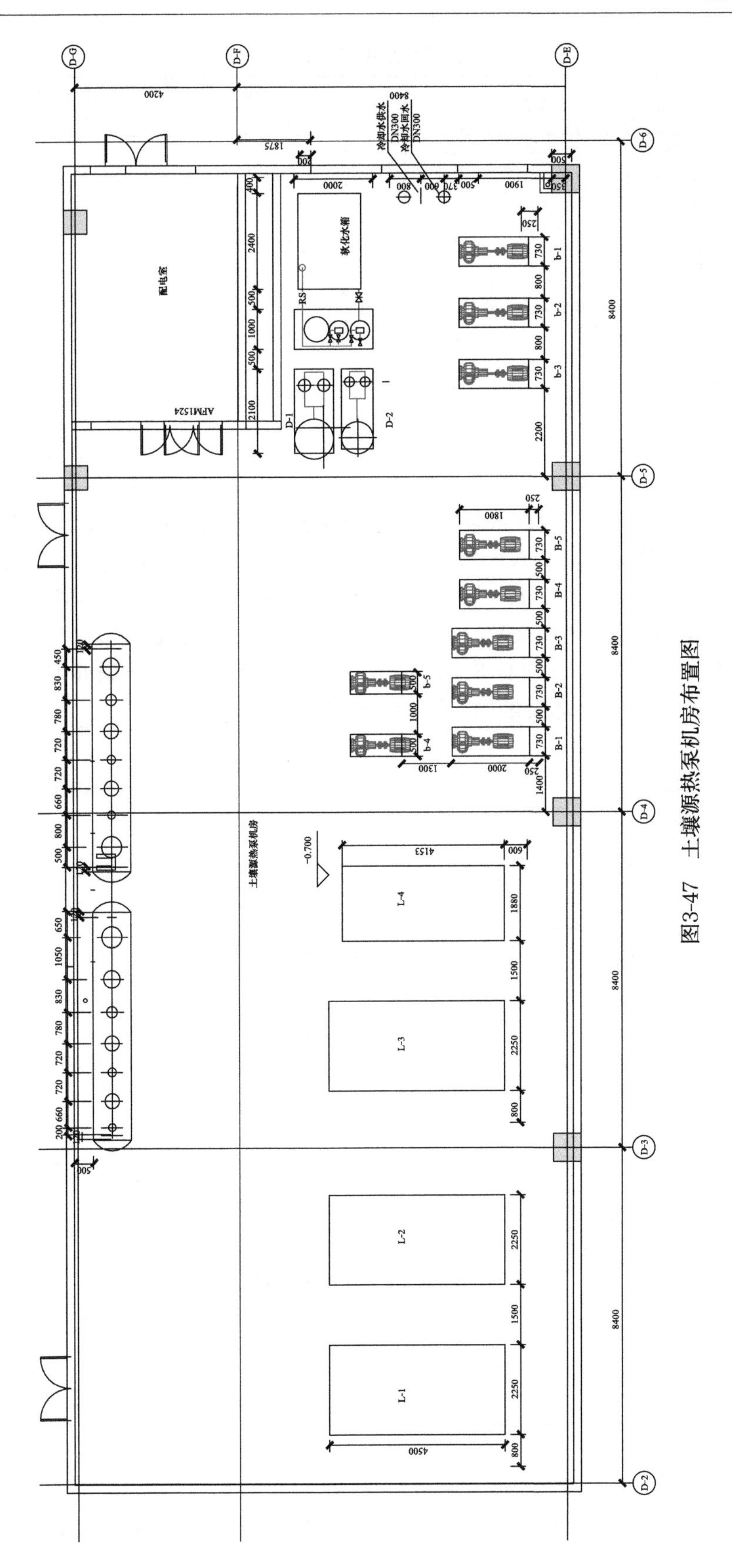

图3-47 土壤源热泵机房布置图

土壤源热泵主要设备投资　　表 3-21

序号	设备名称	参数	单位	数量（台）	设备单价（万元/台）	设备费用（万元）	备注
1	离心式土壤源热泵机组	2534	kW	3	190	570	
2	螺杆式制冷机组	2461	kW	1	140	140	
3	地源水泵	510	m^3/h	3	6.8	20.4	
4	冷热水泵	470	m^3/h	3	9.7	29.1	
5	冷冻水泵	430	m^3/h	2	9	18	1 用 1 备
6	冷却水泵	500	m^3/h	2	6.8	13.6	1 用 1 备
7	冷却塔	500	m^3/h	1	15	15	
8	自控系统					120	
9	变配电系统					150	
10	地源井			1225	1.2	1470	1.2 万元/个
11	机房面积	440	m^2		0.2	88	0.2 万元/m^2
12	合计					2634.1	

供冷系统的冷冻水泵、冷却水泵、冷却塔等附属设备的能耗，假设与冷源的供冷量成正比。附属设备的总额定功率 N=450kW，代入公式（2-7），得附属设备的年能耗为：

$$W_F = CCF \cdot N \cdot H = 0.526 \times 450 \times 1500/1000 = 355.05\text{MWh}$$

供暖设计热负荷 Q'=8000kW，供热期 120d，室内设计温度 20℃（8：00—18：00），室内值班温度 5℃（18：00—次日 8：00）；采暖期空调室外设计干球温度－9.9℃，采暖期室外平均温度－0.7℃。热泵供热 EER=4.5。

得度日数为：

$$HDD = (\overline{t_n} - \overline{t_w}) \cdot D = (11.25 + 0.7) \times 120 = 1434\text{K} \cdot \text{d}$$

则年供热能耗为：

$$W' = \frac{Q'}{t_n - t_w} \cdot HDD \times 24 = 8000/29.9 \times 1434 \times 24/(4.5 \times 1000)$$
$$= 2046.29\text{kWh}$$

供热附属设备额定功率 N'=300kW，供热附属设备全年能耗如下：

$$W'_F = \frac{N'}{t_n - t_w} \cdot HDD \times 24 = 300/29.9 \times 1434 \times 24/1000 = 345.31\text{MWh}$$

汇总上述计算结果，土壤源热泵系统夏季供冷和冬季供热能耗分别见表 3-22 和表 3-23。

土壤源热泵系统供冷能耗　　表 3-22

项目	单位	供冷能耗估算值
制冷机组	MWh	1293.44
附属设备	MWh	355.05
合计	MWh	1648.49

土壤源热泵系统供热能耗　　表 3-23

项目	单位	供热能耗估算值
热泵机组	MWh	2046.29
附属设备	MWh	345.31
合计	MWh	2391.60

3.6.7　运行费用

按照表 4-6 列出的北京地区能源价格，取电力价格为 1.1843 元/kWh，得土壤源热泵系统的供冷年运行费用为：

$$1648.49\times1000\times1.1843/10000=195.23\text{ 万元}$$

供热年运行费用为：

$$2391.60\times1000\times1.1843/10000=283.24\text{ 万元}$$

综上所述，土壤源热泵系统的年运行总费用为478.47万元。

3.7 市政热源方案

3.7.1 系统介绍

换热器作为传热设备其主要功能是将热流体的部分热量传递给冷流体，使流体温度达到工艺流程规定的指标，又称为热交换器。随着节能技术的飞速发展，换热器的种类越来越多。

按换热方式的不同，可分为表面式换热器（壳管式换热器）、间壁式换热器（板式换热器）、混合式换热器（淋水式加热器）。

按热媒种类的不同，可分为汽—水换热器（以蒸汽为热媒）、水—水换热器（以高温水为热媒）。

混合式换热器需要热媒与被加热的水直接接触，在市政供热的情况下，工程设计中很少用到，常用到的是板式换热器、壳管式换热器。

1. 板式换热器

（1）优点

1）结构紧凑：板式换热器的板片紧密排列，与其他的类型换热器相比，板式换热器的占地面积和占用空间较少。

2）拆装方便容易清洗：板式换热器靠夹紧螺栓将夹固板板片夹紧，因此拆装方便，随时可以打开清洗。

3）使用寿命长：板式换热器采用不锈钢或钛合金板片压制而成，可耐各种介质腐蚀。

4）适应性强：板式换热器的板片为独立元件，可按要求随意增减流程，形式多样；可适用于各种工艺的要求。

5）不串液：板式换热器的密封槽设置有泄液道，各种介质不会串通，即使出现介质泄漏，介质总是向外排出。

（2）缺点

1）换热效率较低：主要应用于液体-液体之间的换热，其换热效率为3000～5000W/(m^2·K)。

2）价格高：主体结构由换热板片以及板间的胶条组成，更换胶条价格昂贵。

2. 壳管式换热器

（1）优点

1）换热效率高：主要应用于气体—液体之间的换热，最大换热效率可以达到14000W/(m^2·K)。

2）锻件使用较少，造价低。

（2）缺点

1）易产生温差应力：管板与管头之间易产生温差应力而损坏；当 $t \geqslant 50℃$（t 为壳体与管壁温差）时必须在壳体上设置膨胀节。

2）清洗拆装困难，壳程无法机械清洗。

3）使用寿命较短，管子腐蚀后连同壳体报废。

壳管式换热器如图 3-48 和图 3-49 所示。

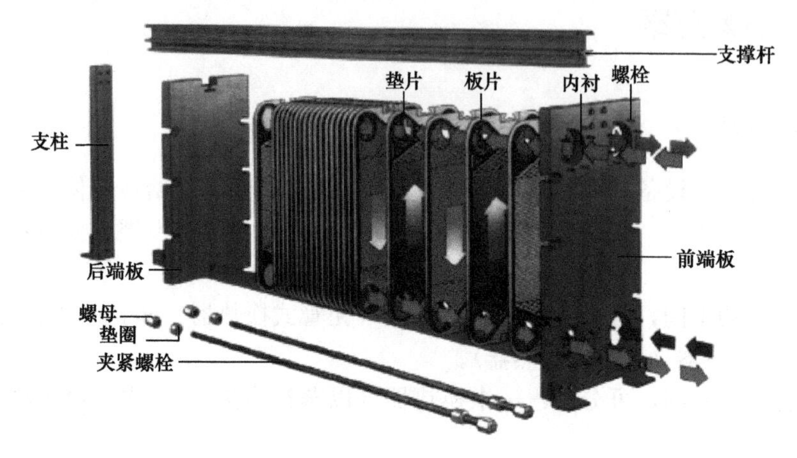

图 3-48　壳管式换热器外形图

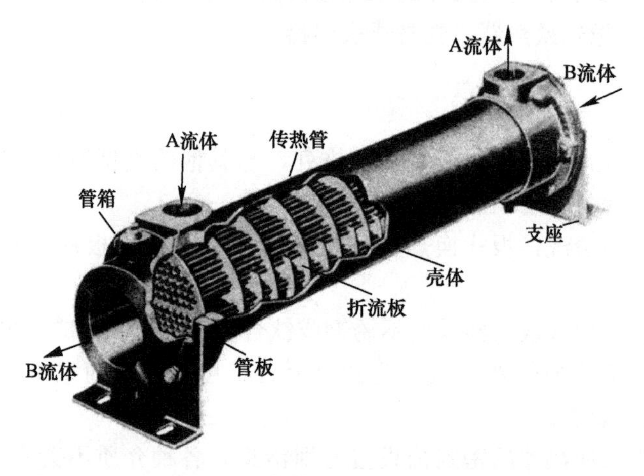

图 3-49　壳管式换热器内部图

3.7.2　系统设计

（1）热源接自市政热力管网，经换热站换热后为空调系统提供二次水。

（2）估算空调总热负荷 8000kW，选用 3 组板式换热器，每组换热量 3000kW。两组换热器满足 75%总负荷用量。

（3）热水循环泵采用变频泵，2 用 1 备。

（4）一次市政热水温度为 125℃/70℃，二次空调热水温度为 60℃/50℃。

（5）市政热源系统原理图见图 3-50。

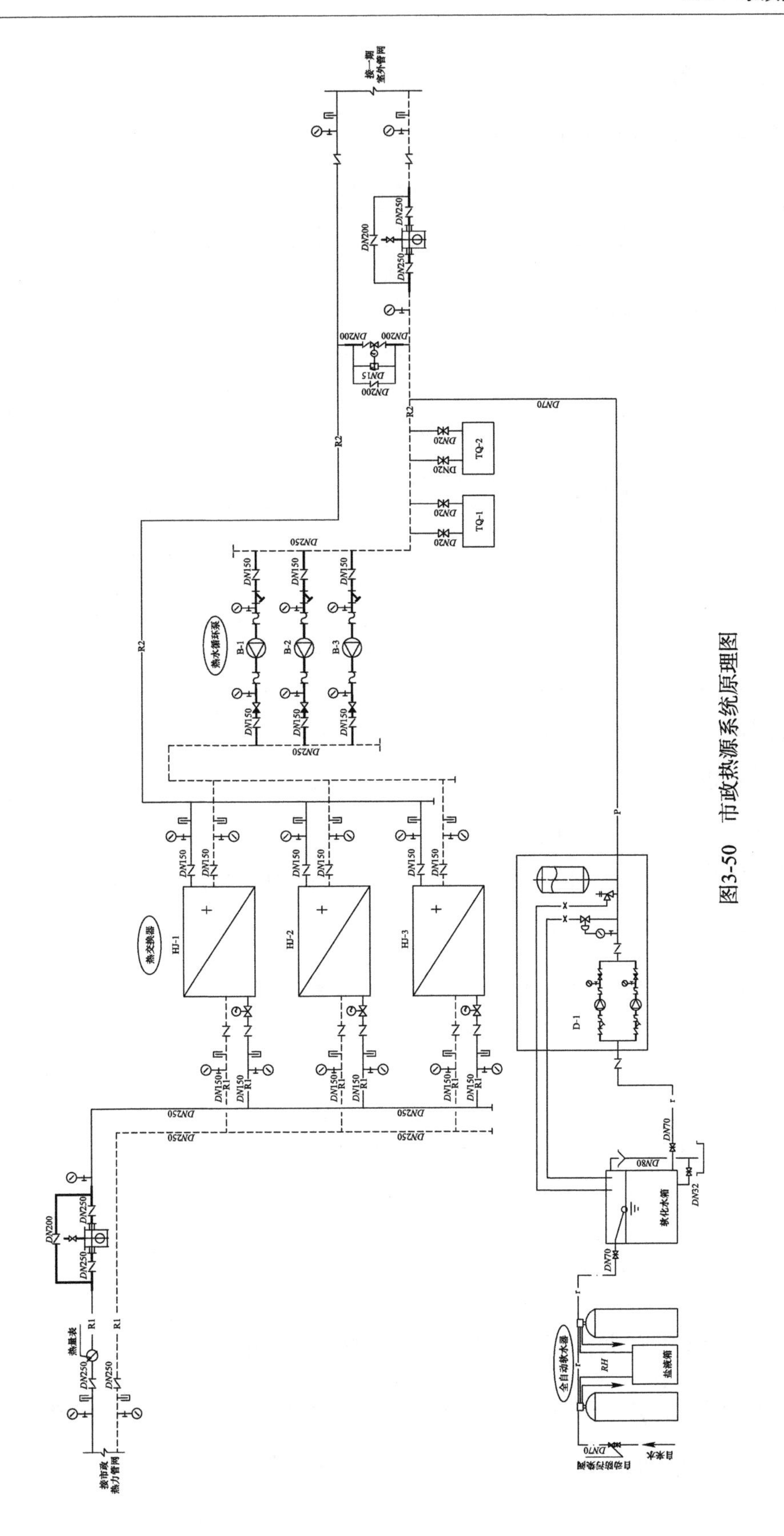

图3-50 市政热源系统原理图

3.7.3 主要设备

市政热源系统主要设备见表3-24。

市政热源系统主要设备 表3-24

序号	系统编号	设备名称	主要性能	单位	数量	备注
1	HJ-1～HJ-3	板式换热器	换热量：3000kW 一次水：125℃/70℃ 二次水：60℃/50℃ 工作压力：1.6MPa	组	3	空调热水（单组满足37.5%负荷）
2	B-1～B-3	热水循环泵	Q=365m³/h，H=25mH₂O，N=37kW，n=1450r/min，工作压力1.6MPa	台	3	2用1备，变频
3	D-1	隔膜自动补水定压装置	罐径1000mm，V=2.3m³ 泵Q=10m³/h，H=100mH₂O，N=3.7×2kW，工作压力1.6MPa	台	1	空调系统
4	TQ-1、TQ-2	真空脱气机	工作温度：10～90℃ 电量：2.3kW 工作压力：1.2MPa	台	2	空调系统
5		软化水箱	V=4m³	个	1	

市政热源机房布置见图3-51。

3.7.4 初投资

市政热源系统主要设备投资见表3-25。

市政热源系统主要设备投资约为68.5万元，总装机电负荷为74kW。

3.7.5 运行能耗

供暖设计热负荷Q'=8000kW，供热期120d，室内设计温度20℃（8：00—18：00），室内值班温度5℃（18：00—次日8：00）；采暖期空调室外设计干球温度−9.9℃，采暖期室外平均温度−0.7℃。

得度日数为：

$$HDD=(\overline{t_n}-\overline{t_w})\cdot D=(11.25+0.7)\times 120=1434\text{K}\cdot\text{d}$$

则年供热能耗为：

$$W'=\frac{Q'}{t_n-t_w}\cdot HDD\times 24=8000/29.9\times 1434\times 24/1000$$
$$=9208.29\text{kWh}$$

供热附属设备额定功率N'=74kW，供热附属设备全年能耗如下：

$$W'_F=\frac{N'}{t_n-t_w}\cdot HDD\times 24=74/29.9\times 1434\times 24/1000=85.18\text{MWh}$$

汇总上述计算结果，市政热源系统冬季供热能耗见表3-26。

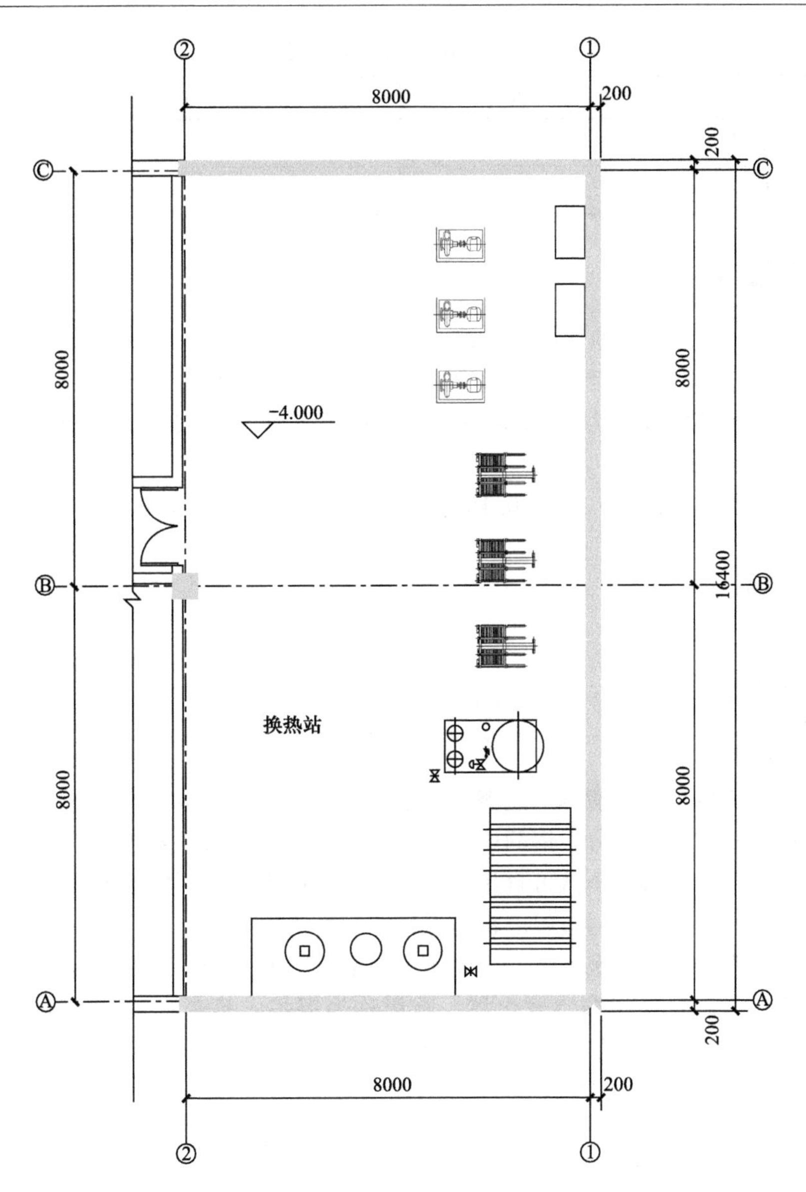

图 3-51 市政热源机房布置图

市政热源系统主要设备投资 **表 3-25**

序号	设备名称	参数	单位	数量（台）	电量（kW）	总电量（kW）	设备单价（万元/台）	设备费用（万元）	备注
1	板式换热器	3000	kW	3			2	6	两组满足 75%负荷
2	热水循环泵	365	m^3/h	3	37	74	6.5	19.5	2 用 1 备，变频
3	自控系统							15	
4	机房面积	140	m^2				0.2	28	0.2 万元/m^2
5	合计					74		68.5	

市政热源系统供热能耗　　表3-26

项目	单位	供热能耗估算值	备注
市政热源	MWh	9208.29	按市政热价
附属设备	MWh	85.18	

3.7.6　运行费用

按照表4-6列出的北京地区能源价格，取电力价格为1.1843元/kWh。市政热力实行两部制热价，由基本热价和计量热价两部分构成，其中基本热价标准为18元/m^2，按照建筑面积征收；计量热价标准为0.16元/kWh（44.45元/GJ），按照用热量征收。则采用市政热源供热的年费用为：

(100000×18+9208.29×1000×0.16+85.18×1000×1.1843)/10000＝337.42万元

3.8　燃气锅炉方案

3.8.1　系统介绍

1. 锅炉的原理

锅炉是利用燃料或其他能源的热能，把水加热成为热水或蒸汽的机械设备。

锅炉包括锅和炉两大部分，锅的原义是指在火上加热的盛水容器，炉是指燃烧燃料的场所。锅炉中产生的热水或蒸汽可直接为生产和生活提供所需要的热能，也可通过蒸汽动力装置转换为机械能，或再通过发电机将机械能转换为电能。

提供热水的锅炉称为热水锅炉，主要用于生活，工业生产中也有少量应用。产生蒸汽的锅炉称为蒸汽锅炉，又叫蒸汽发生器，常简称为锅炉，是蒸汽动力装置的重要组成部分，多用于火电站、船舶、机车和工矿企业等。

2. 锅炉的分类

(1) 按燃料分为：燃煤锅炉、燃油锅炉、燃气锅炉等（见图3-52～图3-55）；

(2) 按锅炉水循环方式分为：自然循环锅炉、强制循环锅炉和复合循环锅炉；

(3) 按锅炉的用途分为：生活锅炉、工业锅炉、电站锅炉和热水锅炉；

(4) 按蒸汽压力分为：低压锅炉、中压锅炉、次高压锅炉、高压锅炉、超高压锅炉、亚临界压力锅炉和超临界压力锅炉。

除此之外，还有很多种不同的分类方式。

目前工程中常用的锅炉为燃气锅炉，一般为真空燃气热水锅炉和蒸汽锅炉（见图3-56、图3-57）。下面重点介绍一下这两种锅炉。

真空燃气锅炉是欧美国家于20世纪80年代后期在石油危机冲击下和高温空气燃烧技术（HTACT）推动下研制开发的一种高效（热效率可达80%）、优质、节能（60%以上）节材和环保（NOx、CO_2和噪声大大降低）的新型热处理设备，由于技术上的先进性和节能节材的巨大潜力使其技术经济效益显著，同时该技术具有优异的环保特点，符合绿色热处理和可持续发展战略，因而具有广阔的发展前景。

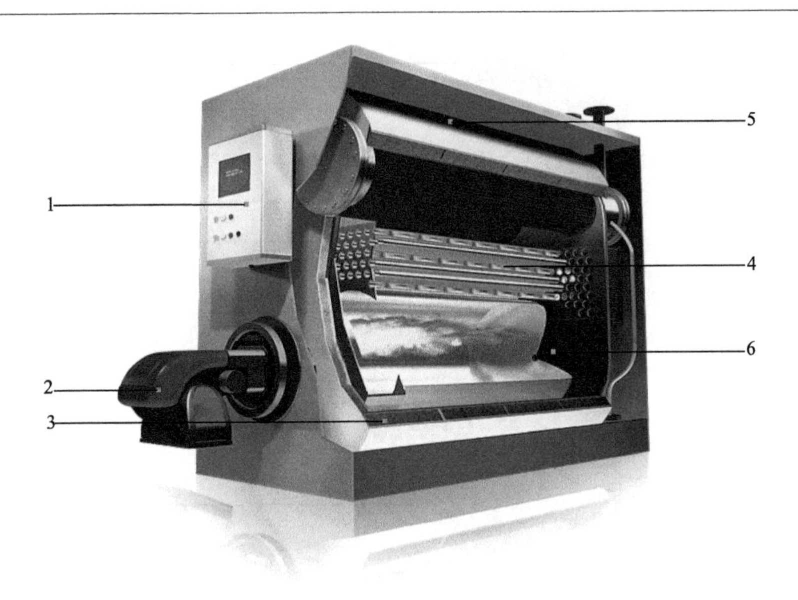

图 3-52 真空燃油燃气热水锅炉

1—进口名牌燃烧器；2—世界知名品牌的可编程控制器；3—高热阻材料的绝热层；
4—内置扰流子对流传热烟管；5—多重安全保护装置；6—湿背式火管结构

注：TFZ 真空热水锅炉结构由燃烧传热和汽—水热交换两大部分组成。燃烧传热部分采用中心回燃三回程的结构，由炉胆、对流传热烟管组成，烟管内增设有扰流子，炉胆采用大炉胆结构，提高传热效果，降低炉膛内容积热负荷和烟气中污染物（NO_2 等）排放浓度。
汽—水热交换部分设于锅炉壳容器内的上部，换热器为列管结构，检查维护方便，选用导热性良好的优质紫铜管。为达到设备用热量、热水参数不同的需求，设立不同的循环回路，以达到不同的供热需求。

图 3-53 常压卧式燃油燃气热水锅炉

1—全自动控制系统；2—先进的燃烧器；3—迷宫式烟箱；4—高热阻保温材料，散热损失低；
5—烟管内增设扰流片技术；6—大炉胆，高辐射面

注：CWNS 燃油（气）常压热水锅炉采用三回程、大燃烧室中心回焰结构，燃烧室中心布置，烟管内增设扰硫片，延长换热时间，降低排烟温度及排烟热损失。锅炉外壳保温采用高热阻保温材料，使得外壳散热损失降至最低。独特的冬季低温防冻功能，可根据室外温度变化自动调节供热温度，并且在锅壳容器内采用对内循环进行导流技术，改善传统锅炉的传热效果。

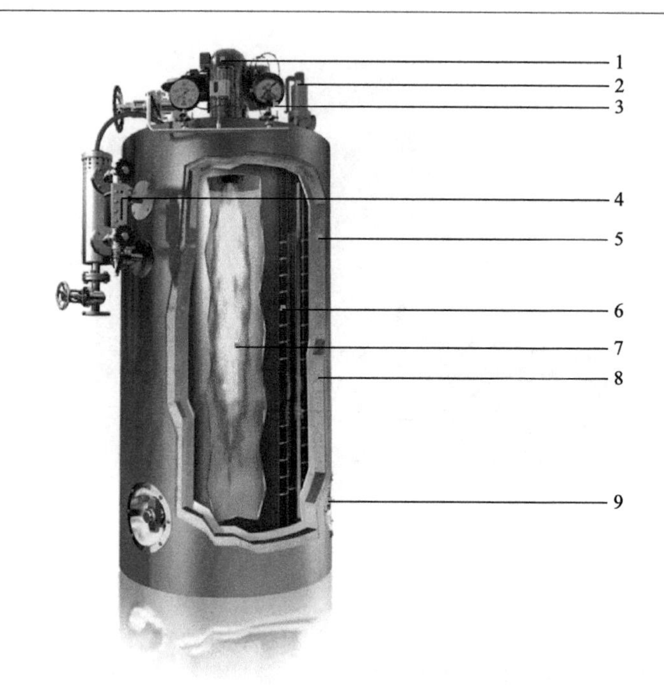

图 3-54 立式燃油燃气蒸汽/热水锅炉

1—先进的燃烧器；2—多重安全保护；3—优质而齐备的仪表系统；4—精确的水位计；5—隐蔽式控制电缆线布置；6—超厚度强化传热螺纹烟管；7—偏心套管式炉膛；8—多重隔热保护；9—检修孔

注：LHS燃油（气）系列蒸汽/热水锅炉采用镜面不锈钢或优质彩钢外包，内藏隐蔽式控制电缆线布置，燃烧系统顶置下喷，偏心布置的套管式炉膛与强化传热的螺纹烟管结构，减少管端应力，有效防止管板开裂，超厚螺纹烟管（厚达5mm）自动焊对接，氩弧打底T型焊接方式，精心选配银晨OEM定牌阀门仪表，确保锅炉安全高效运行。

图 3-55 燃油燃气蒸汽锅炉

1—优质而齐备的仪表系统；2—全自动控制系统；3—前后迷宫式烟箱；4—先进的燃烧器；5—多重安全保护；6—精确的水位计；7—多重隔热保护；8—高效的烟管布置；9—湿背式水冷转向室；10—100%波形炉膛；11—齐备的附件、电气控制

注：银晨OEM系列产品采用卧式三回程波纹炉胆，全湿背式结构，第一回程为波纹炉胆燃烧室，第二回程为烟管分置于炉胆两旁，第三回程烟管安置于炉胆上方，使高温烟气处于炉水最下部，运行更加安全可靠，运行时的应力偏差减到最低限度，锅炉使用寿命超长。

图 3-56 真空燃气锅炉

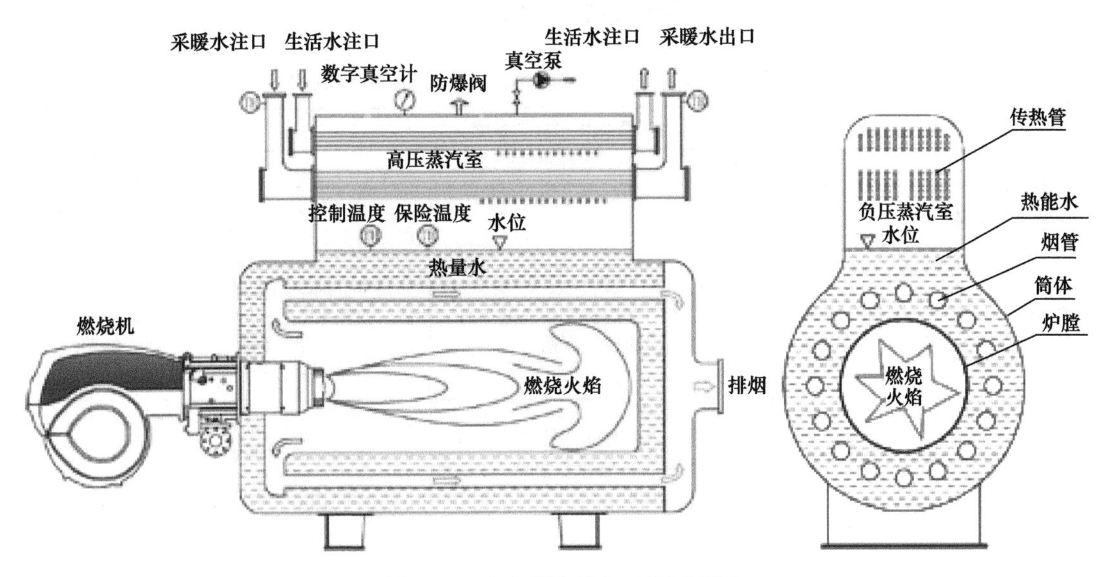

图 3-57 真空锅炉设备工作原理图

真空燃气锅炉的工作原理：利用水在低压情况下沸点低的特性，快速加热密封炉体内填装的热媒水，使热媒水沸腾蒸发出高温水蒸气，水蒸气凝结在换热管上加热换热管内的冷水，达到供应热水的目的。

优点：

(1) 不存在膨胀、爆炸、破裂的危险，安全可靠。

(2) 一机多用，一台锅炉可以同时提供取暖水、生活热水、泳池加热等。

(3) 设置寿命在 20 年以上，可以放在地下室以及楼顶，国家有关部门不限制。

(4) 效率高、成本低；内置不锈钢材质换热器，对水质无任何污染。

(5) 无结垢、腐蚀等现象。

(6) 比普通锅炉体积小。可以进行模块化并联设置，更有效地合理运行锅炉。无需额定热量时可只开其中任意一台。

(7) 自动化程度高，楼宇自控连接，无人化管理。即使有人看守，看守人员也无需有操作证。经过简单培训即可。

(8) 在锅炉本体内进行热交换，整机效率高达91%以上，启动后2～3min内可提供70～80℃热水，大大缩短了预热期和减小能源浪费。

(9) 锅炉受力钢板高温区、高压区的成功分离，使锅炉使用寿命延长2～3倍。

缺点：

(1) 比普通热水锅炉和常压热水锅炉多设一台真空泵；

(2) 耗电量有所增大；

(3) 锅炉真空需维持，泵维护保养工作量大；

(4) 锅炉内设有冷凝器，所以锅炉本体的维修麻烦；

(5) 锅炉内的水质要求高，必须为除氧水，所以辅助设备除软水器（钠离子交换器）外，还要增加一台除氧器；相应的要求有水平较高的水质处理分析人员；

(6) 只能供应80℃以下的热水。

真空热水锅炉系统和常压间接换热热水锅炉系统的比较见表3-27。

真空热水锅炉系统和常压间接换热热水锅炉系统的比较　　表3-27

真空热水锅炉系统	常压间接换热热水锅炉系统	说明
炉体为密封的真空容器，热损失取决于外保温	炉体为开放容器，热媒水直接与大气接触，主要热损失取决于外保温	常压锅炉通过一大气连通细管防止锅炉承压使用，通过连通管会有热量和水量损失，但是属于水的表面蒸发，损失量非常少
炉体内汽水凝结换热，理论热效率高。但需要设独立的蒸汽空间	炉腔内水—水热交换器热效率低，需设计足够的换热面积	如果真空锅炉的密闭炉腔内存在不凝性气体，换热系数会急剧下降，换热面积需要放大设计余量，同时需要设独立的蒸汽空间，机组体积比常压热水锅炉略小
沸腾以后才开始输出热量，炉腔内热媒水量少，热容也小	炉腔内水温上升即开始输出热量，锅炉体积大，热媒水量大，热容大，温度稳定	真空锅炉一停止沸腾，马上没有热量输出，如果燃烧器开机时间长，压力会升高，导致自动停炉，不能保持沸腾。因此出水温度波动大，燃烧器或电启停频繁
炉体在真空状态下工作，不是压力容器。正常工作无安全问题	炉体保持满水，在大气压下工作，没有压力问题	真空锅炉密闭炉体不能有承压状态，否则会有危险
锅炉内部为真空，与大气压完全隔绝，无内部腐蚀可能	炉体内的热媒水与大气由小管连通，理论上有氧气窜入造成腐蚀的可能性。实际未发现造成损害	真空锅炉从1970年开始在日本使用。国内生产制作不需要资质，无强制检验，生产历史较短。而常压锅炉更加普遍。炉体寿命两者类似，真空锅炉的真空泵及控制系统的寿命有待考证
无需补充热媒水，内部一般不结垢	有补水，理论上有结垢的可能性。实际应用中基本不补水	
锅炉无需补水，不必设置补水系统	锅炉需设置一套水处理设备、补水泵、补水箱	
锅炉管侧可承压，可直接供采暖或者生活热水	锅炉管侧可承压，可直接供采暖或者生活热水	
系统简单、操作方便，需保证真空度，有一定工作量	系统简单、操作方便、维修管理工作量小	

图3-58所示为真空燃气锅炉房；真空燃气锅炉工作原理图如图3-59所示。

图 3-58 真空燃气锅炉房

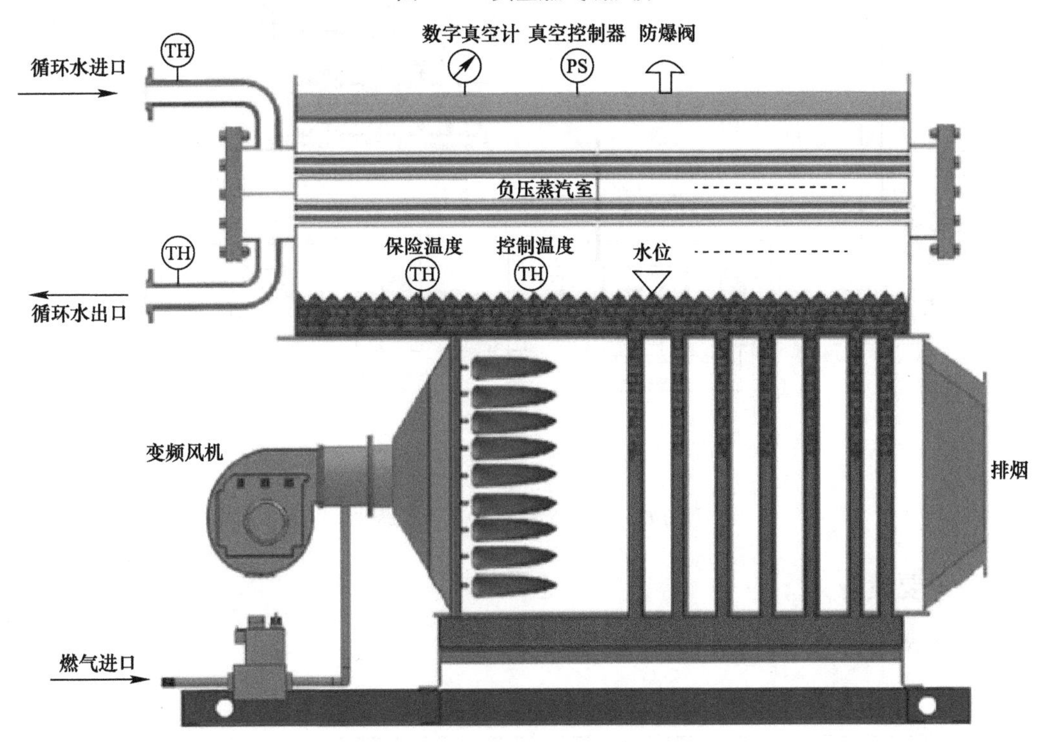

图 3-59 真空燃气锅炉工作原理图

3.8.2 系统设计

根据建筑估算热指标，设置 3 台输出功率为 2800kW/台的真空燃气热水锅炉，供空调冬季使用，空调供回水温度为 60℃/50℃，设置 4 台空调热水循环泵（3 用 1 备），空调热水循环泵变频控制。

真空燃气锅炉系统原理图见图 3-60。

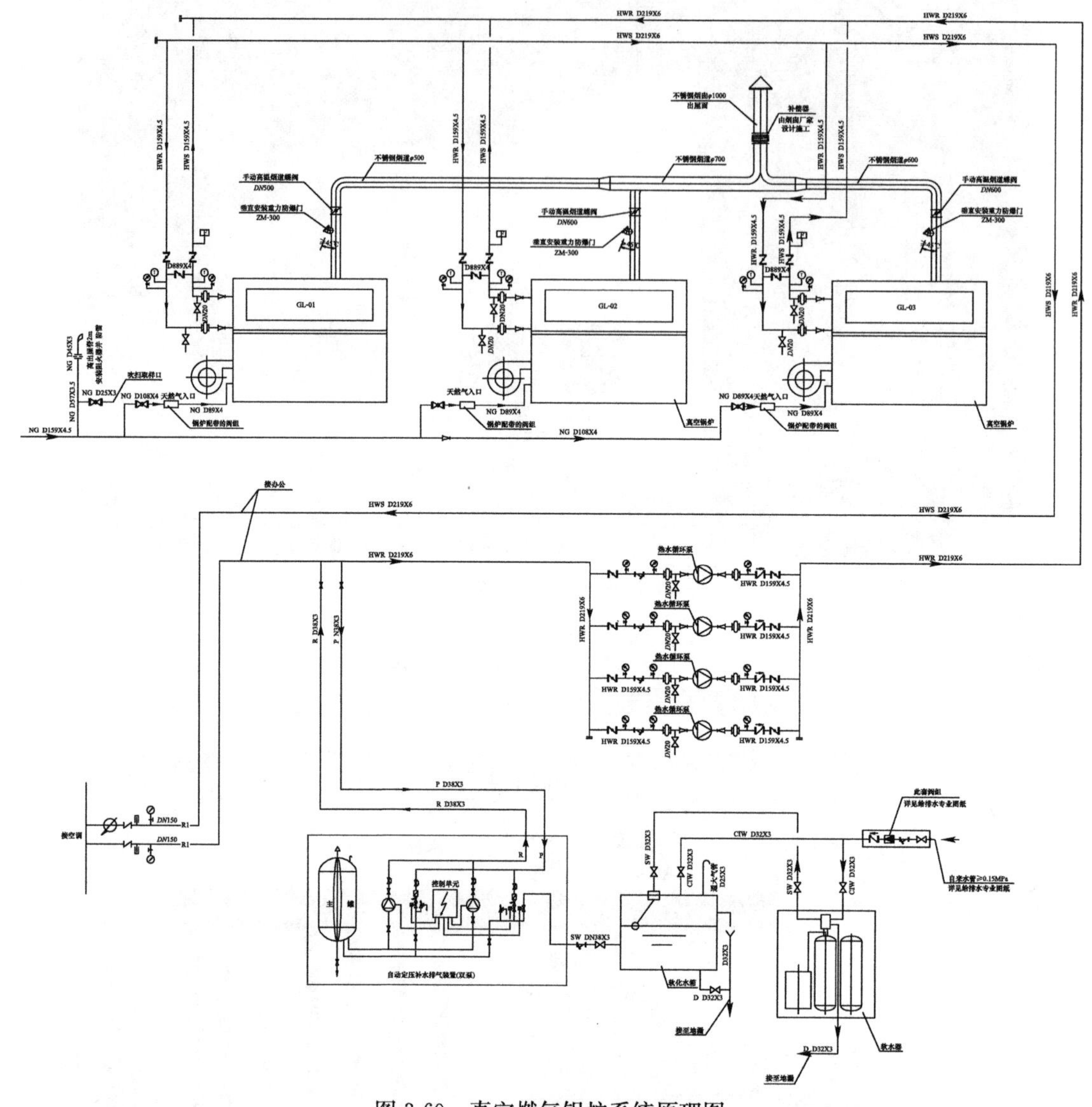

图 3-60 真空燃气锅炉系统原理图

3.8.3 主要设备

燃气锅炉主要设备见表 3-28。

燃气锅炉主要设备 **表 3-28**

序号	系统编号	设备名称	主要性能	单位	数量	备注
1	GL-01～GL-03	全自动真空燃气锅炉	制热量：2800kW 热水：60℃/50℃ 额定效率：＞90% 电机功率：22kW，380V/50Hz 工作压力：1.6MPa 燃气耗量：278Nm³/h	台	3	

续表

序号	系统编号	设备名称	主要性能	单位	数量	备注
2	B-01～B-04	热水循环泵	Q=280m^3/h，H=25m，N=45kW，n=1450r/min，工作压力1.6MPa	台	4	3用1备

3.8.4 初投资

燃气锅炉主要设备投资见表3-29。

燃气锅炉主要设备投资　　表3-29

序号	设备名称	参数	单位	数量（台）	电量（kW）	总电量（kW）	设备单价（万元/台）	设备费用（万元）	备注
1	全自动真空燃气锅炉	2800	kW	3	22	66	70	210	
2	热水循环泵	280（25m）	m^3/h	4	45	135	6	24	变频，3用1备
3	自控系统							20	
4	变配电系统							5	
5	机房面积	290	m^2				0.2	58	0.2万元/m^2
6	合计					201		317	

燃气锅炉主要设备投资约为317万元，总装机电负荷为201kW。

3.8.5 运行能耗

供暖设计热负荷Q'=8000kW，供热期120d，室内设计温度20℃（8：00—18：00），室内值班温度5℃（18：00—次日8：00）；采暖期空调室外设计干球温度－9.9℃，采暖期室外平均温度－0.7℃。燃气锅炉燃烧效率为85%，天然气热值为8400kcal/m^3。

得度日数为：

$$HDD=(\overline{t_n}-\overline{t_w})\cdot D=(11.25+0.7)\times 120=1434\text{K}\cdot\text{d}$$

则年供热能耗为：

$$W'=\frac{Q'}{t_n-t_w}\cdot HDD\times 24=8000/29.9\times 1434\times 24$$
$$\times 3600/(4.1868\times 0.85\times 8400\times 10000)=110.89\text{万 m}^3\text{天然气}$$

供热附属设备额定功率N'=120kW，供热附属设备全年能耗如下：

$$W'_F=\frac{N'}{t_n-t_w}\cdot HDD\times 24=120/29.9\times 1434\times 24/1000=138.12\text{MWh}$$

汇总上述计算结果，燃气锅炉冬季供热能耗见表3-30。

燃气锅炉供热能耗　　表3-30

项目	单位	供热能耗估算值	备注
燃气锅炉	万m^3	110.89	天然气热值为8400kcal/m^3
附属设备	MWh	138.12	

3.8.6 运行费用

按照表4-6列出的北京地区能源价格，取电力价格为1.1843元/kWh，天然气价格为2.28元/m^3，得燃气锅炉供热年运行费用为：

$$(110.89\times10000\times2.28+138.12\times1000\times1.1843)/10000=269.19\text{万元}$$

第 4 章　冷热源方案经济性分析

4.1　冷热源方案搭配

本节总结了 8 种冷热源方案：常规电制冷系统、冰蓄冷系统、风冷热泵系统、土壤源热泵系统、地下水源热泵系统、直燃机系统、换热站（市政热源）系统、燃气锅炉系统等。实际工程中，各系统可承担的负荷类型见表 4-1。

各系统可承担的负荷类型　　　　表 4-1

序号	系统名称	可承担的负荷类型		备注
		冷负荷	热负荷	
1	常规电制冷	●		
2	冰蓄冷	●		
3	风冷热泵	●		北方地区不宜作为冬季采暖热源使用
4	土壤源热泵	●	●	
5	地下水源热泵	●	●	
6	直燃机	●	●	
7	换热站（市政热源）		●	
8	燃气锅炉		●	

根据前面章节的计算，对于本书所框定的建筑面积为 10 万 m^2 的典型公共建筑，各冷热源系统的初投资和运行费用见表 4-2，折合为单位面积的初投资和运行费用见表 4-3。

各系统的初投资和运行费用汇总表　　　　表 4-2

序号	系统名称	机房面积（m^2）	初投资（万元）	运行费用（万元/年）	
				供冷	供热
1	常规电制冷	440	1122.20	217.56	
2	冰蓄冷	665	1336.55	182.29	
3	风冷热泵	160	1260.00	330.12	
4	土壤源热泵	440	2634.10	195.23	283.24
5	地下水源热泵	440	1624.80	178.88	273.55
6	直燃机	750	1819.00	255.65	272.19
7	换热站（市政热源）	140	68.50		337.42
8	燃气锅炉	290	317.00		269.19

各系统单位面积的初投资和运行费用汇总表　　表 4-3

序号	系统名称	初投资（元/m²）	运行费用	
			供冷［元/(m²·年)］	供热［元/(m²·年)］
1	常规电制冷	112.22	21.76	
2	冰蓄冷	133.66	18.23	
3	风冷热泵	126.00	33.01	
4	土壤源热泵	263.41	19.52	28.32
5	地下水源热泵	162.48	17.89	27.36
6	直燃机	181.90	25.57	27.22
7	换热站（市政热源）	6.85		33.74
8	燃气锅炉	31.70		26.92

对于本书所框定的公共建筑，夏季需要供冷，冬季需要供热，根据上述分析，满足要求的冷热源方案组合共有 9 个，见表 4-4。

冷热源方案组合　　表 4-4

方案编号	冷热源形式		备注
	冷负荷	热负荷	
1	常规电制冷	换热站（市政热源）	
2	冰蓄冷	换热站（市政热源）	
3	风冷热泵	换热站（市政热源）	风冷热泵不承担采暖期热负荷
4	常规电制冷	燃气锅炉	
5	冰蓄冷	燃气锅炉	
6	风冷热泵	燃气锅炉	
7	土壤源热泵		承担冷、热负荷
8	地下水源热泵		承担冷、热负荷
9	直燃机		承担冷、热负荷

4.2 冷热源方案对比

4.2.1 初投资

上述 9 个方案的初投资汇总，见表 4-5。

各方案的初投资汇总表　　表 4-5

方案编号	冷热源形式		初投资（万元）	投资增加额（万元）	增加率（%）
	冷负荷	热负荷			
1	常规电制冷	换热站（市政热源）	1190.70	—	—
2	冰蓄冷	换热站（市政热源）	1405.05	214.35	18
3	风冷热泵	换热站（市政热源）	1328.50	137.80	12
4	常规电制冷	燃气锅炉	1439.20	248.50	21
5	冰蓄冷	燃气锅炉	1653.55	462.85	39
6	风冷热泵	燃气锅炉	1577.00	386.30	32
7	土壤源热泵		2634.10	1443.40	121
8	地下水源热泵		1624.80	434.10	36
9	直燃机		1819.00	628.30	53

4.2.2 年运行费用

本项目位于北京地区，所采用的能源价格见表 4-6。

能源价格表　　　　表 4-6

序号	名称	价格	单位	备注
1	电力（价格 1）	1.1843	元/kWh	夏季 8：00—18：00，按峰谷电价线性平均值。其中：平段 4h，峰段 3h，尖峰 3h
2	电力（价格 2）	1.0644	元/kWh	夏季 8：00—18：00，消去尖峰 3h，按峰谷电价线性平均值。其中：平段 4h，峰段 3h
3	电力（价格 3）	0.3908	元/kWh	23：00—次日 7：00 谷电
4	热力	公共建筑热计量收费价格执行北京市发展和改革委员会《关于调整本市非居民供热价格的通知》（京发改〔2008〕1886 号）中规定的非居民热计量收费价格，实行两部制热价，由基本热价和计量热价两部分构成，其中基本热价标准为 18 元/m^2、（采暖季），按照建筑面积征收；计量热价标准为 0.16 元/kWh（44.45 元/GJ），按照用热量征收。遇有价格政策调整时，按照发展改革部门有关文件执行		
5	天然气	2.28	元/m^3	天然气热值 8400kcal/m^3

各方案的能耗及运行费用汇总，见表 4-7。

各方案的能耗及年运行费用汇总表　　　　表 4-7

方案编号	冷热源形式		能耗			折合一次能源（t 标准煤）	运行费用合计（万元）
	冷负荷	热负荷	电（MWh）	热量（MWh）	天然气（万 m^3）		
1	常规电制冷	换热站（市政热源）	1922.20	9208.29	0	2115.47	554.98
2	冰蓄冷	换热站（市政热源）	2763.32	9208.29	0	2422.48	519.71
3	风冷热泵	换热站（市政热源）	2872.63	9208.29	0	2462.38	667.54
4	常规电制冷	燃气锅炉	1975.14	0	110.89	2051.61	486.75
5	冰蓄冷	燃气锅炉	2816.26	0	110.89	2358.62	451.48
6	风冷热泵	燃气锅炉	2925.57	0	110.89	2398.51	599.31
7	土壤源热泵	4040.09	0	0	1474.63	478.47	
8	地下水源热泵	3820.26	0	0	1394.40	452.43	
9	直燃机	827.00	0	188.55	2564.46	527.84	

4.2.3 全寿命周期费用

燃气直燃机设备寿命按 15 年计算，其他系统设备寿命按 20 年计算，计算各方案的全寿命周期费用见表 4-8 和图 4-1。

各方案的经济性分析汇总表　　　　表 4-8

方案编号	冷热源形式		初投资（万元）	年运行费用（万元）	全寿命周期年均费用（万元）	全寿命周期总费用（万元）
	冷负荷	热负荷				
1	常规电制冷	换热站（市政热源）	1190.70	554.98	614.52	12290.30
2	冰蓄冷	换热站（市政热源）	1405.05	519.71	589.96	11799.25

续表

方案编号	冷热源形式		初投资（万元）	年运行费用（万元）	全寿命周期年均费用（万元）	全寿命周期总费用（万元）
	冷负荷	热负荷				
3	风冷热泵	换热站（市政热源）	1328.50	667.54	733.97	14679.30
4	常规电制冷	燃气锅炉	1439.20	486.75	558.71	11174.20
5	冰蓄冷	燃气锅炉	1653.55	451.48	534.16	10683.15
6	风冷热泵	燃气锅炉	1577.00	599.31	678.16	13563.20
7	土壤源热泵		2634.10	478.47	610.18	12203.50
8	地下水源热泵		1624.80	452.43	533.67	10673.40
9	直燃机		1819.00	527.84	649.11	12982.13

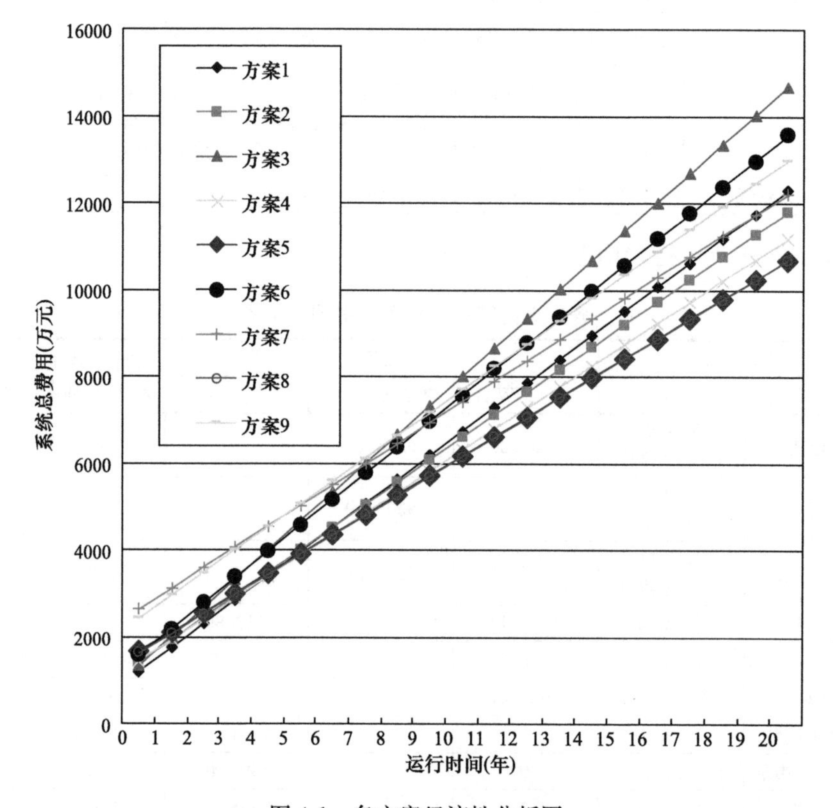

图 4-1　各方案经济性分析图

由上述分析可见，方案 5 和方案 8 的全寿命周期总费用最低，为经济性最好的两个方案。

建议方案应首先从项目的能源供应条件、地理环境条件、冷热负荷性质等技术条件的可行性考虑；其次，从初投资、运行费用、全寿命周期费用、节能减排量的经济合理性考虑，综合分析最优结论。

第 5 章　冷热源方案典型案例

5.1　某生产基地冷热源方案设计

5.1.1　工程概况

某生产基地位于北京市。一期总建筑面积 150530m²，二期总建筑面积 64790m²。如图 5-1 所示。

设计范围包括建筑内采暖、通风、空调设计，集中制冷、换热站设计及防排烟设计。

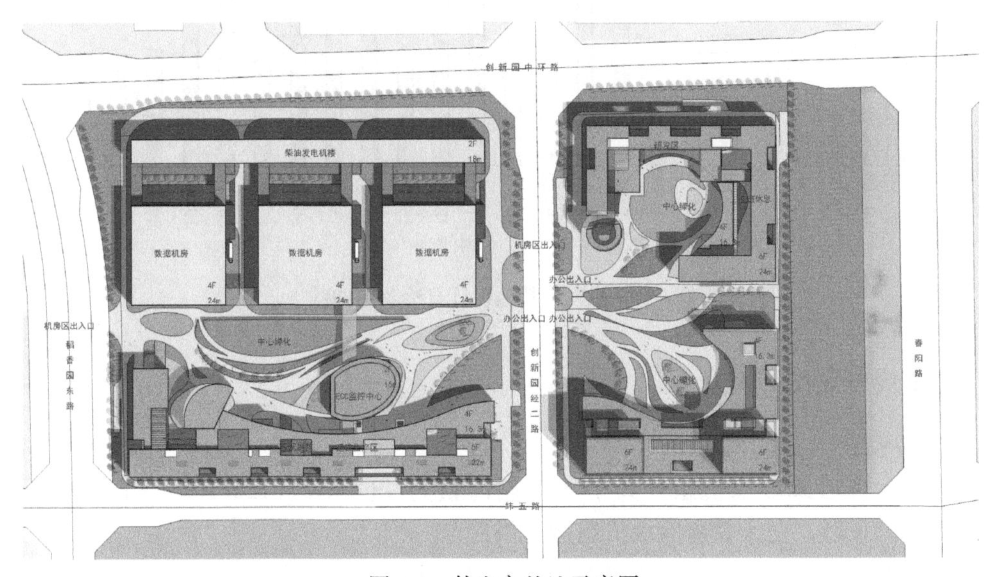

图 5-1　某生产基地示意图

5.1.2　冷热负荷

空调冷热负荷按建筑面积冷热指标估算，其中冷指标为 110W/m²、热指标为 80W/m²。该生产基地建筑冷热负荷见表 5-1。

某生产基地建筑冷热负荷　　　　表 5-1

地块	建筑面积（m²）	冷负荷（kW）	冷指标（W/m²）	热负荷（kW）	热指标（W/m²）
C6-15	74757	8223	110	5980	80
C6-16	75773	8335	110	6062	80
C6-22	64790	7127	110	5182	80
合计	215320	**23685**		**17224**	

建议该项目非数据机房部分设置 1 处区域冷热源站，这样总冷负荷为 23685kW，总热负荷为 17224kW，考虑制冷同时使用率 0.80，供热同时使用率 0.95，则为总冷负荷为 18948kW，总热负荷为 16363kW。

该生产基地设计日冷负荷曲线见图 5-2。

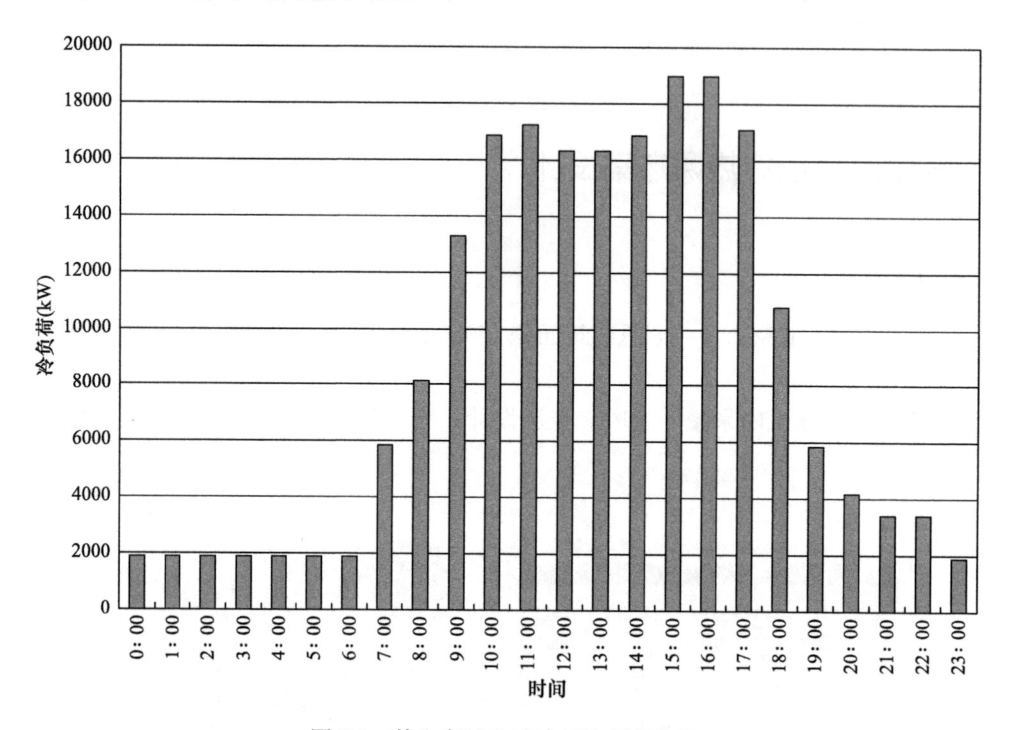

图 5-2　某生产基地设计日冷负荷曲线

5.1.3　常规电制冷方案

1. 系统设计

选用 5 台离心式冷水机组，其中 4 台制冷量为 4395kW（1250RT），1 台制冷量为 1406kW（400RT），白天 5 台冷水机组运行供冷。

空调冷水系统采用二次泵变水量系统，配置相应的一次冷水泵、冷却泵、冷却塔等附属设备；二次冷水泵按 3 个地块分别设置。

2. 主要设备初投资

该生产基地常规电制冷系统主要设备投资见表 5-2。

某生产基地常规电制冷系统主要设备投资　　表 5-2

序号	设备名称	参数	单位	数量（台）	电量（kW）	总电量（kW）	设备单价（万元/台）	设备费用（万元）	备注
1	离心式冷水机组	4395	kW	4	830	3320	250	1000	
2	离心式冷水机组	1406	kW	1	270	270	80	80	
3	一次冷水泵	700	m^3/h	4	45	180	11	44	6℃/12℃
4	一次冷水泵	220	m^3/h	2	15	15	5	10	1 用 1 备

续表

序号	设备名称	参数	单位	数量（台）	电量（kW）	总电量（kW）	设备单价（万元/台）	设备费用（万元）	备注
5	冷却泵	930	m^3/h	4	110	440	22	88	32℃/37℃
6	冷却泵	310	m^3/h	2	37	37	8	16	1用1备
7	冷却塔	1000	m^3/h	4	7.5	30	35	140	
8	冷却塔	350	m^3/h	1	11	11	12.5	12.5	
9	二次冷水泵	620	m^3/h	2	75	150	15	30	C6-15 地铁，变频
10	二次冷水泵	630	m^3/h	2	75	150	15	30	C6-16 地铁，变频
11	二次冷水泵	540	m^3/h	2	60	120	12	24	C6-22 地铁，变频
12	自控系统							100.0	
13	变配电系统							236.2	
14	合计					4723		1810.7	

该生产基地常规电制冷系统主要设备投资约为 1810.7 万元，总装机电负荷 4723kW。

5.1.4 冰蓄冷方案

1. 系统设计

选用 1 台基载冷水机组，制冷量 1934kW（550RT），全天供应冷水；3 台双工况冷水机组，单台制冷量 3340kW（950RT），白天供冷夜间制冰；采用盘管蓄冰装置，总储冷量 56115kWh（15960RTh）。配置相应的乙二醇泵、冷水泵、冷却泵、冷却塔、冷板换等附属设备。

制冷机房设在地下层，冷却塔设在屋顶。

该生产基地冰蓄冷设计日负荷平衡见图 5-3。

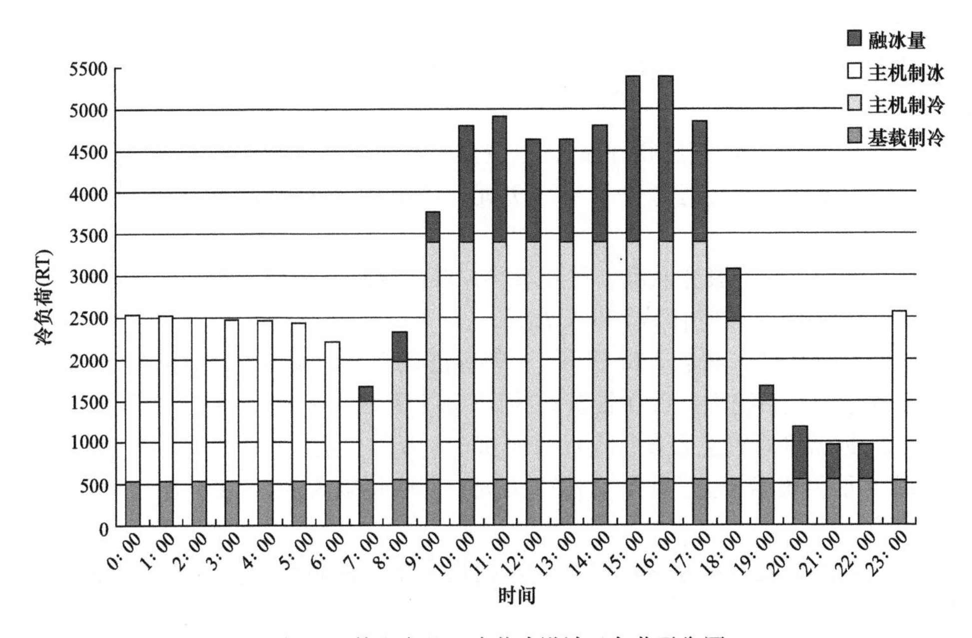

图 5-3 某生产基地冷蓄冷设计日负荷平衡图

2. 主要设备初投资

该生产基地冰蓄冷系统主要设备投资见表5-3。

某生产基地冰蓄冷系统主要设备投资 表5-3

序号	设备名称	参数	单位	数量（台）	电量（kW）	总电量（kW）	设备单价（万元/台）	设备费用（万元）	备注
1	双工况主机	3340	kW	3	610	1830	240	720	
2	基载主机	1934	kW	1	360	360	110	110	
3	乙二醇泵	650	m^3/h	4	75	225	20	80	3用1备
4	冷却泵	750	m^3/h	4	90	270	18	72	3用1备
5	基载冷水泵	220	m^3/h	2	15	15	8	16	5℃/13℃，1用1备
6	基载冷却泵	400	m^3/h	2	45	45	10	20	1用1备
7	冷却塔	800	m^3/h	3	22	66	30	90	
8	基载冷却塔	400	m^3/h	1	11	11	15	15	
9	蓄冰盘管	380	RT	42			11.4	478.8	
10	融冰板式换热器	6238	kW	3			48	144	
11	冷水泵	670	m^3/h	3	37	111	24	72	变频
12	乙二醇	100%	t	10			1.5	15.0	
13	二次冷水泵	465	m^3/h	2	55	110	11	22	C6-15地块，变频
14	二次冷水泵	475	m^3/h	2	55	110	11	22	C6-16地块，变频
15	二次冷水泵	410	m^3/h	2	45	90	9	18	C6-22地块，变频
16	自控系统							150.0	
17	变配电系统							162.2	
18	合计					3243		2207.0	

该生产基地冰蓄冷系统主要设备投资约为2207.0万元，总装机电负荷3243kW。

3. 冰蓄冷经济比较

（1）冰蓄冷系统与常规电制冷系统相比可以使冷水机组装机容量减少31.3%，可消减制冷峰值电负荷。

（2）虽然初投资较常规电制冷稍高，但在合理的峰谷电价条件下可以取得较好的投资回报率，每年可节约制冷运行电费111.77万元，采用常规电制冷每年制冷电费445.08万元，节约率25%。

（3）可缓解电力供应紧张状况，移峰填谷，取得较好的社会效益。设计日可转移高峰电量4734kWh，可得到政府补贴236.7万元。

（4）每年可转移高峰电量728MWh，少耗标准煤218t；减排CO_2 717t。

（5）常规电制冷系统主要设备投资约为1810.7万元，冰蓄冷系统主要设备投资约为2207.0万元，冰蓄冷系统主要设备投资增加396.3万元。增加比例21.9%。

（6）每年可节约制冷运行电费111.77万元；回收年限为3.55年，冰蓄冷系统投资回报率为28.2%。

（7）如果能得到政府补贴236.7万元，则投资增加降低为159.6万元，回收年限为1.43年。

具体数据见表5-4。由此可以判断本项目采用冰蓄冷系统有经济性，建议采用。

某生产基地冰蓄冷方案设计日电费统计表　　表 5-4

时间	总冷负荷（RT）	基载制冷（RT）	制冷机制冷量（RT）		蓄冰槽（RT）		节省电费（元）	常规电费（元）
			主机制冰	主机制冷	储冰量	融冰量		
0：00	539	539	2000		4601		821.2	146.4
1：00	539	539	1980		6579		813.0	146.4
2：00	539	539	1960		8537		804.7	146.4
3：00	539	539	1940		10475		796.5	146.4
4：00	539	539	1920		12393		788.3	146.4
5：00	539	539	1900		14291		780.1	146.4
6：00	539	539	1669	0	15960		685.3	146.4
7：00	1670	550		950	15788	170	−110.1	1078.7
8：00	2317	550		1425	15443	342	−220.9	1496.3
9：00	3772	550		2850	15069	372	−240.3	2435.8
10：00	4796	550		2850	13671	1396	−1455.2	4999.6
11：00	4904	550		2850	12166	1504	−1712.3	5584.2
12：00	4634	550		2850	10930	1234	−1405.5	5277.3
13：00	4634	550		2850	9693	1234	−1286.7	4831.1
14：00	4796	550		2850	8295	1396	−1455.2	4999.6
15：00	5389	550		2850	6305	1989	−1284.2	3479.7
16：00	5389	550		2850	4314	1989	−1284.2	3479.7
17：00	4850	550		2850	2862	1450	−936.2	3131.7
18：00	3072	550		1900	2239	622	−647.9	3202.0
19：00	1670	550		950	2066	170	−177.7	1741.4
20：00	1186	550		0	1429	636	−723.7	1350.0
21：00	970	550		0	1007	420	−271.2	626.3
22：00	970	550		0	585	420	−271.2	626.3
23：00	539	539	2020		2603		829.4	146.4
合计	59331	13112	15389	30875		15344	−7164.0	49510.9
日移高峰电量＝4734kWh				日移平峰电量＝8362kWh				

每年节省电费＝111.77 万元　常规运行电费＝445.08 万元
每年高峰电量＝728MWh　每年平峰电量＝1096MWh

注：制冷站全年（150d）供冷时间段分布

1. 设计日运行 10d；
2. 75%负荷运行 60d；
3. 50%负荷运行 60d；
4. 25%负荷运行 20d。

5.1.5 燃气锅炉供热方案

1. 锅炉房设计

空调估算热负荷 16363kW，采用负压燃气热水锅炉供热。

选用 4 台负压燃气热水锅炉，单台换热量 4200kW（6t/h），热水供回水温度为 65℃/50℃。热水泵采用变频控制。

燃气锅炉房设在地下一层，设泄爆窗井。

2. 主要设备初投资

锅炉投资约 300 万元，水泵及水处理设备投资约 80 万元，合计 380 万元。

3. 年燃料消耗

年空调热力消耗量=耗热量指标×建筑面积×采暖天数×每天小时数

=0.0036×热负荷×采暖天数×每天小时数×负荷率

根据《城市热力网设计规范》CJJ 34—2010 的有关规定，采暖（空调）全年耗热量计算公式为：

$$Q_a^a = 0.0036 T_a N Q_a \frac{t_i - t_a}{t_i - t_{oa}}$$

$$= 0.0036 \times 15 \times 129 \times 16363 \times (20 + 1.6)/(20 + 9)$$

$$= 84899\text{GJ}$$

式中 Q_a^a——采暖（空调）耗热量，GJ；

T_a——采暖（空调）期内空调装置每日平均运行小时数，h；

N——采暖（空调）期天数，d；

Q_a——采暖（空调）设计热负荷，kW；

t_i——室内计算温度,℃；

t_a——采暖（空调）期室外平均温度,℃；

t_{oa}——冬季室外采暖（空调）计算温度,℃。

采暖期天数按 129d，室内计算温度 t_i=20℃，室外采暖计算温度 t_{oa}=−9℃，采暖期室外平均温度 t_a=−1.6℃。

通过测算，锅炉房冬季空调年耗热量 84899GJ，燃气消耗量约 239.8 万 m^3，折合标准煤 2913t。

如果按天然气 1.95 元/m^3 计算，年燃气费用约 467.61 万元；相当于采暖费按 21.7 元/m^2。

5.1.6 直燃机制冷供热方案

1. 系统设计

空调总冷负荷为 18948kW，空调总热负荷为 16363kW。

选用 5 台直燃机，4 大 1 小，单台制冷量分别为 4652kW（1323RT）、1163kW（330RT），制热量分别为 4303kW（加大 1 号高发）、890kW。

空调冷水系统采用二次泵变水量系统，配置相应的一次冷水泵、热水泵、冷却水泵、冷却塔等附属设备；二次冷水泵按 3 个地块分别设置。

2. 主要设备初投资

该生产基地直燃机方案主要设备投资见表 5-5。

某生产基地直燃机方案主要设备投资 表 5-5

序号	设备名称	参数	单位	数量（台）	电量（kW）	总电量（kW）	设备单价（万元/台）	设备费用（万元）	备注
1	直燃机机组	4652	kW	4	25	100	400	1600	
2	直燃机机组	1163	kW	1	10	10	100	100	
3	一次冷水泵	880	m^3/h	4	55	220	15	60	7℃/12℃
4	一次冷水泵	220	m^3/h	2	15	15	3	6	1 用 1 备

续表

序号	设备名称	参数	单位	数量（台）	电量（kW）	总电量（kW）	设备单价（万元/台）	设备费用（万元）	备注
5	冷却水泵	1300	m^3/h	4	155	620	30	120	32℃/37.5℃
6	冷却水泵	330	m^3/h	2	45	45	9	18	1用1备
7	冷却塔	1400	m^3/h	4	44	176	50	200	
8	冷却塔	350	m^3/h	1	11	11	12	12	
9	二次冷水泵	620	m^3/h	2	75	150	15	30	C6-15 地块，变频
10	二次冷水泵	630	m^3/h	2	75	150	15	30	C6-16 地块，变频
11	二次冷水泵	540	m^3/h	2	60	120	12	24	C6-22 地块，变频
12	热水泵	400	m^3/h	4	55	220	18	72	变频
13	热水泵	85	m^3/h	2	15	15	18	36	变频，1用1备
14	自控系统							120.0	
15	变配电系统							92.6	
16	合计					1852		2520.6	

该生产基地直燃机方案主要设备投资约为 2520.6 万元，总装机电负荷 1852kW。

3. 系统运行费用测算

北京的夏季空调时间按 150d 计算，冬季空调供暖时间按 129d 计算。天然气价格按 1.95 元/m^3。该生产基地直燃机方案运行费用见表 5-6。

某生产基地直燃机方案运行费用　　表 5-6

季节	设备名称	参数		数量（台）	输入电量（kW）	用气量（m^3）	工作时间（h）	总用量	单位	单价（元）	运行费用（万元）
		m^3/h	m								
夏	直燃机机组	4652	kW	4		340	2250	1615680	m^3	1.95	315.06
					25		2250	118800	kWh	0.7175	8.52
	直燃机机组	1163	kW	1		85	2250	100980	m^3	1.95	19.69
					10		2250	11880	kWh	0.7175	0.85
	一次冷水泵	880	15	4	47.9		2250	237255	kWh	0.7175	17.02
	一次冷水泵	220	15	2	12. 0		2250	14828.4	kWh	0.7175	1.06
	冷却水泵	1300	32	4	151.1		2250	747712	kWh	0.7175	53.65
	冷却水泵	330	32	2	38.3		2250	47451	kWh	0.7175	3.40
	冷却塔	1400	m^3/h	4	44		2250	217800	kWh	0.7175	15.63
	冷却塔	350	m^3/h	1	11		2250	13612.5	kWh	0.7175	0.98
	二次冷水泵	620	30	2	67.5		2250	167157	kWh	0.7175	11.99
	二次冷水泵	630	30	2	68.6		2250	169853	kWh	0.7175	12.19
	二次冷水泵	540	30	2	58.8		2250	145588	kWh	0.7175	10.45
	合计										470.49
冬	直燃机机组	4652	kW	4		460	1935	2397573	m^3	1.95	467.53
					25		1935	130303	m^3	0.7175	9.35
	直燃机机组	1163	kW	1		115	1935	149848	m^3	1.95	29.22
					10		1935	13030.3	kWh	0.7175	0.93
	热水泵	400	32	4	46.5		1935	242248	kWh	0.7175	17.38
	热水泵	85	32	2	9.9		1935	12869.4	kWh	0.7175	0.92
	合计										525.33
总计											995.82

4. 经济分析

直燃机制冷供热方案设备初投资2520.6万元，夏季制冷费用470.49万元，冬季供暖费用525.33万元，全年运行费用995.82万元。

5.1.7 地下水源热泵方案

1. 热泵的配置

冷热源总冷负荷为18948kW，总热负荷为16363kW。

根据建筑的冷热负荷计算，需配置9台热泵机组，满足夏季制冷和冬季采暖需求。夏季9台运行，冬季7台运行。

2. 水井工艺

(1) 取水量计算

根据本工程所选主机设备计算可知：夏季9台水源热泵机组均运转（高峰时），共需水量200×9=1800m³/h（高峰值）；冬季7台水源热泵机组运转，高峰时需水量200×7=1400m³/h。所以，水井的出水量设计应满足每小时不低于1800m³。

(2) 水井数量确定

根据最大用水量1800m³/h，设计单井稳定出水量为80～120m³/h，设计水井数量54口，其中：18口出水井，36口回灌井。具体井数应经过水文地质勘探测试后确定。

3. 主要设备初投资

该生产基地水源热泵方案主要设备投资见表5-7。

某生产基地地下水源热泵方案主要设备投资 表5-7

序号	设备名称	参数	单位	数量(台)	电量(kW)	总电量(kW)	设备单价(万元/台)	设备费用(万元)	备注
1	热泵机组	2196	kW	9	350	3150	190	1710	
2	一次冷热水泵	320	m³/h	9	22	198	6	54	
3	地源水泵	100	m³/h	18	30	540	7.5	135	深井泵
4	二次冷水泵	620	m³/h	2	75	150	15	30	C6-15地块，变频
5	二次冷水泵	630	m³/h	2	75	150	15	30	C6-16地块，变频
6	二次冷水泵	540	m³/h	2	60	120	12	24	C6-22地块，变频
7	水井	100	m³/h	54			20	1080	一抽两罐
8	自控系统							150.0	
9	变配电系统							215.4	
10	合计					4308		3428.4	

该生产基地水源热泵方案主要设备投资约为3428.4万元，其中室外水井投资1080万元。

4. 系统运行费用测算

北京的夏季空调时间按150d计算，冬季空调供暖时间按129d计算。夏季制冷费用368.87万元，冬季供暖费用434.36万元，全年运行费用803.23万元。具体数据见表5-8。

某生产基地地下水源热泵方案运行费用　　表 5-8

季节	设备名称	参数		数量（台）	输入电量（kW）	工作时间（h）	总用量	单位	单价（元）	运行费用（万元）
		m^3/h	m							
夏	热泵机组	2196	kW	9	350	2250	3898125	kWh	0.7175	279.69
	一次冷热水泵	320	15	9	17.4	2250	194118	kWh	0.7175	13.93
	地源水泵	100	70	18	25.4	2250	566176	kWh	0.7175	40.62
	二次冷水泵	620	30	2	67.5	2250	167157	kWh	0.7175	11.99
	二次冷水泵	630	30	2	68.6	2250	169853	kWh	0.7175	12.19
	二次冷水泵	540	30	2	58.8	2250	145588	kWh	0.7175	10.45
	合计									368.87
冬	热泵机组	2280	kW	7	480	1935	4811184	kWh	0.7175	345.20
	一次冷热水泵	320	15	7	17.4	1935	174698	kWh	0.7175	12.53
	地源水泵	100	70	14	25.4	1935	509536	kWh	0.7175	36.56
	二次冷水泵	620	30	2	67.5	1935	193416	kWh	0.7175	13.88
	二次冷水泵	630	30	2	68.6	1935	196535	kWh	0.7175	14.10
	二次冷水泵	540	30	2	58.8	1935	168459	kWh	0.7175	12.09
	合计									434.36
总计										803.23

5. 地下水源热泵方案比较

(1) 常规电制冷、燃气锅炉供热方案初投资 2190.7 万元，地下水源热泵初投资 3428.4 万元。投资增加 1237.7 万元，投资增加率 56.5%。

(2) 常规电制冷、燃气锅炉供热方案年运行费用 912.69 万元，地下水源热泵年运行费用 803.23 万元。年运行费用节省 109.46 万元。

(3) 静态回收年限 11.3 年。不宜采用地下水源热泵系统。

(4) 北京市大力推广地源热泵技术，市发展和改革委员会对应用水源热泵项目给予经济补贴 35 元/m^2，可得到补贴费为 753.62 万元。静态回收年限 4.42 年。

(5) 技术上：井间距应在 30m 以上，54 口井需要 1620m 长的场地的布置位置，以及连接管道和井口设施，在现有红线范围内难以实现。

5.1.8 地源（土壤源）热泵方案

1. 热泵的配置

冷热源总冷负荷为 18948kW，总热负荷为 16363kW。

根据建筑的冷热负荷计算，需配置 9 台热泵机组，满足夏季制冷和冬季采暖需求。夏季 9 台运行，冬季 7 台运行。

2. 土壤换热器系统

地下热交换器形式和结构的选取应根据实际工程以及给定的建筑场地条件来确定。本项目采用垂直埋管的形式。

初步估算该区域地层单位钻孔延长米的平均换热量冬季为 50W/m，夏季为 70W/m。

土壤换热器系统采用双 U 形管换热器，根据计算，夏季换热器总延长米为 322200m，冬季换热器总延长米为 233800m。

所以土壤换热器总延米数取322200m，若单个土壤换热器孔深选用100m，则需要布置土壤换热器的数量为3222个，孔径ϕ150mm，换热器间距为5m×5m，若单个换热器占地面积平均以25m^{2}计，则孔位分布总面积约为80550m^2。

3. 主要设备初投资

该生产基地地源热泵方案主要设备投资见表5-9。

某生产基地地源热泵方案主要设备投资　　表5-9

序号	设备名称	参数	单位	数量（台）	电量（kW）	总电量（kW）	设备单价（万元/台）	设备费用（万元）	备注
1	热泵机组	2146	kW	9	360	3240	190	1710	
2	一次冷热水泵	320	m^3/h	9	22	198	6	54	
3	地源水泵	450	m^3/h	9	75	675	15	135	
4	二次冷水泵	620	m^3/h	2	75	150	15	30	C6-15地块，变频
5	二次冷水泵	630	m^3/h	2	75	150	15	30	C6-16地块，变频
6	二次冷水泵	540	m^3/h	2	60	120	12	24	C6-22地块，变频
7	地源换热孔	100	m	3222			1	3222	含管、填料
8	室外联络管网							150	
9	自控系统							150.0	
10	变配电系统							226.7	
11	合计					4533		5731.7	

该生产基地地源热泵方案主要设备投资约为5731.7万元，其中室外换热器投资3222万元。

4. 系统运行费用测算

北京的夏季空调时间按150d计算，冬季空调供暖时间按129d计算。夏季制冷费用388.47万元，冬季供暖费用460.21万元，全年运行费用848.68万元。具体数据见表5-10。

某生产基地地源热泵方案运行费用　　表5-10

季节	设备名称	参数		数量（台）	输入电量（kW）	工作时间（h）	总用量	单位	单价（元/kWh）	运行费用（万元）
		m^3/h	m							
夏	热泵机组	2146	kW	9	360	2250	4009500	kWh	0.7175	287.68
	一次冷热水泵	320	15	9	17.4	2250	194118	kWh	0.7175	13.93
	地源水泵	450	40	9	65.4	2250	727941	kWh	0.7175	52.23
	二次冷水泵	620	30	2	67.5	2250	167157	kWh	0.7175	11.99
	二次冷水泵	630	30	2	68.6	2250	169853	kWh	0.7175	12.19
	二次冷水泵	540	30	2	58.8	2250	145588	kWh	0.7175	10.45
	合计									388.47
冬	热泵机组	2140	kW	7	470	1935	4710951	kWh	0.7175	338.01
	一次冷热水泵	390	15	7	21.2	1935	212913	kWh	0.7175	15.28
	地源水泵	320	40	14	46.5	1935	931723	kWh	0.7175	66.85
	二次冷水泵	620	30	2	67.5	1935	193416	kWh	0.7175	13.88
	二次冷水泵	630	30	2	68.6	1935	196535	kWh	0.7175	14.10
	二次冷水泵	540	30	2	58.8	1935	168459	kWh	0.7175	12.09
	合计									460.21
总计										848.68

5. 地源热泵方案比较

(1) 常规电制冷、燃气锅炉供热方案初投资 2190.7 万元，地源热泵方案初投资 5731.7 万元。投资增加 3541.0 万元，投资增加率 162%。

(2) 常规电制冷、燃气锅炉供热方案年运行费用 912.69 万元，地源热泵方案年运行费用 848.68 万元。年运行费用节省 64.01 万元。

(3) 静态回收年限 55.3 年。不宜采用地源热泵系统。

(4) 北京市大力推广地源热泵技术，市发展和改革委员会对地源热泵项目给予经济补贴 50 元/m^2，可以得到补贴费为 1076.6 万元。静态回收年限 38.5 年。

(5) 技术上：土壤换热器的数量为 3222 个，孔径 ϕ150mm，换热器间距为 5m×5m，若单个换热器占地面积平均以 25m^2 计，孔位分布总面积约为 80550m^2。以及连接管道和井口设施，在现有红线范围内难以实现。

5.1.9 五种方案对比

1. 初投资

该生产基地五种冷热源方案初投资对比见表 5-11。

某生产基地五种冷热源方案初投资对比　　表 5-11

方案	初投资（万元）	投资增加（万元）	增加比率（%）
常规电制冷＋燃气锅炉	2190.7	—	—
冰蓄冷＋燃气锅炉	2587.0	396.3	18.1
直燃机	2520.6	329.9	15.1
地下水源热泵	3428.4	1237.7	56.5
地源（土壤源）热泵	5731.7	3541.0	162

2. 年运行费用

该生产基地五种冷热源方案年运行费用对比见表 5-12。

某生产基地五种冷热源方案年运行费用对比　　表 5-12

方案	运行费用（万元）	运行费用节省（万元）	静态回收年限（年）
常规电制冷＋燃气锅炉	912.69	—	—
冰蓄冷＋燃气锅炉	800.91	111.78	3.7
直燃机	995.82	−83.13	无
地下水源热泵	803.23	109.46	11.3
地源（土壤源）热泵	848.68	64.01	55.3

3. 全寿命周期费用（按 20 年计）

该生产基地五种冷热源方案全寿命周期费用对比见表 5-13。

某生产基地五种冷热源方案全寿命周期费用对比　　表 5-13

方案	初投资（万元）	运行费用（万元）	全寿命周期费用（万元）	差值（万元）
常规电制冷＋燃气锅炉	2190.7	912.69	20444.5	—
冰蓄冷＋燃气锅炉	2587.0	800.91	18605.2	−1839.3
直燃机	2520.6	995.82	22437.0	1992.5
地下水源热泵	3428.4	803.23	19493.0	−951.5
地源（土壤源）热泵	5731.7	848.68	22705.3	2260.8

综上所述，方案 2 冰蓄冷＋燃气锅炉技术较成熟，投资增加部分静态回收年限 3.7 年，在合理范围之内，建议采用。

5.2 某国际医疗旅游区冷热源方案设计

5.2.1 项目概述

1. 建筑规模及功能

某国际医疗旅游区位于海南省，规划区总用地面积 2006.80ha，总建筑面积 710 万 m^2。其中医疗建筑面积 496 万 m^2，居住建筑面积 110 万 m^2。该国际医疗旅游区土地使用规划见图 5-4。

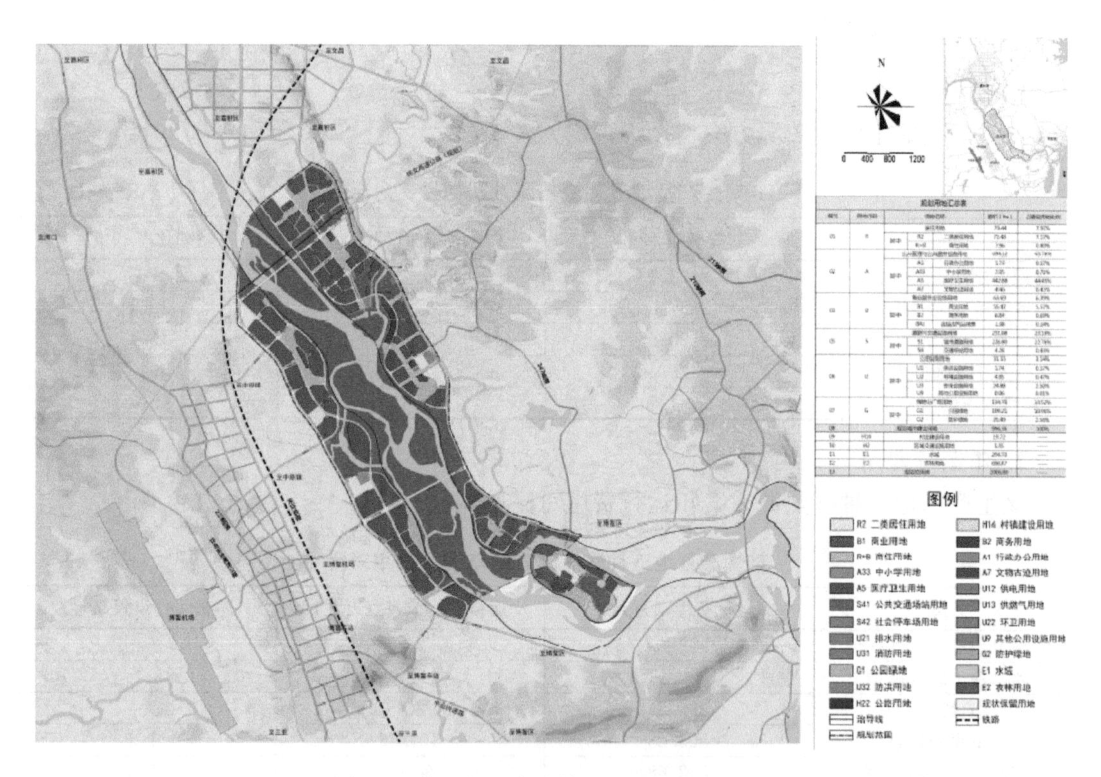

图 5-4 某国际医疗旅游区土地使用规划图

医疗旅游区共规划了 10 个功能片区，包括医疗研发、特许医疗、休养主题、综合服务中心、健康管理中心、乐岛低碳主题、万泉河生态保护等，如图 5-5 所示。

10 个功能片区分为 9 个单元（见图 5-6）。其中疗养主题南片区为××09 单元。现对 09 单元的供冷、供热、生活热水进行能源规划方案设计。

2. 09 单元概况

09 单元占地面积 199.80ha，为疗养主题区，以特色医疗和疗养产业功能为主，居住和商业服务为辅。详细规划见图 5-7。

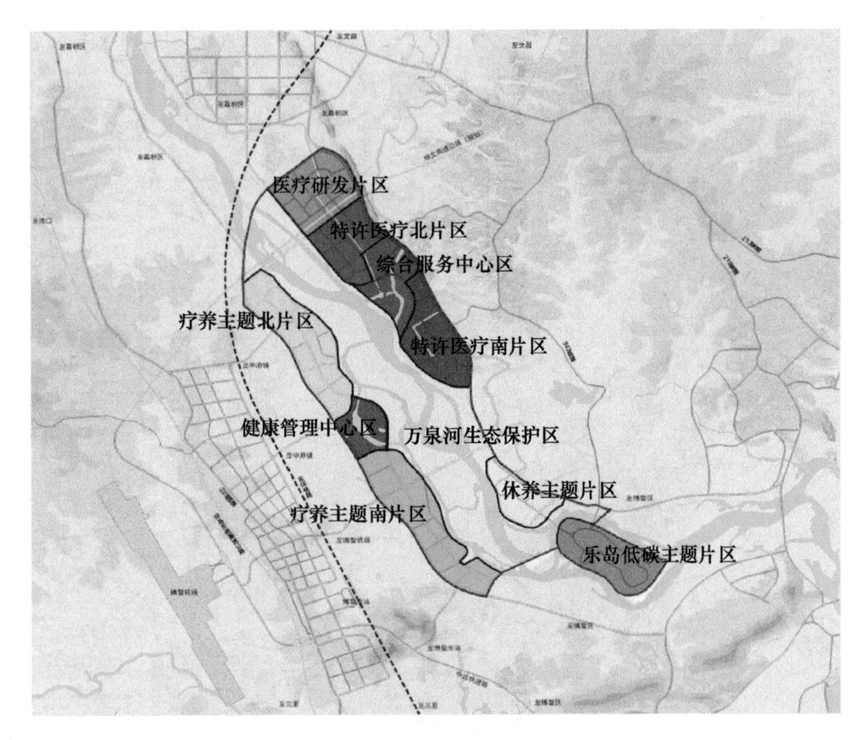

图 5-5 功能片区示意图

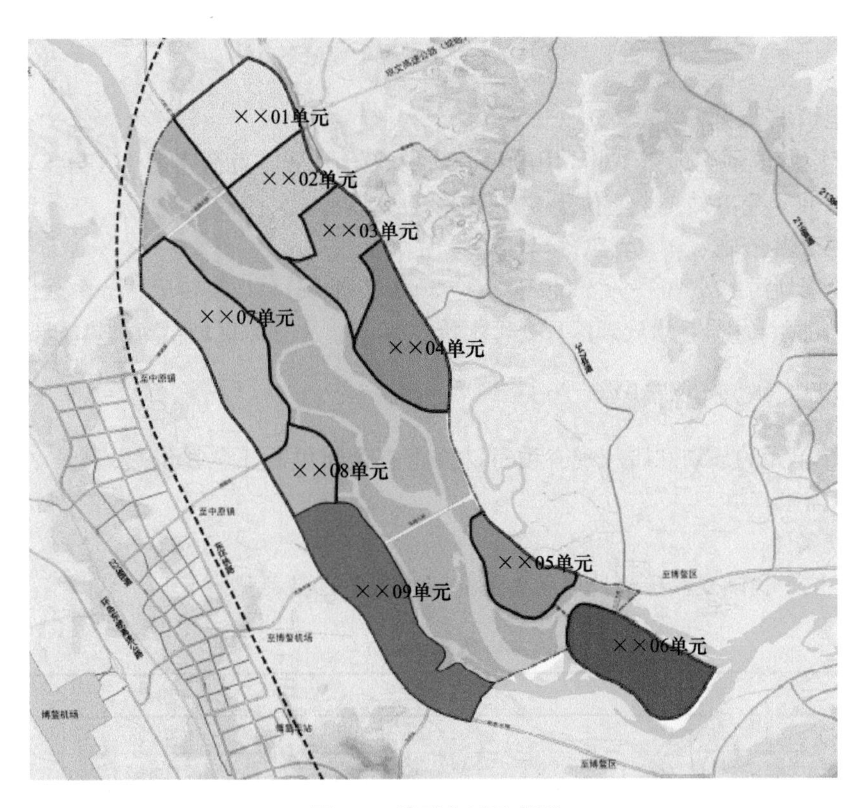

图 5-6 单元分区示意图

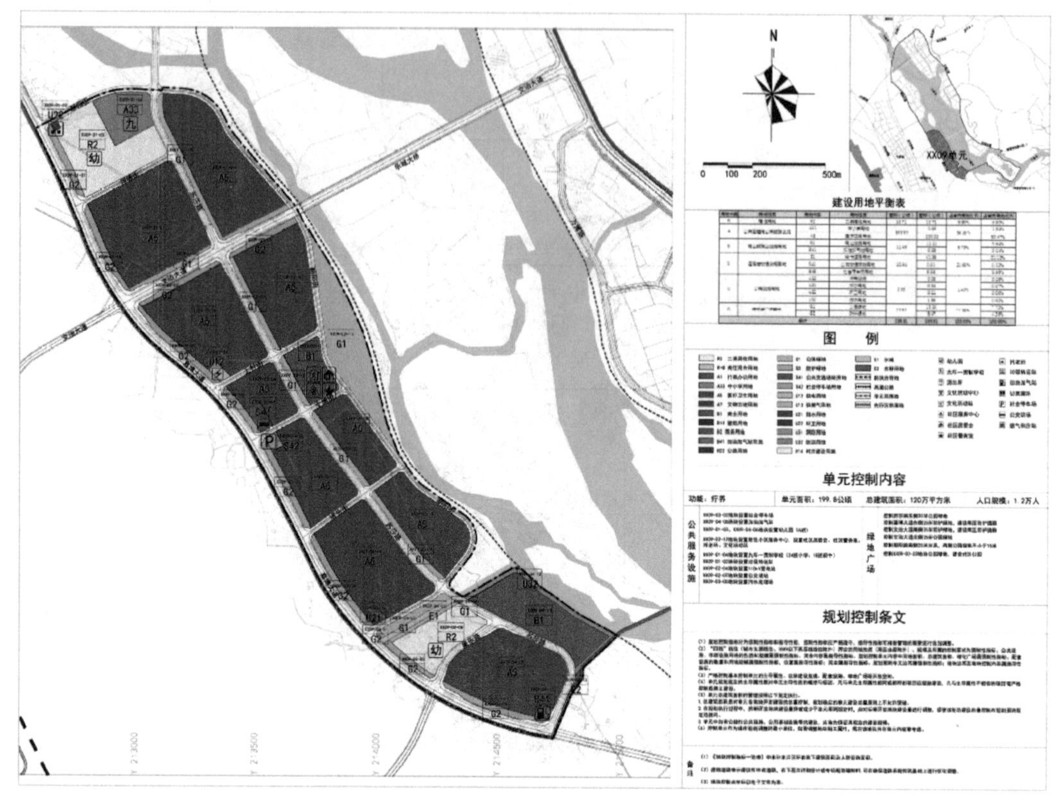

图5-7 09单元详细规划

3. 供电情况

该医疗旅游区预测远期10kV用电负荷约10.5万kW，负荷密度1.4万kW/km²。09单元规划110kV变电站一个，位于××09-02-04地块。

4. 其他公共措施

09单元规划污水处理厂一个（位于××09-03-05地块）、垃圾转运站一个（位于××09-01-02地块）。预计4号污水处理厂日处理水量6000m³。未规划区域供冷供热能源站用地。

5.2.2 能源需求及负荷计算

根据09单元的规划性质和现有项目，要求有全年供冷、冬季供热、全年生活热水供应三种能源需求。

1. 气候条件

海南省位于我国夏热冬暖地区，参考海口市气象参数，见表5-14。

气象参数 表5-14

项目	参数
纬度（°）	20.03
经度（°）	110.35
海拔高度（m）	13.90
冬季大气压力（Pa）	101640.00

续表

项目	参数
夏季大气压力（Pa）	100280.00
冬季平均室外风速（m/s）	2.50
夏季平均室外风速（m/s）	2.30
冬季空调室外设计干球温度（℃）	10.30
夏季空调室外设计干球温度（℃）	35.10
冬季通风室外设计干球温度（℃）	17.70
夏季通风室外设计干球温度（℃）	32.20
冬季采暖室外设计干球温度（℃）	12.60
夏季空调室外设计湿球温度（℃）	28.10
冬季空调室外设计相对湿度（%）	86.00
年平均气温（℃）	24.10
绝对最高气温（℃）	38.70
最热月平均气温（℃）	28.40
最热月平均相对湿度（%）	78.00
最大冻土深度（m）	0.00

2. 建筑面积

根据09单元的控制性详细规划方案，按照占地面积和控制容积率，估算的09单元建筑面积见表5-15。

09单元建筑面积　　　　**表5-15**

地块编号	用地代码	用地类别	占地面积（m^2）	容积率	建筑面积（万m^2）
××09-01-02	U22	环卫用地	1050	0.3	0.0315
××09-01-03	R2	二类居住用地	86927	1.5	13.03905
××09-01-04	A33	中小学用地	36616	1	3.6616
××09-01-07	A5	医疗用地	152392	1	15.2392
××09-01-09	A5	医疗用地	132206	1	13.2206
××09-02-03	A5	医疗用地	126038	1	12.6038
××09-02-04	U11	供电用地	3536	0.5	0.1768
××09-02-10	A5	医疗用地	103089	1	10.3089
××09-02-06	A5	医疗用地	37766	1	3.7766
××09-02-12	B1	商业用地	33574	1.5	5.0361
××09-03-03	A5	医疗用地	81617	0.3	2.44851
××09-03-08	A5	医疗用地	53773	0.5	2.68865
××09-03-05	U21	排水用地	5398	0.5	0.2699
××09-03-06	A5	医疗用地	123045	0.3	3.69135
××09-03-10	A5	医疗用地	76937	0.5	3.84685
××09-04-06	R2	二类居住用地	50157	1.5	7.52355
××09-04-09	A5	医疗用地	116390	1	11.639
××09-04-10	B41	加油站	2811	0.2	0.05622
××09-04-11	B1	商业用地	78557	1.2	9.42684

09单元总建筑面积为118.685万m^2。

3. 负荷估算

(1) 冷负荷

考虑为居住、中小学、医疗、商业用地供冷，其中医疗、商业用地全年供冷。方案设计阶段按照面积指标法进行估算，09单元夏季冷负荷见表5-16。

09单元夏季冷负荷估算 **表5-16**

地块编号	用地代码	用地类别	建筑面积（万m^2）	负荷指标（W/m^2）	冷负荷（RT）
××09-01-03	R2	二类居住用地	13.03905	50	1854
××09-01-04	A33	中小学用地	3.6616	50	521
××09-01-07	A5	医疗用地	15.2392	100	4334
××09-01-09	A5	医疗用地	13.2206	100	3760
××09-02-03	A5	医疗用地	12.6038	100	3585
××09-02-10	A5	医疗用地	10.3089	100	2932
××09-02-06	A5	医疗用地	3.7766	100	1074
××09-02-12	B1	商业用地	5.0361	120	1719
××09-03-03	A5	医疗用地	2.44851	100	696
××09-03-08	A5	医疗用地	2.68865	100	765
××09-03-06	A5	医疗用地	3.69135	100	1050
××09-03-10	A5	医疗用地	3.84685	100	1094
××09-04-06	R2	二类居住用地	7.52355	50	1070
××09-04-09	A5	医疗用地	11.639	100	3310
××09-04-11	B1	商业用地	9.42684	120	3217
合计					30981（108931kW）

本项目夏季同时使用系数选取0.7。夏季空调冷负荷为21687RT（76252kW）。

09单元冬季冷负荷见表5-17。

09单元冬季冷负荷估算 **表5-17**

地块编号	用地代码	用地类别	建筑面积（万m^2）	负荷指标（W/m^2）	冷负荷（RT）
××09-01-07	A5	医疗用地	15.2392	30	1300
××09-01-09	A5	医疗用地	13.2206	30	1128
××09-02-03	A5	医疗用地	12.6038	30	1075
××09-02-10	A5	医疗用地	10.3089	30	880
××09-02-06	A5	医疗用地	3.7766	30	322
××09-02-12	B1	商业用地	5.0361	40	573
××09-03-03	A5	医疗用地	2.44851	30	209
××09-03-08	A5	医疗用地	2.68865	30	229
××09-03-06	A5	医疗用地	3.69135	30	315
××09-03-10	A5	医疗用地	3.84685	30	328
××09-04-09	A5	医疗用地	11.639	30	993
××09-04-11	B1	商业用地	9.42684	40	1072
合计					8424（29624kW）

本项目冬季同时使用系数选取 0.7。冬季空调冷负荷为 5897RT (20737kW)。

(2) 热负荷

考虑为医疗、商业用地冬季供热，按照面积指标法进行估算，09 单元热负荷见表 5-18。

09 单元热负荷估算 **表 5-18**

地块编号	用地代码	用地类别	建筑面积 (万 m^2)	负荷指标 (W/m^2)	热负荷 (kW)
××09-01-07	A5	医疗用地	15.2392	20	3048
××09-01-09	A5	医疗用地	13.2206	20	2644
××09-02-03	A5	医疗用地	12.6038	20	2521
××09-02-10	A5	医疗用地	10.3089	20	2062
××09-02-06	A5	医疗用地	3.7766	20	755
××09-02-12	B1	商业用地	5.0361	20	1007
××09-03-03	A5	医疗用地	2.44851	20	490
××09-03-08	A5	医疗用地	2.68865	20	538
××09-03-06	A5	医疗用地	3.69135	20	738
××09-03-10	A5	医疗用地	3.84685	20	769
××09-04-09	A5	医疗用地	11.639	20	2328
××09-04-11	B1	商业用地	9.42684	20	1885
合计					18785

冬季设计热负荷的计算不考虑室内得热对设计热负荷的影响，因此，冬季同时使用系数统一取 0.8。冬季空调热负荷为 15028kW。

(3) 生活热水

考虑为居住、中小学、医疗用地供生活热水，按照面积指标法进行估算，09 单元生活热水年平均日用水量见表 5-19。

09 单元生活热水年平均日用水量 **表 5-19**

地块编号	用地代码	用地类别	建筑面积 (万 m^2)	用水量定额 [$L/(m^2 \cdot d)$]	热水用水量 (m^3/d)
××09-01-03	R2	二类居住用地	13.03905	2.5	326
××09-01-04	A33	中小学用地	3.6616	2.5	92
××09-01-07	A5	医疗用地	15.2392	9	1372
××09-01-09	A5	医疗用地	13.2206	9	1190
××09-02-03	A5	医疗用地	12.6038	9	1134
××09-02-10	A5	医疗用地	10.3089	9	928
××09-02-06	A5	医疗用地	3.7766	9	340
××09-03-03	A5	医疗用地	2.44851	9	220
××09-03-08	A5	医疗用地	2.68865	9	242
××09-03-06	A5	医疗用地	3.69135	9	332
××09-03-10	A5	医疗用地	3.84685	9	346

续表

地块编号	用地代码	用地类别	建筑面积（万 m^2）	用水量定额 [L/(m^2·d)]	热水用水量 (m^3/d)
××09-04-06	R2	二类居住用地	7.52355	2.5	188
××09-04-09	A5	医疗用地	11.639	9	1048
合计					7758

生活热水年平均日用水量为7758m^3。

09单元生活热水最高日用水量见表5-20。

09单元生活热水最高日用水量 **表5-20**

地块编号	用地代码	用地类别	建筑面积（万 m^2）	用水量定额 [L/(m^2·d)]	热水用水量 (m^3/d)
××09-01-03	R2	二类居住用地	13.03905	6.25	815
××09-01-04	A33	中小学用地	3.6616	6.25	229
××09-01-07	A5	医疗用地	15.2392	18	2743
××09-01-09	A5	医疗用地	13.2206	18	2380
××09-02-03	A5	医疗用地	12.6038	18	2269
××09-02-10	A5	医疗用地	10.3089	18	1856
××09-02-06	A5	医疗用地	3.7766	18	680
××09-03-03	A5	医疗用地	2.44851	18	441
××09-03-08	A5	医疗用地	2.68865	18	484
××09-03-06	A5	医疗用地	3.69135	18	664
××09-03-10	A5	医疗用地	3.84685	18	692
××09-04-06	R2	二类居住用地	7.52355	6.25	470
××09-04-09	A5	医疗用地	11.639	18	2095
合计					15818

生活热水最高日用水量为15818m^3。

按热水供水温度60℃，冷水温度15℃，每日使用24h，计算生活热水设计小时耗热量为103478kW，设计小时热水量为659m^3。

4. 方案依据

（1）海南某国际医疗旅游区控制性详细规划；

（2）国家及地方现行相关设计规范及标准。

5. 冷热源方案选择

夏季空调的大量使用，造成我国电力高峰时段电量紧缺而低谷时段电量过剩的矛盾越来越突出，建筑节能的呼声也越来越高。使用节能环保型的空调系统，高效用能、科学用能是解决我国高峰时段用电短缺，实现建筑节能的有效途径。

根据医疗旅游区周边自然环境及能源供应情况，以及能源需求情况，选择了下列几种常用的冷源方案：

（1）集中供冷供热：常规电制冷（空调冷负荷）；

（2）区域供冷供热：常规电制冷（空调冷负荷）；
（3）区域供冷供热：冰蓄冷（空调冷负荷）；
（4）区域供冷供热：水蓄冷（空调冷负荷）。
选择了下列两种热源方案：
（1）集中供冷供热：燃气锅炉（空调热负荷、生活热水）；
（2）区域供冷供热：水源热泵（空调热负荷、生活热水）。

6. 能源价格

医疗旅游区09单元区域集中供冷供热、供生活热水能源站，以电力作为主要能源，并拟采用附近河水作为区域能源系统的水源和低品位冷热源。当地能源价格见表5-21。

某国际医疗旅游区所在地能源价格表　　表5-21

序号	名称	价格	单位	备注
1	电力（价格1）	1.0581	元/kWh	高峰 10：00—12：00，16：00—22：00
2	电力（价格2）	0.6597	元/kWh	平段 7：00—10：00，12：00—16：00，22：00—23：00
3	电力（价格3）	0.292	元/kWh	低谷 23：00—次日7：00
4	基本电价			33元/（kW·月）（最大需量）
5	水费	5.72	元/t	含水费3.1元/t、污水费1.85元/t、垃圾费0.77元/t
6	取用河水费用	0.01	元/t	拟采用河水作为水源和低品位冷热源
7	燃气费用	3.96	元/m^3	

空调系统的全年能耗计算相关参数如下：
制冷季：3月1日至10月31日，运行时长240d，每天运行24h。
冷站全年供冷时间段分布：
（1）设计日（100%）运行：3d；
（2）75%：79d；
（3）50%：95d；
（4）25%：63d。
供暖季：12月1日至1月30日，运行时长60d，每天运行24h。
生活热水：全年，每天运行24h。

5.2.3 供冷方案分析

本节对集中电制冷、区域电制冷、区域冰蓄冷、区域水蓄冷4种方案进行分析。基于目前仅有控制性详细规划材料，集中供冷系统按照每个地块进行分析。

1. 集中电制冷

（1）系统设计

常规电制冷系统要求各个建筑单体都要设置独立的制冷制热机房，不存在群体建筑同时使用系数。根据建筑物估算冷负荷，为不同地块配置相应的冷水机组、冷冻水泵、冷却水泵、冷却塔及板式换冷器等。典型常规电制冷机房布置如图5-8所示。

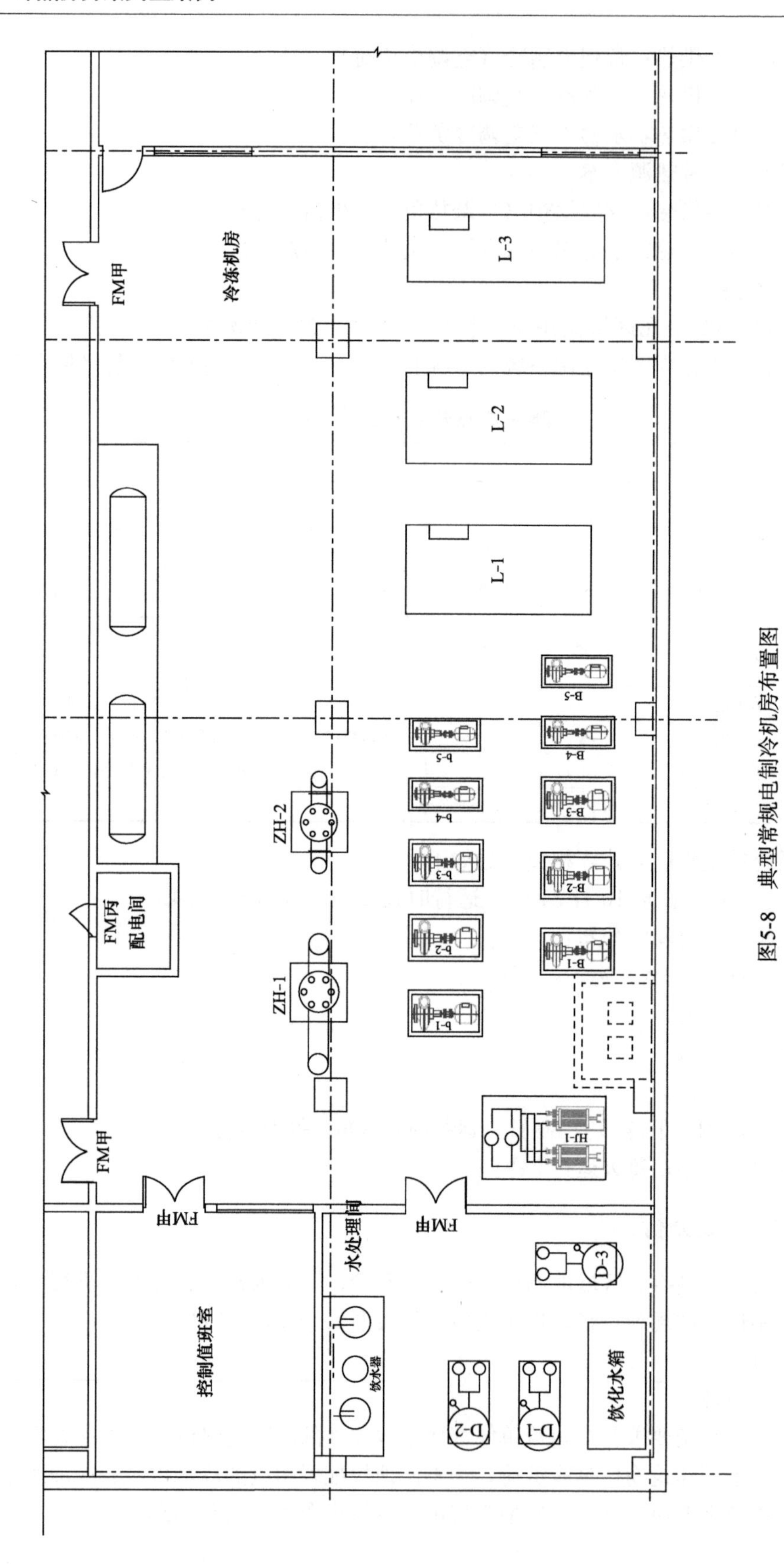

图5-8　典型常规电制冷机房布置图

09 单元集中电制冷系统具体配置见表 5-22。

09 单元集中电制冷系统主要设备 表 5-22

1. ××09-01-03 地块

序号	系统编号	设备名称	主要性能	单位	数量	备注
1	L-01～L-03	离心式冷水机组	制冷量：1939kW（550RT） 冷水：7℃/12℃，374m³/h 冷却水：32℃/37℃，486m³/h 电机：功率 340kW，380V/50Hz 工作压力：1.0MPa	台	3	
2	L-04	螺杆式冷水机组	制冷量：703kW（200RT） 冷水：7℃/12℃，121m³/h 冷却水：32℃/37℃，158m³/h 电机：功率 133kW，380V/50Hz 工作压力：1.0MPa	台	1	
3	b-01～b-04	冷却水泵	Q=535m³/h，H=30m，N=75kW， n=1450r/min，工作压力 1.0MPa	台	4	3 用 1 备
4	b-05、b-06	冷却水泵	Q=173m³/h，H=30m，N=22kW， n=1450r/min，工作压力 1.0MPa	台	2	1 用 1 备
5	LT-01～LT-03	冷却塔	处理水量 550m³/h，N=22kW 冷却水：32℃/37℃	台	3	风机变频
6	LT-04	冷却塔	处理水量 200m³/h，N=11kW 冷却水：32℃/37℃	台	1	风机变频
7	B-01～B-04	冷冻水泵	Q=410m³/h，H=30m，N=55kW， n=1450r/min，工作压力 1.0MPa	台	4	3 用 1 备
8	B-05、B-06	冷冻水泵	Q=134m³/h，H=30m，N=18.5kW， n=1450r/min，工作压力 1.0MPa	台	2	1 用 1 备

2. ××09-01-04 地块

序号	系统编号	设备名称	主要性能	单位	数量	备注
1	L-01、L-02	螺杆式冷水机组	制冷量：915kW（260RT） 冷水：7℃/12℃，158m³/h 冷却水：32℃/37℃，205m³/h 电机：功率 173kW，380V/50Hz 工作压力：1.0MPa	台	2	
2	b-01～b-03	冷却水泵	Q=255m³/h，H=30m，N=30kW， n=1450r/min，工作压力 1.0MPa	台	3	2 用 1 备
3	LT-01、LT-02	冷却塔	处理水量 300m³/h，N=15kW 冷却水：32℃/37℃	台	2	风机变频
4	B-01～B-03	冷冻水泵	Q=175m³/h，H=30m，N=22kW， n=1450r/min，工作压力 1.0MPa	台	3	2 用 1 备

3. ××09-01-07 地块

序号	系统编号	设备名称	主要性能	单位	数量	备注
1	L-01～L-04	离心式冷水机组	制冷量：3350kW（950RT） 冷水：7℃/12℃，655m³/h 冷却水：32℃/37℃，850m³/h 电机：功率 624kW，380V/50Hz 工作压力：1.0MPa	台	4	

续表

3. ××09-01-07 地块						
序号	系统编号	设备名称	主要性能	单位	数量	备注
2	L-05	螺杆式冷水机组	制冷量：1758kW（500RT） 冷水：7℃/12℃，302m³/h 冷却水：32℃/37℃，393m³/h 电机：功率315kW，380V/50Hz 工作压力：1.0MPa	台	1	
3	b-01～b-05	冷却水泵	Q=937m³/h，H=30m，N=110kW，n=1450r/min，工作压力1.0MPa	台	5	4用1备
4	b-06、b-07	冷却水泵	Q=432m³/h，H=30m，N=55kW，n=1450r/min，工作压力1.0MPa	台	2	1用1备
5	LT-01～LT-04	冷却塔	处理水量950m³/h，N=37kW 冷却水：32℃/37℃	台	4	风机变频
6	LT-05	冷却塔	处理水量450m³/h，N=22kW 冷却水：32℃/37℃	台	1	风机变频
7	B-01～B-05	冷冻水泵	Q=720m³/h，H=30m，N=90kW，n=1450r/min，工作压力1.0MPa	台	5	4用1备
8	B-06、B-07	冷冻水泵	Q=333m³/h，H=30m，N=45kW，n=1450r/min，工作压力1.0MPa	台	2	1用1备
9	HL-01、HL-02	板式换冷器	换热量：3500kW 一次水：9℃/14℃ 二次水：10℃/15℃ 工作压力：1.0MPa	台	2	

4. ××09-01-09 地块						
序号	系统编号	设备名称	主要性能	单位	数量	备注
1	L-01～L-04	离心式冷水机组	制冷量：2988kW（850RT） 冷水：7℃/12℃，570m³/h 冷却水：32℃/37℃，740m³/h 电机：功率500kW，380V/50Hz 工作压力：1.0MPa	台	4	
2	L-05	螺杆式冷水机组	制冷量：1406kW（400RT） 冷水：7℃/12℃，242m³/h 冷却水：32℃/37℃，315m³/h 电机：功率251kW，380V/50Hz 工作压力：1.0MPa	台	1	
3	b-01～b-05	冷却水泵	Q=813m³/h，H=30m，N=110kW，n=1450r/min，工作压力1.0MPa	台	5	4用1备
4	b-06、b-07	冷却水泵	Q=346m³/h，H=30m，N=45kW，n=1450r/min，工作压力1.0MPa	台	2	1用1备
5	LT-01～LT-04	冷却塔	处理水量850m³/h，N=37kW 冷却水：32℃/37℃	台	4	风机变频
6	LT-05	冷却塔	处理水量400m³/h，N=18.5kW 冷却水：32℃/37℃	台	1	风机变频
7	B-01～B-05	冷冻水泵	Q=625m³/h，H=30m，N=75kW，n=1450r/min，工作压力1.0MPa	台	5	4用1备

续表

4. ××09-01-09 地块

序号	系统编号	设备名称	主要性能	单位	数量	备注
8	B-06～B-07	冷冻水泵	Q=266m³/h，H=30m，N=37kW，n=1450r/min，工作压力 1.0MPa	台	2	1用1备
9	HL-01、HL-02	板式换冷器	换热量：3000kW 一次水：9℃/14℃ 二次水：10℃/15℃ 工作压力：1.0MPa	台	2	

5. ××09-02-03 地块

序号	系统编号	设备名称	主要性能	单位	数量	备注
1	L-01～L-04	离心式冷水机组	制冷量：2830kW（800RT） 冷水：7℃/12℃，540m³/h 冷却水：32℃/37℃，700m³/h 电机：功率 482kW，380V/50Hz 工作压力：1.0MPa	台	4	
2	L-05	螺杆式冷水机组	制冷量：1230kW（350RT） 冷水：7℃/12℃，212m³/h 冷却水：32℃/37℃，275m³/h 电机：功率 220kW，380V/50Hz 工作压力：1.0MPa	台	1	
3	b-01～b-05	冷却水泵	Q=770m³/h，H=30m，N=90kW，n=1450r/min，工作压力 1.0MPa	台	5	4用1备
4	b-06、b-07	冷却水泵	Q=300m³/h，H=30m，N=37kW，n=1450r/min，工作压力 1.0MPa	台	2	2用1备
5	LT-01～LT-04	冷却塔	处理水量 800m³/h，N=37kW 冷却水：32℃/37℃	台	4	风机变频
6	LT-05	冷却塔	处理水量 350m³/h，N=18.5kW 冷却水：32℃/37℃	台	1	风机变频
7	B-01～B-05	冷冻水泵	Q=596m³/h，H=30m，N=75kW，n=1450r/min，工作压力 1.0MPa	台	5	4用1备
8	B-06、B-07	冷冻水泵	Q=230m³/h，H=30m，N=30kW，n=1450r/min，工作压力 1.0MPa	台	2	1用1备
9	HL-01、HL-02	板式换冷器	换热量：3000kW 一次水：9℃/14℃ 二次水：10℃/15℃ 工作压力：1.0MPa	台	2	

6. ××09-02-10 地块

序号	系统编号	设备名称	主要性能	单位	数量	备注
1	L-01～L-04	离心式冷水机组	制冷量：2300kW（650RT） 冷水：7℃/12℃，440m³/h 冷却水：32℃/37℃，570m³/h 电机：功率 390kW，380V/50Hz 工作压力：1.0MPa	台	4	

续表

6. ××09-02-10地块						
序号	系统编号	设备名称	主要性能	单位	数量	备注
2	L-05	螺杆式冷水机组	制冷量：1055kW（300RT） 冷水：7℃/12℃，181m³/h 冷却水：32℃/37℃，236m³/h 电机：功率199kW，380V/50Hz 工作压力：1.0MPa	台	1	
3	b-01～b-05	冷却水泵	Q=634m³/h，H=30m，N=75kW， n=1450r/min，工作压力1.0MPa	台	5	4用1备
4	b-06、b-07	冷却水泵	Q=260m³/h，H=30m，N=30kW， n=1450r/min，工作压力1.0MPa	台	2	1用1备
5	LT-01～LT-04	冷却塔	处理水量700m³/h，N=37kW 冷却水：32℃/37℃	台	4	风机变频
6	LT-05	冷却塔	处理水量250m³/h，N=15kW 冷却水：32℃/37℃	台	1	风机变频
7	B-01～B-05	冷冻水泵	Q=490m³/h，H=30m，N=55kW， n=1450r/min，工作压力1.0MPa	台	5	4用1备
8	B-06、B-07	冷冻水泵	Q=200m³/h，H=30m，N=30kW， n=1450r/min，工作压力1.0MPa	台	2	1用1备
9	HL-01、HL-02	板式换冷器	换热量：2400kW 一次水：9℃/14℃ 二次水：10℃/15℃ 工作压力：1.0MPa	台	2	

7. ××09-02-06地块						
序号	系统编号	设备名称	主要性能	单位	数量	备注
1	L-01～L-03	螺杆式冷水机组	制冷量：1230kW（350RT） 冷水：7℃/12℃，212m³/h 冷却水：32℃/37℃，275m³/h 电机：功率220kW，380V/50Hz 工作压力：1.0MPa	台	3	
2	b-01～b-04	冷却水泵	Q=300m³/h，H=30m，N=37kW， n=1450r/min，工作压力1.0MPa	台	4	3用1备
3	LT-01～LT-03	冷却塔	处理水量350m³/h，N=18.5kW 冷却水：32℃/37℃	台	3	风机变频
4	B-01～B-04	冷冻水泵	Q=230m³/h，H=30m，N=30kW， n=1450r/min，工作压力1.0MPa	台	4	3用1备
5	HL-01、HL-02	板式换冷器	换热量：900kW 一次水：9℃/14℃ 二次水：10℃/15℃ 工作压力：1.0MPa	台	2	

续表

8. ××09-02-12 地块						
序号	系统编号	设备名称	主要性能	单位	数量	备注
1	L-01～L-04	离心式冷水机组	制冷量：2400kW（700RT） 冷水：7℃/12℃，510m³/h 冷却水：32℃/37℃，670m³/h 电机：功率423kW，380V/50Hz 工作压力：1.0MPa	台	4	
2	L-05	螺杆式冷水机组	制冷量：1055kW（300RT） 冷水：7℃/12℃，181m³/h 冷却水：32℃/37℃，236m³/h 电机：功率199kW，380V/50Hz 工作压力：1.0MPa	台	1	
3	b-01～b-05	冷却水泵	Q=740m³/h，H=30m，N=90kW， n=1450r/min，工作压力1.0MPa	台	5	4用1备
4	b-06、b-07	冷却水泵	Q=260m³/h，H=30m，N=30kW， n=1450r/min，工作压力1.0MPa	台	2	1用1备
5	LT-01～LT-04	冷却塔	处理水量800m³/h，N=37kW 冷却水：32℃/37℃	台	4	风机变频
6	LT-05	冷却塔	处理水量250m³/h，N=15kW 冷却水：32℃/37℃	台	1	风机变频
7	B-01～B-05	冷冻水泵	Q=570m³/h，H=30m，N=75kW， n=1450r/min，工作压力1.0MPa	台	5	4用1备
8	B-06、B-07	冷冻水泵	Q=200m³/h，H=30m，N=30kW， n=1450r/min，工作压力1.0MPa	台	2	1用1备
9	HL-01、HL-02	板式换冷器	换热量：1600kW 一次水：9℃/14℃ 二次水：10℃/15℃ 工作压力：1.0MPa	台	2	

9. ××09-03-03 地块						
序号	系统编号	设备名称	主要性能	单位	数量	备注
1	L-01、L-02	螺杆式冷水机组	制冷量：1230kW（350RT） 冷水：7℃/12℃，212m³/h 冷却水：32℃/37℃，275m³/h 电机：功率220kW，380V/50Hz 工作压力：1.0MPa	台	2	
2	b-01～b-03	冷却水泵	Q=300m³/h，H=30m，N=37kW， n=1450r/min，工作压力1.0MPa	台	3	2用1备
3	LT-01、LT-02	冷却塔	处理水量350m³/h，N=18.5kW 冷却水：32℃/37℃	台	2	风机变频
4	B-01～B-03	冷冻水泵	Q=230m³/h，H=30m，N=30kW， n=1450r/min，工作压力1.0MPa	台	3	2用1备
5	HL-01、HL-02	板式换冷器	换热量：560kW 一次水：9℃/14℃ 二次水：10℃/15℃ 工作压力：1.0MPa	台	2	

续表

10. ××09-03-08 地块

序号	系统编号	设备名称	主要性能	单位	数量	备注
1	L-01～L-03	螺杆式冷水机组	制冷量：890kW（250RT） 冷水：7℃/12℃，150m³/h 冷却水：32℃/37℃，200m³/h 电机：功率 160kW，380V/50Hz 工作压力：1.0MPa	台	3	
2	b-01～b-04	冷却水泵	Q=220m³/h，H=30m，N=30kW， n=1450r/min，工作压力 1.0MPa	台	4	3 用 1 备
3	LT-01～LT-03	冷却塔	处理水量 300m³/h，N=15kW， 冷却水：32℃/37℃	台	3	风机变频
4	B-01～B-04	冷冻水泵	Q=170m³/h，H=30m，N=22kW， n=1450r/min，工作压力 1.0MPa	台	4	3 用 1 备
5	HL-01～HL-02	板式换冷器	换热量：650kW 一次水：9℃/14℃ 二次水：10℃/15℃ 工作压力：1.0MPa	台	2	

11. ××09-03-06 地块

序号	系统编号	设备名称	主要性能	单位	数量	备注
1	L-01～L-03	螺杆式冷水机组	制冷量：1230kW（350RT） 冷水：7℃/12℃，212m³/h 冷却水：32℃/37℃，275m³/h 电机：功率 220kW，380V/50Hz 工作压力：1.0MPa	台	3	
2	b-01～b-04	冷却水泵	Q=300m³/h，H=30m，N=37kW， n=1450r/min，工作压力 1.0MPa	台	4	3 用 1 备
3	LT-01～LT-03	冷却塔	处理水量 350m³/h，N=18.5kW 冷却水：32℃/37℃	台	3	风机变频
4	B-01～B-04	冷冻水泵	Q=230m³/h，H=30m，N=30kW， n=1450r/min，工作压力 1.0MPa	台	4	3 用 1 备
5	HL-01、HL-02	板式换冷器	换热量：900kW 一次水：9℃/14℃ 二次水：10℃/15℃ 工作压力：1.0MPa	台	2	

12. ××09-03-10 地块

序号	系统编号	设备名称	主要性能	单位	数量	备注
1	L-01～L-03	螺杆式冷水机组	制冷量：1230kW（350RT） 冷水：7℃/12℃，212m³/h 冷却水：32℃/37℃，275m³/h 电机：功率 220kW，380V/50Hz 工作压力：1.0MPa	台	3	
2	b-01～b-04	冷却水泵	Q=300m³/h，H=30m，N=37kW， n=1450r/min，工作压力 1.0MPa	台	4	3 用 1 备

续表

12. ××09-03-10 地块						
序号	系统编号	设备名称	主要性能	单位	数量	备注
3	LT-01～LT-03	冷却塔	处理水量 350m³/h，N=18.5kW 冷却水：32℃/37℃	台	3	风机变频
4	B-01～B-04	冷冻水泵	Q=230m³/h，H=30m，N=30kW， n=1450r/mim，工作压力 1.0MPa	台	4	3用1备
5	HL-01、HL-02	板式换冷器	换热量：900kW 一次水：9℃/14℃ 二次水：10℃/15℃ 工作压力：1.0MPa	台	2	

13. ××09-04-06 地块						
序号	系统编号	设备名称	主要性能	单位	数量	备注
1	L-01～L-03	螺杆式冷水机组	制冷量：1230kW（350RT） 冷水：7℃/12℃，212m³/h 冷却水：32℃/37℃，275m³/h 电机：功率 220kW，380V/50Hz 工作压力：1.0MPa	台	3	
2	b-01～b-04	冷却水泵	Q=300m³/h，H=30m，N=37kW， n=1450r/min，工作压力 1.0MPa	台	4	3用1备
3	LT-01～LT-03	冷却塔	处理水量 350m³/h，N=18.5kW 冷却水：32℃/37℃	台	3	风机变频
4	B-01～B-04	冷冻水泵	Q=230m³/h，H=30m，N=30kW， n=1450r/min，工作压力 1.0MPa	台	4	3用1备

14. ××09-04-09 地块						
序号	系统编号	设备名称	主要性能	单位	数量	备注
1	L-01～L-04	离心式冷水机组	制冷量：3350kW（950RT） 冷水：7℃/12℃，655m³/h 冷却水：32℃/37℃，850m³/h 电机：功率 624kW，380V/50Hz 工作压力：1.0MPa	台	4	
2	L-05	螺杆式冷水机组	制冷量：1582kW（450RT） 冷水：7℃/12℃，302m³/h 冷却水：32℃/37℃，393m³/h 电机：功率 283kW，380V/50Hz 工作压力：1.0MPa	台	1	
3	b-01～b-05	冷却水泵	Q=937m³/h，H=30m，N=110kW， n=1450r/min，工作压力 1.0MPa	台	5	4用1备
4	b-06、b-07	冷却水泵	Q=390m³/h，H=30m，N=45kW， n=1450r/min，工作压力 1.0MPa	台	2	1用1备
5	LT-01～LT-04	冷却塔	处理水量 950m³/h，N=37kW 冷却水：32℃/37℃	台	4	风机变频
6	LT-05	冷却塔	处理水量 400m³/h，N=22kW 冷却水：32℃/37℃	台	1	风机变频

续表

14. ××09-04-09 地块						
序号	系统编号	设备名称	主要性能	单位	数量	备注
7	B-01～B-05	冷冻水泵	Q=720m³/h，H=30m，N=90kW，n=1450r/min，工作压力 1.0MPa	台	5	4用1备
8	B-06、B-07	冷冻水泵	L=300m³/h，H=30m，N=37kW，n=1450r/min，工作压力 1.0MPa	台	2	1用1备
9	HL-01、HL-02	板式换冷器	换热量：3000kW 一次水：9℃/14℃ 二次水：10℃/15℃ 工作压力：1.0MPa	台	2	

15. ××09-04-11 地块						
序号	系统编号	设备名称	主要性能	单位	数量	备注
1	L-01～L-04	离心式冷水机组	制冷量：3350kW（950RT） 冷水：7℃/12℃，655m³/h 冷却水：32℃/37℃，850m³/h 电机：功率 624kW，380V/50Hz 工作压力：1.0MPa	台	4	
2	L-05	螺杆式冷水机组	制冷量：1582kW（450RT） 冷水：7℃/12℃，302m³/h 冷却水：32℃/37℃，393m³/h 电机：功率 283kW，380V/50Hz 工作压力：1.0MPa	台	1	
3	b-01～b-05	冷却水泵	Q=937m³/h，H=30m，N=110kW，n=1450r/min，工作压力 1.0MPa	台	5	4用1备
4	b-06、b-07	冷却水泵	Q=390m³/h，H=30m，N=45kW，n=1450r/min，工作压力 1.0MPa	台	2	1用1备
5	LT-01～LT-04	冷却塔	处理水量 950m³/h，N=37kW 冷却水：32℃/37℃	台	4	风机变频
6	LT-05	冷却塔	处理水量 400m³/h，N=22kW 冷却水：32℃/37℃	台	1	风机变频
7	B-01～B-05	冷冻水泵	Q=720m³/h，H=30m，N=90kW，n=1450r/min，工作压力 1.0MPa	台	5	4用1备
8	B-06、B-07	冷冻水泵	Q=300m³/h，H=30m，N=37kW，n=1450r/min，工作压力 1.0MPa	台	2	1用1备
9	HL-01、HL-02	板式换冷器	换热量：3000kW 一次水：9℃/14℃ 二次水：10℃/15℃ 工作压力：1.0MPa	台	2	

（2）主要设备初投资

09单元集中电制冷系统主要设备投资见表5-23。

09 单元集中电制冷系统主要设备投资 **表 5-23**

1. ××09-01-03 地块

序号	设备名称	参数	单位	数量（台）	电量（kW）	总电量（kW）	设备单价（万元/台）	设备费用（万元）	备注
1	离心式冷水机组	1939/550	kW/RT	3	340	1020	136	408	
2	螺杆式冷水机组	703/200	kW/RT	1	133	133	136	136	
3	冷却水泵	535	m^3/h	4	75	225	10	40	3用1备
4	冷却水泵	173	m^3/h	2	22	22	3	6	1用1备
5	冷却塔	550	m^3/h	3	22	66	33	99	
6	冷却塔	200	m^3/h	1	11	11	12	12	
7	冷冻水泵	410	m^3/h	4	55	165	7	28	3用1备
8	冷冻水泵	134	m^3/h	2	18.5	18.5	2	4	1用1备
9	自控系统							15	
10	变配电系统							176	
11	合计					1660.5		924	

2. ××09-01-04 地块

序号	设备名称	参数	单位	数量（台）	电量（kW）	总电量（kW）	设备单价（万元/台）	设备费用（万元）	备注
1	螺杆式冷水机组	915/260	kW/RT	2	173	346	64	128	
2	冷却水泵	255	m^3/h	3	30	60	5	15	2用1备
3	冷却塔	300	m^3/h	2	15	30	18	36	
4	冷冻水泵	175	m^3/h	3	22	44	3	9	2用1备
5	自控系统							4	
6	变配电系统							51	
7	合计					480		243	

3. ××09-01-07 地块

序号	设备名称	参数	单位	数量（台）	电量（kW）	总电量（kW）	设备单价（万元/台）	设备费用（万元）	备注
1	离心式冷水机组	3350/950	kW/RT	4	624	2496	235	940	
2	螺杆式冷水机组	1758/500	kW/RT	1	315	315	123	123	
3	冷却水泵	937	m^3/h	5	110	440	17	85	4用1备
4	冷却水泵	432	m^3/h	2	55	55	8	16	1用1备
5	冷却塔	950	m^3/h	4	37	148	57	228	
6	冷却塔	450	m^3/h	1	22	22	27	27	
7	冷冻水泵	720	m^3/h	5	90	360	13	65	4用1备
8	冷冻水泵	333	m^3/h	2	45	45	6	12	1用1备
9	板式换冷器	3500	kW	2			28	56	
10	自控系统							30	
11	变配电系统							407	
12	合计					3881		1989	

4. ××09-01-09 地块

序号	设备名称	参数	单位	数量（台）	电量（kW）	总电量（kW）	设备单价（万元/台）	设备费用（万元）	备注
1	离心式冷水机组	2988/850	kW/RT	4	500	2000	209	836	

续表

4. ××09-01-09地块

序号	设备名称	参数	单位	数量（台）	电量（kW）	总电量（kW）	设备单价（万元/台）	设备费用（万元）	备注
2	螺杆式冷水机组	1406/400	kW/RT	1	251	251	98	98	
3	冷却水泵	813	m^3/h	5	110	440	15	75	4用1备
4	冷却水泵	346	m^3/h	2	45	45	6	12	1用1备
5	冷却塔	850	m^3/h	4	37	148	51	204	
6	冷却塔	400	m^3/h	1	18.5	18.5	24	24	
7	冷冻水泵	625	m^3/h	5	75	300	11	55	4用1备
8	冷冻水泵	266	m^3/h	2	37	37	5	10	1用1备
9	板式换冷器	3000	kW	2			24	48	
10	自控系统							26	
11	变配电系统							339	
12	合计					3239.5		1727	

5. ××09-02-03地块

序号	设备名称	参数	单位	数量（台）	电量（kW）	总电量（kW）	设备单价（万元/台）	设备费用（万元）	备注
1	离心式冷水机组	2830/800	kW/RT	4	482	1928	205	820	
2	螺杆式冷水机组	1230/350	kW/RT	1	220	220	86	86	
3	冷却水泵	770	m^3/h	5	90	360	14	70	4用1备
4	冷却水泵	300	m^3/h	2	37	37	5	10	1用1备
5	冷却塔	800	m^3/h	4	37	148	48	192	
6	冷却塔	350	m^3/h	1	18.5	18.5	21	21	
7	冷冻水泵	596	m^3/h	5	75	300	11	55	4用1备
8	冷冻水泵	230	m^3/h	2	30	30	4	8	1用1备
9	板式换冷器	3000	kW	2			24	48	
10	自控系统							25	
11	变配电系统							318	
12	合计					3041.5		1653	

6. ××09-02-10地块

序号	设备名称	参数	单位	数量（台）	电量（kW）	总电量（kW）	设备单价（万元/台）	设备费用（万元）	备注
1	离心式冷水机组	2300/650	kW/RT	4	390	1560	161	644	
2	螺杆式冷水机组	1055/300	kW/RT	1	199	199	74	74	
3	冷却水泵	634	m^3/h	5	75	300	11	55	4用1备
4	冷却水泵	260	m^3/h	2	30	30	5	10	1用1备
5	冷却塔	700	m^3/h	4	37	148	42	168	
6	冷却塔	250	m^3/h	1	15	15	15	15	
7	冷冻水泵	490	m^3/h	5	55	220	9	45	4用1备
8	冷冻水泵	200	m^3/h	2	30	30	4	8	1用1备
9	板式换冷器	2400	kW	2			19	38	
10	自控系统							20	

续表

6. ××09-02-10 地块

序号	设备名称	参数	单位	数量（台）	电量（kW）	总电量（kW）	设备单价（万元/台）	设备费用（万元）	备注
11	变配电系统							261	
12	合计					2502		1338	

7. ××09-02-06 地块

序号	设备名称	参数	单位	数量（台）	电量（kW）	总电量（kW）	设备单价（万元/台）	设备费用（万元）	备注
1	螺杆式冷水机组	1230/350	kW/RT	3	220	660	86	258	
2	冷却水泵	300	m^3/h	4	37	111	5	20	3用1备
3	冷却塔	350	m^3/h	3	18.5	55.5	21	63	
4	冷冻水泵	230	m^3/h	4	30	90	4	16	3用1备
5	板式换冷器	900	kW	2			7	14	
6	自控系统							7	
7	变配电系统							97	
8	合计					916.5		475	

8. ××09-02-12 地块

序号	设备名称	参数	单位	数量（台）	电量（kW）	总电量（kW）	设备单价（万元/台）	设备费用（万元）	备注
1	离心式冷水机组	2400/700	kW/RT	4	423	1692	168	672	
2	螺杆式冷水机组	1055/300	kW/RT	1	199	199	74	74	
3	冷却水泵	740	m^3/h	5	90	360	13	65	4用1备
4	冷却水泵	260	m^3/h	2	30	30	5	10	1用1备
5	冷却塔	800	m^3/h	4	37	148	48	192	
6	冷却塔	250	m^3/h	1	15	15	15	15	
7	冷冻水泵	570	m^3/h	5	75	300	10	50	4用1备
8	冷冻水泵	200	m^3/h	2	30	30	4	8	1用1备
9	板式换冷器	1600	kW	2			13	26	
10	自控系统							21	
11	变配电系统							290	
12	合计					2774		1423	

9. ××09-03-03 地块

序号	设备名称	参数	单位	数量（台）	电量（kW）	总电量（kW）	设备单价（万元/台）	设备费用（万元）	备注
1	螺杆式冷水机组	1230/350	kW/RT	2	220	440	86	172	
2	冷却水泵	300	m^3/h	3	37	74	5	15	2用1备
3	冷却塔	350	m^3/h	2	18.5	37	21	42	
4	冷冻水泵	230	m^3/h	3	30	60	4	12	2用1备
5	板式换冷器	560	kW	2			4	8	
6	自控系统							5	
7	变配电系统							65	
8	合计					611		319	

续表

10. ××09-03-08 地块									
序号	设备名称	参数	单位	数量（台）	电量（kW）	总电量（kW）	设备单价（万元/台）	设备费用（万元）	备注
1	螺杆式冷水机组	890/250	kW/RT	3	160	480	62	186	
2	冷却水泵	220	m³/h	4	30	90	4	16	3用1备
3	冷却塔	300	m³/h	3	15	45	18	54	
4	冷冻水泵	170	m³/h	4	22	66	5	20	3用1备
5	板式换冷器	650	kW	2			5	10	
6	自控系统							6	
7	变配电系统							72	
8	合计					681		364	

11. ××09-03-06 地块									
序号	设备名称	参数	单位	数量（台）	电量（kW）	总电量（kW）	设备单价（万元/台）	设备费用（万元）	备注
1	螺杆式冷水机组	1230/350	kW/RT	3	220	660	86	258	
2	冷却水泵	300	m³/h	4	37	111	5	20	3用1备
3	冷却塔	350	m³/h	3	18.5	55.5	21	63	
4	冷冻水泵	230	m³/h	4	30	90	4	16	3用1备
5	板式换冷器	900	kW	2			7	14	
6	自控系统							7	
7	变配电系统							97	
8	合计					916.5		475	

12. ××09-03-10 地块									
序号	设备名称	参数	单位	数量（台）	电量（kW）	总电量（kW）	设备单价（万元/台）	设备费用（万元）	备注
1	螺杆式冷水机组	1230/350	kW/RT	3	220	660	86	258	
2	冷却水泵	300	m³/h	4	37	111	5	20	3用1备
3	冷却塔	350	m³/h	3	18.5	55.5	21	63	
4	冷冻水泵	230	m³/h	4	30	90	4	16	3用1备
5	板式换冷器	900	kW	2			7	14	
6	自控系统							7	
7	变配电系统							97	
8	合计					916.5		475	

13. ××09-04-06 地块									
序号	设备名称	参数	单位	数量（台）	电量（kW）	总电量（kW）	设备单价（万元/台）	设备费用（万元）	备注
1	螺杆式冷水机组	1230/350	kW/RT	3	220	660	86	258	
2	冷却水泵	300	m³/h	4	37	111	5	20	3用1备
3	冷却塔	350	m³/h	3	18.5	55.5	21	63	
4	冷冻水泵	230	m³/h	4	30	90	4	16	3用1备
5	板式换冷器	900	kW	2			7	14	
6	自控系统							7	

续表

序号	设备名称	参数	单位	数量（台）	电量（kW）	总电量（kW）	设备单价（万元/台）	设备费用（万元）	备注
13. ××09-04-06 地块									
7	变配电系统							97	
8	合计					916.5		475	

14. ××09-04-09 地块

序号	设备名称	参数	单位	数量（台）	电量（kW）	总电量（kW）	设备单价（万元/台）	设备费用（万元）	备注
1	离心式冷水机组	3350/950	kW/RT	4	624	2496	235	940	
2	螺杆式冷水机组	1582/450	kW/RT	1	283	283	111	111	
3	冷却水泵	937	m^3/h	5	110	440	17	85	4用1备
4	冷却水泵	390	m^3/h	2	45	45	7	14	1用1备
5	冷却塔	950	m^3/h	4	37	148	57	228	
6	冷却塔	400	m^3/h	1	22	22	24	24	
7	冷冻水泵	720	m^3/h	5	90	360	13	65	4用1备
8	冷冻水泵	300	m^3/h	2	37	37	5	10	1用1备
9	板式换冷器	3000	kW	2			24	48	
10	自控系统							29	
11	变配电系统							402	
12	合计					3831		1956	

15. ××09-04-11 地块

序号	设备名称	参数	单位	数量（台）	电量（kW）	总电量（kW）	设备单价（万元/台）	设备费用（万元）	备注
1	离心式冷水机组	3350/950	kW/RT	4	624	2496	235	940	
2	螺杆式冷水机组	1582/450	kW/RT	1	283	283	111	111	
3	冷却水泵	937	m^3/h	5	110	440	17	85	4用1备
4	冷却水泵	390	m^3/h	2	45	45	7	14	1用1备
5	冷却塔	950	m^3/h	4	37	148	57	228	
6	冷却塔	400	m^3/h	1	22	22	24	24	
7	冷冻水泵	720	m^3/h	5	90	360	13	65	4用1备
8	冷冻水泵	300	m^3/h	2	37	37	5	10	1用1备
9	板式换冷器	3000	kW	2			24	48	
10	自控系统							29	
11	变配电系统							402	
12	合计					3831		1956	

09 单元集中电制冷系统投资汇总见表 5-24，系统主要设备投资约为 15792 万元，总装机电负荷为 30198.5kW，总机房面积为 9700m^2。

09 单元集中电制冷系统投资汇总表　　表 5-24

序号	地块编号	设备费用（万元）	总电量（kW）	机房面积（m^2）
1	XX09-01-03	924	1660.5	900
2	XX09-01-04	243	480	300

续表

序号	地块编号	设备费用（万元）	总电量（kW）	机房面积（m^2）
3	XX09-01-07	1989	3881	1000
4	XX09-01-09	1727	3239.5	1000
5	XX09-02-03	1653	3041.5	1000
6	XX09-02-10	1338	2502	800
7	XX09-02-06	475	916.5	400
8	XX09-02-12	1423	2774	500
9	XX09-03-03	319	611	300
10	XX09-03-08	364	681	300
11	XX09-03-06	475	916.5	400
12	XX09-03-10	475	916.5	400
13	XX09-04-06	475	916.5	800
14	XX09-04-09	1956	3831	900
15	XX09-04-11	1956	3831	700
16	合计	15792	30198.5	9700

（3）运行能耗与费用

设计冷负荷 Q=108931kW，运行时间 H=240×24=5760h，供冷能耗系数 CCF=52.6%，$\overline{COP}$=5.1kW/kW，代入公式（2-5），得冷水机组的年能耗为：

$$W = CCF \cdot \frac{QH}{\overline{COP}} = 0.526 \times 108931 \times 5760/(5.1 \times 1000) = 64713\text{MWh}$$

供冷系统的冷冻水泵、冷却水泵、冷却塔等附属设备的能耗，假设与冷源的供冷量成正比。附属设备的总额定功率 N=8662.5kW，代入公式（2-7），得附属设备的年能耗为：

$$W_F = CCF \cdot N \cdot H = 0.526 \times 8662.5 \times 5760/1000 = 26245\text{MWh}$$

冷水机组和附属设备的年能耗之和即为系统总能耗，见表 5-25。

09 单元集中电制冷系统供冷能耗　　表 5-25

项目	单位	供冷能耗估算值
冷水机组	MWh	64713
附属设备	MWh	26245
合计	MWh	90958

电力运行费用如下：

1）取基本电力价格为 33 元/(kW·月)，变压器取 30000kW，年基本电价为：

33×12×30000/10000=1188 万元

2）取电力价格为 0.670 元/kWh，得常规电制冷系统的供冷年运行费用为：

90958×1000×0.670/10000=6094 万元

采用自建常规电制冷，年运行总费用为 7282 万元。

计算得年补水量为 1142747t，年补水水费为 654 万元。

2. 区域电制冷

（1）系统设计

1）选用 11 台离心式冷水机组，单台制冷量为 7032kW（2000RT），总制冷量为

77352kW（22000RT）。

2）冷水供回水温度为5℃/12℃，冷却水温度为32℃/37℃。

3）采用二级泵变流量系统，一级泵定流量、二级泵变频变流量运行，一级冷水泵、冷却泵、冷却塔各11台，与冷水机组匹配设置。

4）二级冷水泵按管网及区域分组设置，共10台。

（2）主要设备初投资

09单元区域电制冷系统主要设备投资见表5-26。

09单元区域电制冷系统主要设备投资　　表5-26

序号	设备名称	主要参数			数量（台）	电量（kW）	总电量（kW）	设备单位（万元/台）	设备费用（万元）	备注
		容量	单位	扬程（m）						
1	冷水机组	2000	RT		11	1275	14025	400	4400	
2	一级冷水泵	907	m^3/h	15	11	55	605	12	132	
3	冷却泵	1500	m^3/h	30	11	160	1760	35	385	
4	冷却泵	1575	m^3/h		11	60	660	120	1320	
5	二级冷水泵	937	m^3/h	50	10	160	1600	30	300	5℃/12℃
6	自控系统								800	
7	变配电系统								1865	
8	合计						18650		9202	

09单元区域电制冷系统主要设备投资约为9202万元，总装机电负荷为18650kW。

（3）运行能耗与费用

每年制冷系统耗电量35643MWh（冷机耗电量29103MWh、辅机耗电量6540MWh），管网循环水泵耗电量2946MWh。年总耗电量38589MWh。

每年制冷系统电费3090万元，其中辅机电费439万元；管网循环水泵电费211万元；另外，总装机电负荷为18650kW，基础电费738万元；年总电费4039万元。

每年冷却水补水量767225t，水费439万元。

具体数据见表5-27～表5-30。

09单元区域电制冷方案设计日电费统计表　　表5-27

时间	总冷负荷（RT）	冷水机组制冷			冷机耗电（kWh）	辅机耗电（kWh）	耗电小计（kWh）	电费（元）
		制冷能力	台数	负荷率				
0：00	7157	8000	4	0.89	4562.4	1023.2	5585.6	3684.8
1：00	7157	8000	4	0.89	4562.4	1023.2	5585.6	3684.8
2：00	7157	8000	4	0.89	4562.4	1023.2	5585.6	3684.8
3：00	7157	8000	4	0.89	4562.4	1023.2	5585.6	3684.8
4：00	7157	8000	4	0.89	4562.4	1023.2	5585.6	3684.8
5：00	7157	8000	4	0.89	4562.4	1023.2	5585.6	3684.8
6：00	7590	8000	4	0.95	4838.9	1023.2	5862.1	3867.2
7：00	12795	14000	7	0.91	8157.1	1790.6	9947.6	10525.6
8：00	14530	16000	8	0.91	9263.1	2046.4	11309.5	11966.5
9：00	14530	16000	8	0.91	9263.1	2046.4	11309.5	11966.5
10：00	16265	18000	9	0.90	10369.2	2302.1	12671.3	13407.5

续表

时间	总冷负荷	冷水机组制冷			冷机耗电(kWh)	辅机耗电(kWh)	耗电小计(kWh)	电费(元)
		制冷能力	台数	负荷率				
11：00	18217	20000	10	0.91	11613.5	2557.9	14171.4	0.0
12：00	19518	20000	10	0.98	12443.0	2557.9	15000.9	15872.5
13：00	21687	22000	11	0.99	13825.5	2813.7	16639.3	17606.0
14：00	21687	22000	11	0.99	13825.5	2813.7	16639.3	17606.0
15：00	19952	20000	10	1.00	12719.5	2557.9	15277.4	16165.1
16：00	18217	20000	10	0.91	11613.5	2557.9	14171.4	0.0
17：00	18217	20000	10	0.91	11613.5	2557.9	14171.4	14994.8
18：00	16048	18000	9	0.89	10230.9	2302.1	12533.1	13261.2
19：00	16048	18000	9	0.89	10230.9	2302.1	12533.1	13261.2
20：00	14097	16000	8	0.88	8986.6	2046.4	11033.0	11674.0
21：00	13012	14000	7	0.93	8295.3	1790.6	10085.9	10671.9
22：00	10844	12000	6	0.90	6912.8	1534.8	8447.5	8938.3
23：00	7157	8000	4	0.89	4562.4	1023.2	5585.6	3684.8
合计	323353	350000	175	0.92	206139	44764	250903	217578

年耗电量=35643MWh	年运行电费=3090万元
年冷机耗电量=29103MWh	年辅机电量=6540MWh

注：全年（240d）供冷时间段分布
1. 设计日运行天数：10d；
2. 75%负荷运行天数：80d；
3. 50%负荷运行天数：90d；
4. 25%负荷运行天数：60d。

管网循环水泵电耗=2946MWh
管网循环水泵电缆=211万元
年总冷量=4561万RTh
年耗水量=767225t

09单元区域电制冷方案75%负荷电费统计表 表5-28

时间	总冷负荷(RT)	基载制冷			冷机耗电(kWh)	辅机耗电(kWh)	耗电小计(kWh)	电费(元)
		制冷能力	台数	负荷率				
0：00	7157	8000	4	0.89	4562.4	1023.2	5585.6	3684.8
1：00	7157	8000	4	0.89	4562.4	1023.2	5585.6	3684.8
2：00	7157	8000	4	0.89	4562.4	1023.2	5585.6	3684.8
3：00	7157	8000	4	0.89	4562.4	1023.2	5585.6	3684.8
4：00	7157	8000	4	0.89	4562.4	1023.2	5585.6	3684.8
5：00	7157	8000	4	0.89	4562.4	1023.2	5585.6	3684.8
6：00	7590	8000	4	0.95	4838.9	1023.2	5862.1	3867.2
7：00	9597	10000	5	0.96	6117.8	1279.0	7396.8	7826.5
8：00	10898	12000	6	0.91	6947.3	1534.8	8482.1	8974.9
9：00	10898	12000	6	0.91	6947.3	1534.8	8482.1	8974.9
10：00	12199	14000	7	0.87	7776.9	1790.6	9567.4	10123.3
11：00	13663	14000	7	0.98	8710.1	1790.6	10500.7	0.0
12：00	14639	16000	8	0.91	9332.2	2046.4	11378.6	12039.7
13：00	16265	18000	9	0.90	10369.2	2302.1	12671.3	13407.5
14：00	16265	18000	9	0.90	10369.2	2302.1	12671.3	13407.5

续表

时间	总冷负荷(RT)	基载制冷			冷机耗电(kWh)	辅机耗电(kWh)	耗电小计(kWh)	电费(元)
		制冷能力	台数	负荷率				
15：00	14964	16000	8	0.94	9539.6	2046.4	11586.0	12259.1
16：00	13663	14000	7	0.98	343.0	1790.6	2133.6	0.0
17：00	13663	14000	7	0.98	8710.1	1790.6	10500.7	11110.7
18：00	12036	14000	7	0.86	7673.2	1790.6	9463.7	10013.6
19：00	12036	14000	7	0.86	7673.2	1790.6	9463.7	10013.6
20：00	10572	12000	6	0.88	343.0	1534.8	1877.8	1986.9
21：00	9759	10000	5	0.98	6221.5	1279.0	7500.5	7936.2
22：00	8133	10000	5	0.81	5184.6	1279.0	6463.6	6839.1
23：00	7157	8000	4	0.89	4562.4	1023.2	5585.6	3684.8
合计	256939	282000	141	0.91	149034	36068	185101	164574

09单元区域电制冷方案50%负荷电费统计表 **表5-29**

时间	总冷负荷(RT)	基载制冷			冷机耗电(kWh)	辅机耗电(kWh)	耗电小计(kWh)	电费(元)
		制冷能力	台数	负荷率				
0：00	5725	6000	3	0.95	3825.0	767.4	4592.4	3029.6
1：00	5725	6000	3	0.95	3825.0	767.4	4592.4	3029.6
2：00	5725	6000	3	0.95	3825.0	767.4	4592.4	3029.6
3：00	5725	6000	3	0.95	3825.0	767.4	4592.4	3029.6
4：00	5725	6000	3	0.95	3825.0	767.4	4592.4	3029.6
5：00	5725	6000	3	0.95	3825.0	767.4	4592.4	3029.6
6：00	6072	8000	4	0.76	5100.0	1023.2	6123.2	4039.5
7：00	6398	8000	4	0.80	5100.0	1023.2	6123.2	6478.9
8：00	7265	8000	4	0.91	5100.0	1023.2	6123.2	6478.9
9：00	7265	8000	4	0.91	5100.0	1023.2	6123.2	6478.9
10：00	8133	10000	5	0.81	6375.0	1279.0	7654.0	8098.7
11：00	9109	10000	5	0.91	6375.0	1279.0	7654.0	0.0
12：00	9759	10000	5	0.98	6375.0	1279.0	7654.0	8098.7
13：00	10844	12000	6	0.90	7650.0	1534.8	9184.8	9718.4
14：00	10844	12000	6	0.90	7650.0	1534.8	9184.8	9718.4
15：00	9976	10000	5	1.00	6375.0	1279.0	7654.0	8098.7
16：00	9109	10000	5	0.91	6375.0	1279.0	7654.0	0.0
17：00	9109	10000	5	0.91	6375.0	1279.0	7654.0	8098.7
18：00	8024	10000	5	0.80	6375.0	1279.0	7654.0	8098.7
19：00	8024	10000	5	0.80	6375.0	1279.0	7654.0	8098.7
20：00	7048	8000	4	0.88	5100.0	1023.2	6123.2	6478.9
21：00	6506	8000	4	0.81	5100.0	1023.2	6123.2	6478.9
22：00	5422	6000	3	0.90	3825.0	767.4	4592.4	4859.2
23：00	5725	6000	3	0.95	3825.0	767.4	4592.4	3029.6
合计	178982	200000	100	0.89	127500	25580	153080	130529

09 单元区域电制冷方案 25%负荷电费统计表　　表 5-30

时间	总冷负荷（RT）	基载制冷			冷机耗电（kWh）	辅机耗电（kWh）	耗电小计（kWh）	电费（元）
		制冷能力	台数	负荷率				
0：00	3578	4000	2	0.89	2281.2	511.6	2792.8	1842.4
1：00	3578	4000	2	0.89	2281.2	511.6	2792.8	1842.4
2：00	3578	4000	2	0.89	2281.2	511.6	2792.8	1842.4
3：00	3578	4000	2	0.89	2281.2	511.6	2792.8	1842.4
4：00	3578	4000	2	0.89	2281.2	511.6	2792.8	1842.4
5：00	3578	4000	2	0.89	2281.2	511.6	2792.8	1842.4
6：00	3795	4000	2	0.95	2419.5	511.6	2931.1	1933.6
7：00	3199	4000	2	0.80	2039.3	511.6	2550.9	2699.1
8：00	3633	4000	2	0.91	2315.8	511.6	2827.4	2991.6
9：00	3633	6000	3	0.61	2315.8	767.4	3083.2	3262.3
10：00	4066	6000	3	0.68	2592.3	767.4	3359.7	3554.9
11：00	4554	6000	3	0.76	2903.4	767.4	3670.7	0.0
12：00	4880	6000	3	0.81	3110.7	767.4	3878.1	4103.4
13：00	5422	6000	3	0.90	3456.4	767.4	4223.8	4469.2
14：00	5422	6000	3	0.90	3456.4	767.4	4223.8	4469.2
15：00	4988	6000	3	0.83	3179.9	767.4	3947.3	4176.6
16：00	4554	6000	3	0.76	2903.4	767.4	3670.7	0.0
17：00	4554	6000	3	0.76	2903.4	767.4	3670.7	3884.0
18：00	4012	6000	3	0.67	2557.7	767.4	3325.1	3518.3
19：00	4012	6000	3	0.67	2557.7	767.4	3325.1	3518.3
20：00	3524	4000	2	0.88	2246.7	511.6	2758.2	2918.5
21：00	3253	4000	2	0.81	2073.8	511.6	2585.4	2735.6
22：00	2711	4000	2	0.68	1728.2	511.6	2239.8	2369.9
23：00	3578	4000	2	0.89	2281.2	511.6	2792.8	1842.4
合计	95258	118000	59	0.81	60729	15092	75821	63501

3. 区域冰蓄冷

（1）系统设计

本工程采用外融冰主机上游串联系统的直接供冷方式。

1）选用 4 台双工况冷水机组，单台制冷量 6570kW（1869RT）、制冰量 4047kW（1151RT），白天供冷夜间制冰。

2）选用 4 台基载冷水机组，单台制冷量 7032kW（2000RT），全天供应冷水。

3）采用盘管蓄冰装置，总储冷量 38000RTh。

4）乙二醇泵、冷却泵、冷却塔、制冷板换各 4 台，与双工况主机匹配设置。基载冷水泵、基载冷却泵、基载冷却塔各 4 台，与基载主机匹配设置。

5）冷水采用二级泵系统，冰槽冷水直供方式。白天冷水温度为 1.2℃/12.2℃，夜间冷水温度为 5℃/12℃，冷却水温度为 32℃/37℃。

09 单元冰蓄冷设计日负荷平衡见表 5-31 和图 5-9～图 5-12。

09 单元冰蓄冷设计日负荷平衡表　　表 5-31

时间	总冷负荷（RT）	基载制冷（RT）	制冷机制冷量（RT）		蓄冰槽（RT）		取冷率（%）
			主机制冰	主机制冷	储冰量	融冰量	
0：00	7157	7157	4704		10629		
1：00	7157	7157	4684		15311		

续表

时间	总冷负荷（RT）	基载制冷（RT）	制冷机制冷量（RT）		蓄冰槽（RT）		取冷率（%）
			主机制冰	主机制冷	储冰量	融冰量	
2：00	7157	7157	4664		19973		
3：00	7157	7157	4644		24616		
4：00	7157	7157	4624		29238		
5：00	7157	7157	4604		33840		
6：00	7590	7590	4160		38000		
7：00	12795	8000		3737	36940	1058	2.78
8：00	14530	8000		5606	36013	925	2.43
9：00	14530	8000		5606	35087	925	2.43
10：00	16265	8000		7474	34294	791	2.08
11：00	18217	8000		7474	31549	2743	7.22
12：00	19518	8000		7474	27503	4044	10.64
13：00	21687	8000		7474	21288	6213	16.35
14：00	21687	8000		7474	15073	6213	16.35
15：00	19952	8000		7474	10594	4478	11.78
16：00	18217	8000		7474	7849	2743	7.22
17：00	18217	8000		7474	5104	2743	7.22
18：00	16048	8000		7474	4528	574	1.51
19：00	16048	8000		7474	3952	574	1.51
20：00	14097	8000		5606	3459	491	1.29
21：00	13012	8000		3737	2182	1275	3.36
22：00	10844	8000		1869	1205	975	2.57
23：00	7157	7157	4724		5927		
合计	323353	185689	36808	100901		36765	96.74

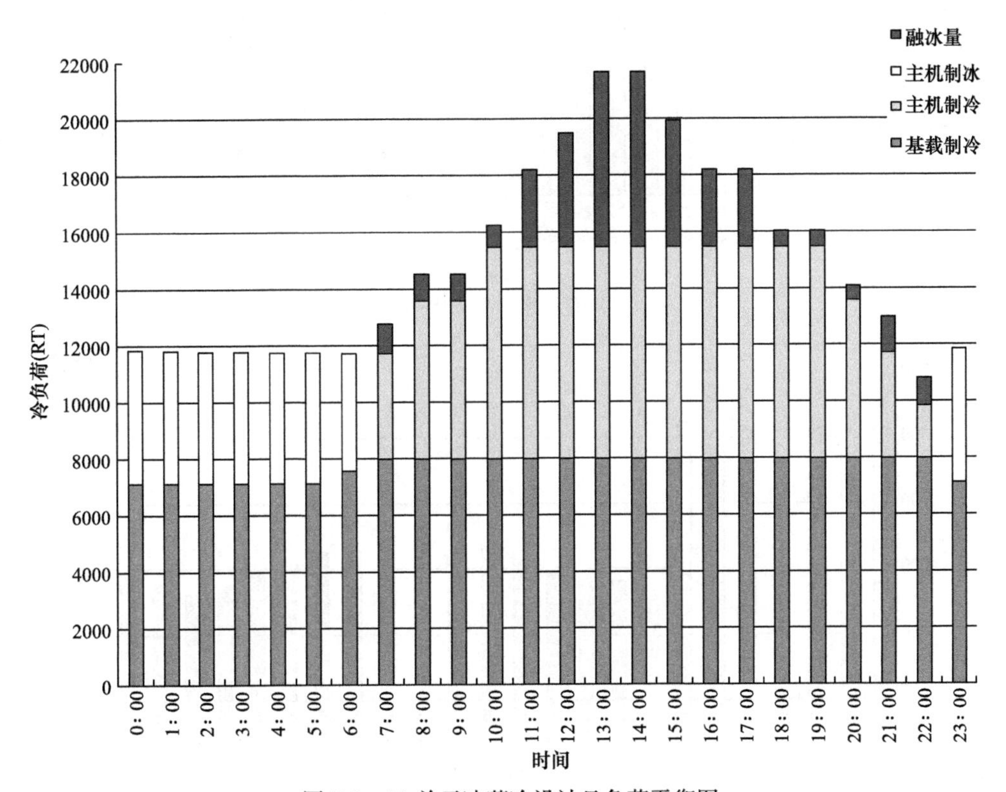

图 5-9 09 单元冰蓄冷设计日负荷平衡图

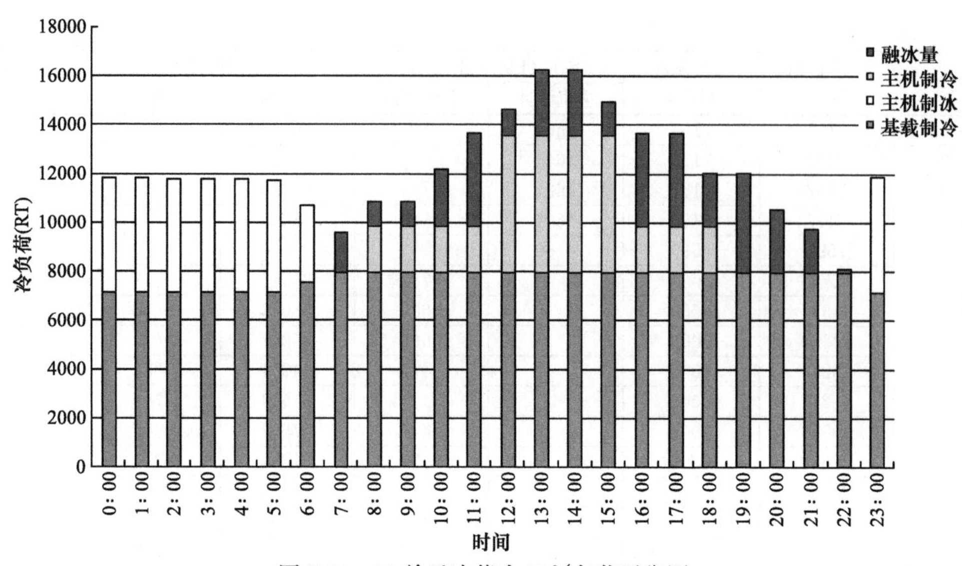

图 5-10 09 单元冰蓄冷 75%负荷平衡图

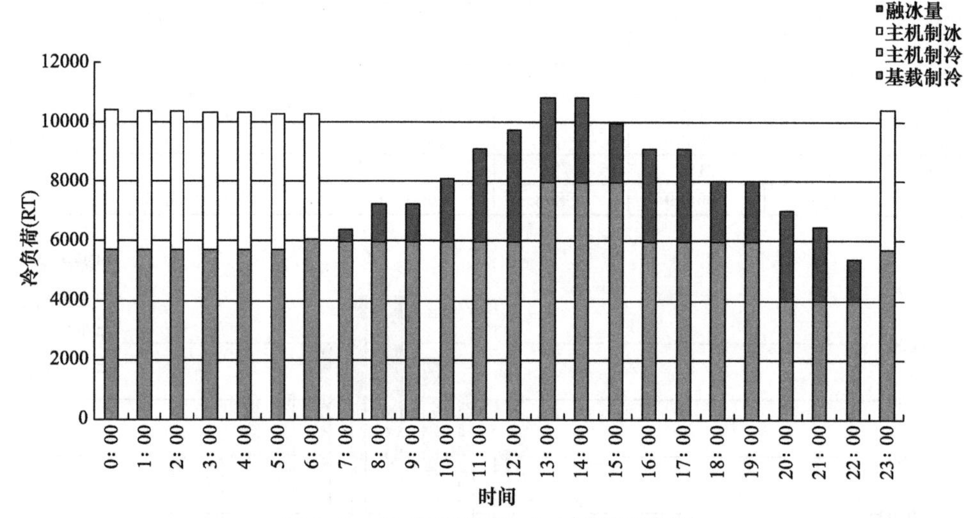

图 5-11 09 单元冰蓄冷 50%负荷平衡图

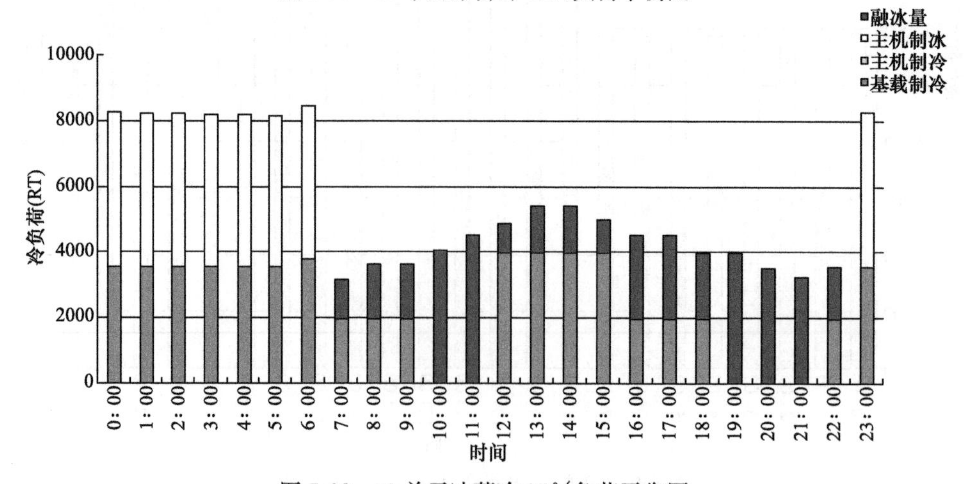

图 5-12 09 单元冰蓄冷 25%负荷平衡图

09 单元冰蓄冷机房平面布置见图 5-13。

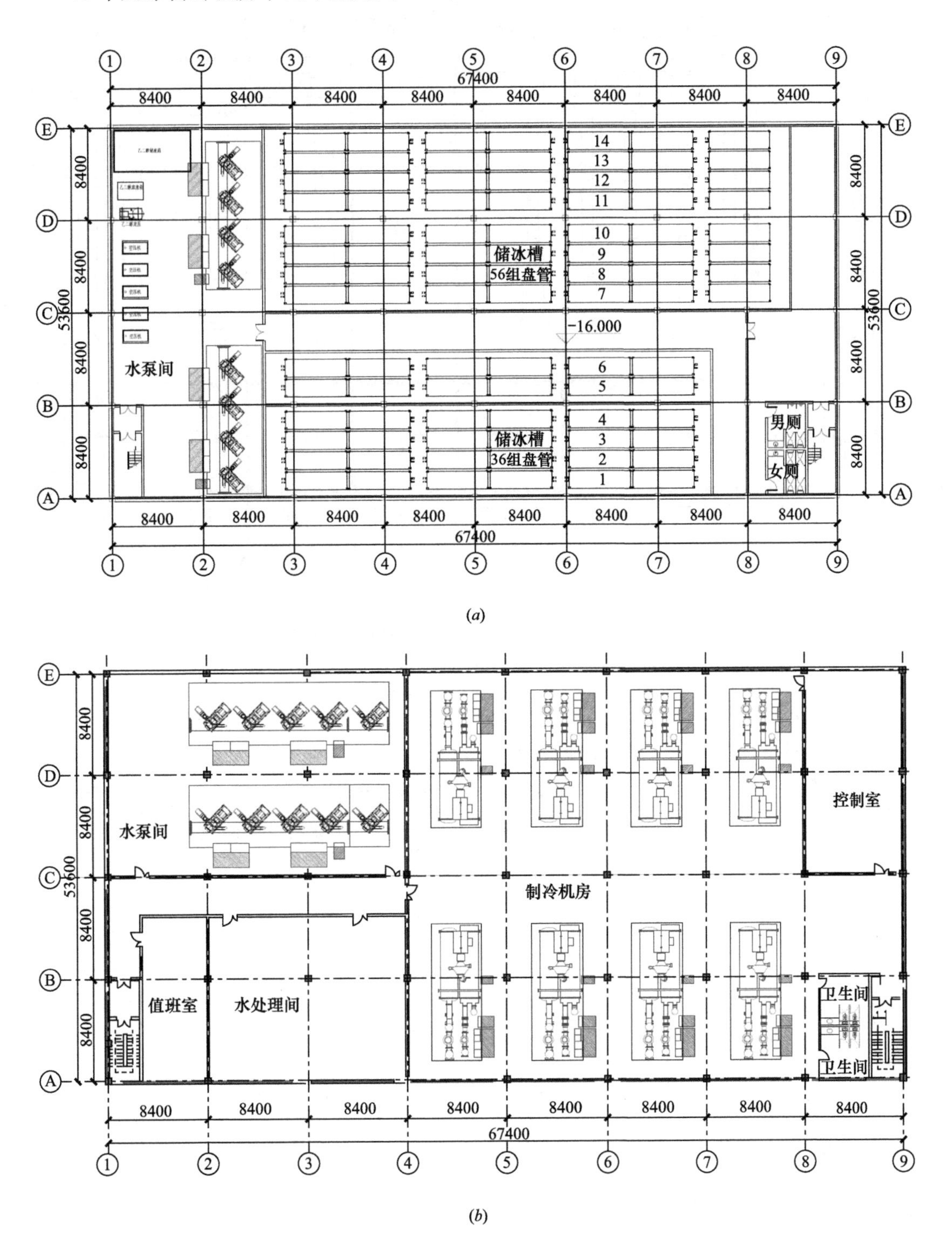

图 5-13 09 单元冰蓄冷机房平面布置图（一）

（a）地下一层平面布置图；（b）一层平面布置图

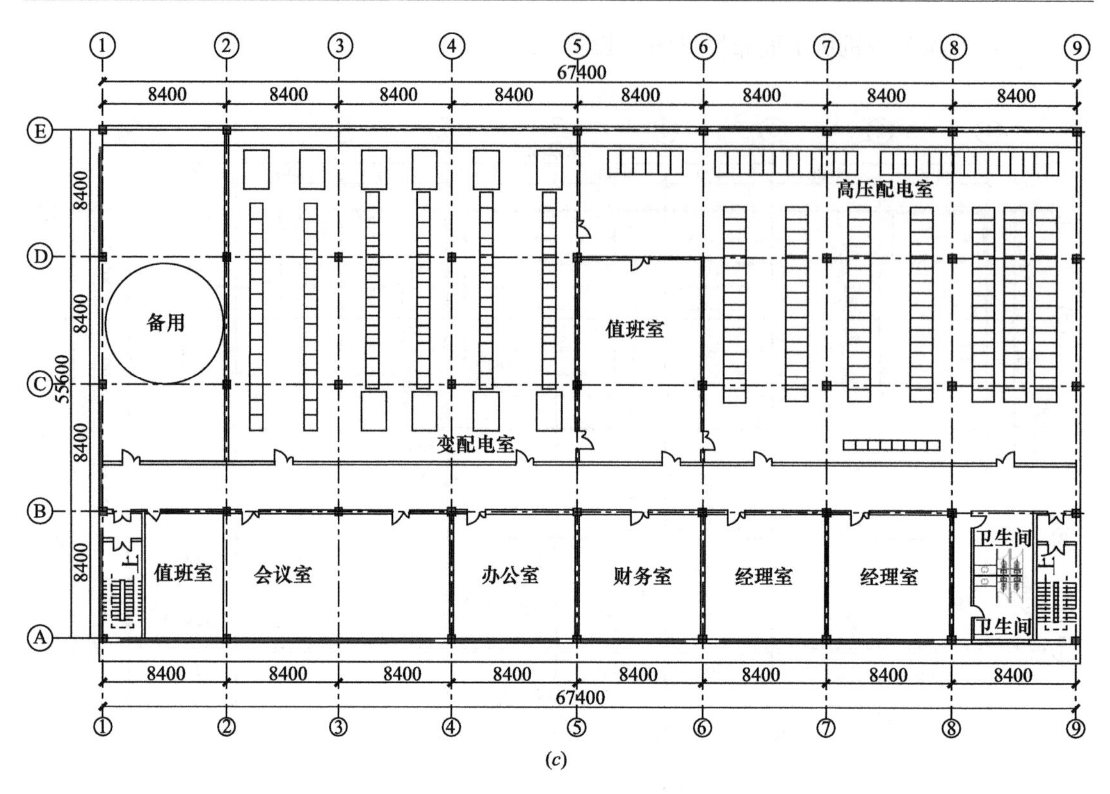

图 5-13　09 单元冰蓄冷机房平面布置图（二）
（c）二层平面布置图

（2）主要设备初投资

09 单元冰蓄冷系统主要设备投资见表 5-32。

09 单元冰蓄冷系统主要设备投资　　表 5-32

序号	设备名称	主要参数			数量（台）	电量（kW）	总电量（kW）	设备单价（万元/台）	设备费用（万元）	备注
		容量	单位	扬程（m）						
1	双工况主机	1869	RT		4	1359	5436	500	2000	
2	基载主机	2000	RT		4	1275	5100	400	1600	
3	乙二醇泵	848	m^3/h	25	4	75	300	22	88	
4	冷却泵	1432	m^3/h	30	4	160	640	40	160	
5	基载冷水泵	907	m^3/h	15	4	55	220	15	60	
6	基载冷却泵	1500	m^3/h	30	4	160	640	40	160	
7	冷却塔	1500	m^3/h		4	60	240	120	480	
8	基载冷却塔	1572	m^3/h		4	60	240	120	480	
9	蓄冰盘管	380	RT		100			13	1300	
10	制冷板换	6570	kW		4			90	360	
11	一级冷水泵	724	m^3/h	15	4	37	148	11	44	
12	二级冷水泵	852	m^3/h	50	7	145	1015	25	175	1.2℃/12.2℃
13	自控系统								1500	
14	变配电系统								1398	
15	合计						13979		9805	

09 单元冰蓄冷系统主要设备投资约为 9805 万元，总装机电负荷为 13979kW。

(3) 运行能耗与费用

每年制冷系统耗电量 38766MWh，管网循环水泵耗电量 2139MWh。年总耗电量 40905MWh。

每年制冷系统电费 2229 万元，其中辅机电费 724 万元；管网循环水泵电费 140 万元；另外，总装机电负荷为 13979kW，基础电费 553 万元；年总电费 2922 万元。

具体数据见表 5-33～表 5-36。

09 单元冰蓄冷方案设计日电费统计表 **表 5-33**

时间	总冷负荷 (RT)	基载制冷 (RT)	制冷机制冷量（RT）		蓄冰槽（RT）		基载耗电 (kWh)	蓄冰耗电 (kWh)	耗电小计 (kWh)	电费 (元)
			主机制冰	主机制冷	储冰量	融冰量				
0：00	7157	7157	4704		10629		5581.1	5124.2	10705.3	3125.9
1：00	7157	7157	4684		15311		5581.1	5124.2	10705.3	3125.9
2：00	7157	7157	4664		19973		5581.1	5124.2	10705.3	3125.9
3：00	7157	7157	4644		24616		5581.1	5124.2	10705.3	3125.9
4：00	7157	7157	4624		29238		5581.1	5124.2	10705.3	3125.9
5：00	7157	7157	4604		33840		5581.1	5124.2	10705.3	3125.9
6：00	7590	7590	4160	0	**38000**		5857.6	5124.2	10981.8	3206.7
7：00	12795	8000		3737	36940	1058	6118.7	3336.2	9454.8	6237.3
8：00	14530	8000		5606	36013	925	6118.7	5004.3	11122.9	7337.8
9：00	14530	8000		5606	35087	925	6118.7	5004.3	11122.9	7337.8
10：00	16265	8000		7474	34294	791	6118.7	6672.3	12791.0	13534.1
11：00	18217	8000		7474	31549	2743	6118.7	6672.3	12791.0	13534.1
12：00	19518	8000		7474	27503	4044	6118.7	6672.3	12791.0	8438.2
13：00	21687	8000		7474	21288	6213	6118.7	6672.3	12791.0	8438.2
14：00	21687	8000		7474	15073	6213	6118.7	6672.3	12791.0	8438.2
15：00	19952	8000		7474	10594	4478	6118.7	6672.3	12791.0	8438.2
16：00	18217	8000		7474	7849	2743	6118.7	6672.3	12791.0	13534.1
17：00	18217	8000		7474	5104	2743	6118.7	6672.3	12791.0	13534.1
18：00	16048	8000		7474	4528	574	6118.7	6672.3	12791.0	13534.1
19：00	16048	8000		7474	3952	574	6118.7	6672.3	12791.0	13534.1
20：00	14097	8000		5606	3459	491	6118.7	5004.3	11122.9	11769.1
21：00	13012	8000		3737	2182	1275	6118.7	3336.2	9454.8	10004.2
22：00	10844	8000		1869	1205	975	6118.7	1668.1	7786.7	5136.9
23：00	7157	7157	4724		5927		5581.1	5124.2	10705.3	3125.9
合计	323353	185689	36808	100901		36765	142824	131070	**273894**	**187869**
日移高峰电量＝		**10740**	kWh	日移平峰电量＝		18707	kWh	高峰电量＝	178520	kWh

每年耗电量＝**38766**MWh	每年运行电费＝**2229** 万元
年移高峰电量＝**4992**MWh	年移平峰电量＝**2447**MWh

注：全年（240d）供冷时间段分布

1. 设计日运行天数：10d；
2. 75%负荷运行天数：80d；
3. 50%负荷运行天数：90d；
4. 25%负荷运行天数：60d。

年峰电量＝19143MWh
全年总冷量＝4566 万 RTh
管网循环水泵电耗＝2139MWh
管网循环水泵电费＝140 万元

09 单元冰蓄冷方案 75%负荷电费统计表　　表 5-34

时间	总冷负荷(RT)	基载制冷(RT)	制冷机制冷量(RT)		蓄冰槽(RT)		基载耗电(kWh)	蓄冰耗电(kWh)	耗电小计(kWh)	电费(元)
			主机制冰	主机制冷	储冰量	融冰量				
0：00	7157	7157	4704		11645		5581.1	5124.2	10705.3	3125.9
1：00	7157	7157	4684		16327		5581.1	5124.2	10705.3	3125.9
2：00	7157	7157	4664		20989		5581.1	5124.2	10705.3	3125.9
3：00	7157	7157	4644		25631		5581.1	5124.2	10705.3	3125.9
4：00	7157	7157	4624		30253		5581.1	5124.2	10705.3	3125.9
5：00	7157	7157	4604		34856		5581.1	5124.2	10705.3	3125.9
6：00	7590	7590	3144	0	**38000**		5857.6	5124.2	10981.8	3206.7
7：00	9597	8000		0	36401	1597	6118.7	0.0	6118.7	4036.5
8：00	10898	8000		1869	35370	1029	6118.7	1668.1	7786.7	5136.9
9：00	10898	8000		1869	34339	1029	6118.7	1668.1	7786.7	5136.9
10：00	12199	8000		1869	32007	2330	6118.7	1668.1	7786.7	8239.2
11：00	13663	8000		1869	28210	3794	6118.7	1668.1	7786.7	8239.2
12：00	14639	8000		5606	27175	1033	6118.7	5004.3	11122.9	7337.8
13：00	16265	8000		5606	24514	2660	6118.7	5004.3	11122.9	7337.8
14：00	16265	8000		5606	21852	2660	6118.7	5004.3	11122.9	7337.8
15：00	14964	8000		5606	20492	1358	6118.7	5004.3	11122.9	7337.8
16：00	13663	8000		1869	16696	3794	6118.7	1668.1	7786.7	8239.2
17：00	13663	8000		1869	12899	3794	6118.7	1668.1	7786.7	8239.2
18：00	12036	8000		1869	10730	2168	6118.7	1668.1	7786.7	8239.2
19：00	12036	8000		0	6691	4036	6118.7	0.0	6118.7	6474.2
20：00	10572	8000		0	4117	2572	6118.7	0.0	6118.7	6474.2
21：00	9759	8000		0	2356	1759	6118.7	0.0	6118.7	6474.2
22：00	8133	8000		0	2221	133	6118.7	0.0	6118.7	4036.5
23：00	7157	7157	4724		6943		5581.1	5124.2	10705.3	3125.9
合计	256939	185689	35792	35507		35746	142824	72687	**215511**	**133405**
日移高峰电量＝		**21824**	kWh	日移平峰电量＝		**9419**	kWh	高峰电量＝	123473	kWh

09 单元冰蓄冷方案 50%负荷电费统计表　　表 5-35

时间	总冷负荷(RT)	基载制冷(RT)	制冷机制冷量(RT)		蓄冰槽(RT)		基载耗电(kWh)	蓄冰耗电(kWh)	耗电小计(kWh)	电费(元)
			主机制冰	主机制冷	储冰量	融冰量				
0：00	5725	5725	4704		10559		4413.9	5124.2	9538.1	2785.1
1：00	5725	5725	4684		15241		4413.9	5124.2	9538.1	2785.1
2：00	5725	5725	4664		19903		4413.9	5124.2	9538.1	2785.1
3：00	5725	5725	4644		24545		4413.9	5124.2	9538.1	2785.1
4：00	5725	5725	4624		29167		4413.9	5124.2	9538.1	2785.1
5：00	5725	5725	4604		33769		4413.9	5124.2	9538.1	2785.1
6：00	6072	6072	4231	0	**38000**		4635.1	5124.2	9759.3	2849.7
7：00	6398	6000		0	37600	398	4589.0	0.0	4589.0	3027.4
8：00	7265	6000		0	36333	1265	4589.0	0.0	4589.0	3027.4
9：00	7265	6000		0	35066	1265	4589.0	0.0	4589.0	3027.4
10：00	8133	6000		0	32931	2133	4589.0	0.0	4589.0	4855.6

续表

时间	总冷负荷(RT)	基载制冷(RT)	制冷机制冷量（RT）		蓄冰槽（RT）		基载耗电(kWh)	蓄冰耗电(kWh)	耗电小计(kWh)	电费(元)
			主机制冰	主机制冷	储冰量	融冰量				
11：00	9109	6000		0	29821	3109	4589.0	0.0	4589.0	4855.6
12：00	9759	6000		0	26059	3759	4589.0	0.0	4589.0	3027.4
13：00	10844	8000		0	23214	2844	6118.7	0.0	6118.7	4036.5
14：00	10844	8000		0	20368	2844	6118.7	0.0	6118.7	4036.5
15：00	9976	8000		0	18390	1976	6118.7	0.0	6118.7	4036.5
16：00	9109	6000		0	15280	3109	4589.0	0.0	4589.0	4855.6
17：00	9109	6000		0	12169	3109	4589.0	0.0	4589.0	4855.6
18：00	8024	6000		0	10143	2024	4589.0	0.0	4589.0	4855.6
19：00	8024	6000		0	8117	2024	4589.0	0.0	4589.0	4855.6
20：00	7048	4000		0	5066	3048	3059.3	0.0	3059.3	3237.1
21：00	6506	4000	0	0	2558	2506	3059.3	0.0	3059.3	3237.1
22：00	5422	4000		0	1134	1422	3059.3	0.0	3059.3	2018.2
23：00	5725	5725	4724		5856		4413.9	5124.2	9538.1	2785.1
合计	178982	142147	36879	0		36835	108956	40994	**149950**	**84191**
日移高峰电量＝		**18955**	kWh	日移平峰电量＝		**10812**	kWh	高峰电量＝	68835	kWh

09 单元冰蓄冷方案 25%负荷电费统计表 **表 5-36**

时间	总冷负荷(RT)	基载制冷(RT)	制冷机制冷量（RT）		蓄冰槽（RT）		基载耗电(kWh)	蓄冰耗电(kWh)	耗电小计(kWh)	电费(元)
			主机制冰	主机制冷	储冰量	融冰量				
0：00	3578	3578	4704		10108		2790.5	5124.2	7914.7	2311.1
1：00	3578	3578	4684		14790		3045.2	5124.2	8169.4	2385.5
2：00	3578	3578	4664		19452		3045.2	5124.2	8169.4	2385.5
3：00	3578	3578	4644		24094		3045.2	5124.2	8169.4	2385.5
4：00	3578	3578	4624		28716		3045.2	5124.2	8169.4	2385.5
5：00	3578	3578	4604		33318		3045.2	5124.2	8169.4	2385.5
6：00	3795	3795	4682	0	**38000**		3183.5	5124.2	8307.6	2425.8
7：00	3199	2000		0	36799	1199	1529.7	0.0	1529.7	1009.1
8：00	3633	2000		0	35165	1633	1529.7	0.0	1529.7	1009.1
9：00	3633	2000		0	33530	1633	1529.7	0.0	1529.7	1009.1
10：00	4066	0		0	29462	4066	0.0	0.0	0.0	0.0
11：00	4554	0		0	24905	4554	0.0	0.0	0.0	0.0
12：00	4880	4000		0	24024	880	3059.3	0.0	3059.3	2018.2
13：00	5422	4000		0	22600	1422	3059.3	0.0	3059.3	2018.2
14：00	5422	4000		0	21176	1422	3059.3	0.0	3059.3	2018.2
15：00	4988	4000		0	20186	988	3059.3	0.0	3059.3	2018.2
16：00	4554	2000		0	17630	2554	1529.7	0.0	1529.7	1618.5
17：00	4554	2000		0	15074	2554	1529.7	0.0	1529.7	1618.5
18：00	4012	2000		0	13059	2012	1529.7	0.0	1529.7	1618.5
19：00	4012	0		0	9045	4012	0.0	0.0	0.0	0.0
20：00	3524	0		0	5519	3524	0.0	0.0	0.0	0.0
21：00	3253	0		0	2264	3253	0.0	0.0	0.0	0.0
22：00	3578	2000		0	684	1578	1529.7	0.0	1529.7	1009.1
23：00	3578	3578	4724		5406		3045.2	5124.2	8169.4	2385.5
合计	96125	58841	37330	0		37284	47190	40994	**88184**	**36015**
日移高峰电量＝		**23878**	kWh	日移平峰电量＝		**8887**	kWh	高峰电量＝	21415	kWh

4. 区域水蓄冷

(1) 系统设计

本工程采用主机上游串联系统的供冷方式。

1) 选用4台双工况冷水机组，单台制冷量7032kW (2000RT)，白天供冷夜间蓄冷。

2) 选用4台基载冷水机组，单台制冷量7032kW (2000RT)，全天供应冷水。

3) 采用立式水罐蓄冷装置，总储冷量66000RTh。

4) 冷水泵、冷却泵、冷却塔各4台，与双工况主机匹配设置。基载冷水泵、基载冷却泵、基载冷却塔各4台，与基载主机匹配设置。

5) 冷水采用二级泵系统，蓄冷冷水直供方式。白天冷水温度为4℃/12℃，夜间冷水温度为5℃/12℃，冷却水温度为32℃/37℃。

09单元水蓄冷负荷平衡见表5-37和图5-14～图5-17。

09单元水蓄冷设计日负荷平衡表 **表5-37**

时间	总冷负荷(RT)	基载制冷(RT)	制冷机制冷量(RT)		蓄冰水槽(RT)		取冷率(%)
			主机蓄冷	主机制冷	储冷量	释冷量	
0：00	7157	7157	7700		21716		
1：00	7157	7157	7680		29393		
2：00	7157	7157	7660		37051		
3：00	7157	7157	7640		44688		
4：00	7157	7157	7620		52306		
5：00	7157	7157	7600		59903		
6：00	7157	7157	6097		**66000**		
7：00	12795	8000		4000	65203	795	1.21
8：00	14530	8000		4000	62670	2530	3.83
9：00	14530	8000		4000	60138	2530	3.83
10：00	16265	8000		4000	55870	4265	6.46
11：00	18217	8000		6000	51651	4217	6.39
12：00	19518	8000		8000	48131	3518	5.33
13：00	21687	8000		8000	42442	5687	8.62
14：00	**21687**	8000		8000	36753	5687	8.62
15：00	19952	8000		8000	32798	3952	5.99
16：00	18217	8000		6000	28579	4217	6.39
17：00	18217	8000		4000	22360	6217	9.42
18：00	16048	8000		4000	18310	4048	6.13
19：00	16048	8000		4000	14259	4048	6.13
20：00	14097	8000		2000	10161	4097	6.21
21：00	13012	8000		2000	7146	3012	4.56
22：00	10844	8000		2000	6301	844	1.28
23：00	7157	7157	7720		14018		
合计	322920	185256	59717	78000		59664	90.40

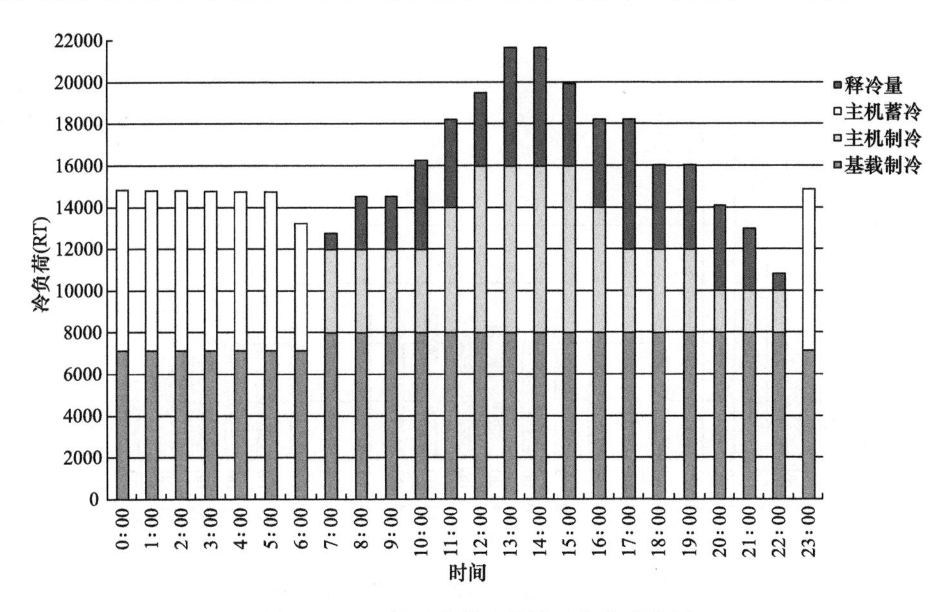

图 5-14 09 单元水蓄冷设计日负荷平衡图

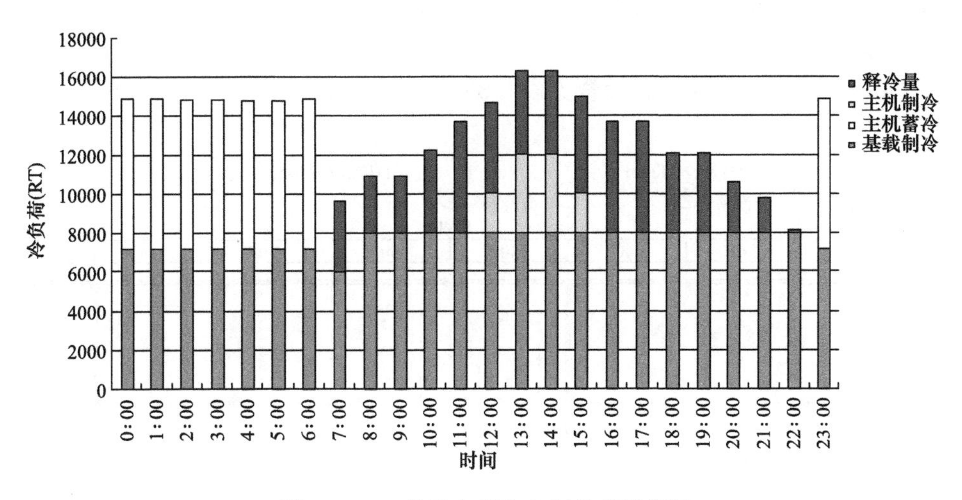

图 5-15 09 单元水蓄冷 75％负荷平衡图

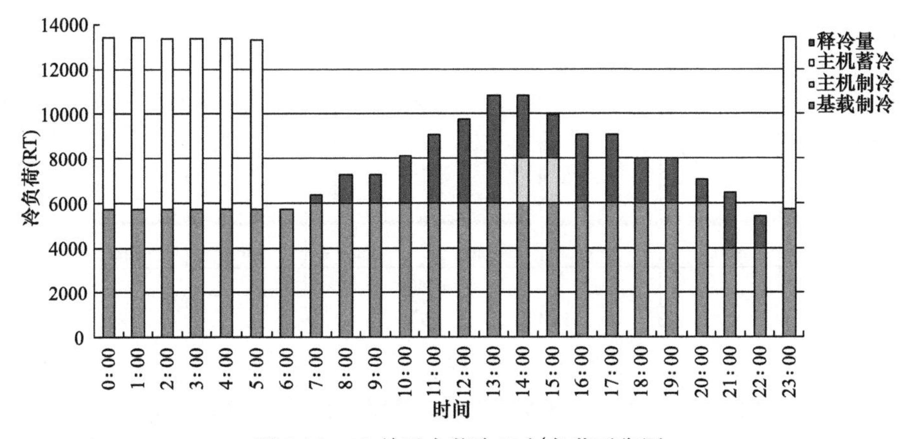

图 5-16 09 单元水蓄冷 50％负荷平衡图

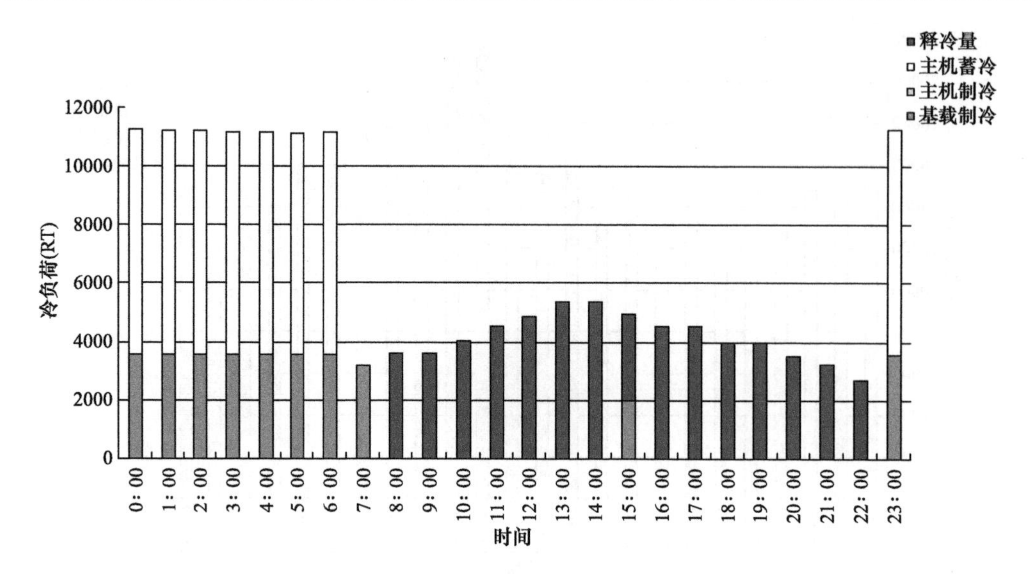

图 5-17 09 单元水蓄冷 25%负荷平衡图

09 单元水蓄冷机房平面布置见图 5-18。

(2) 主要设备初投资

09 单元水蓄冷系统主要设备投资见表 5-38。

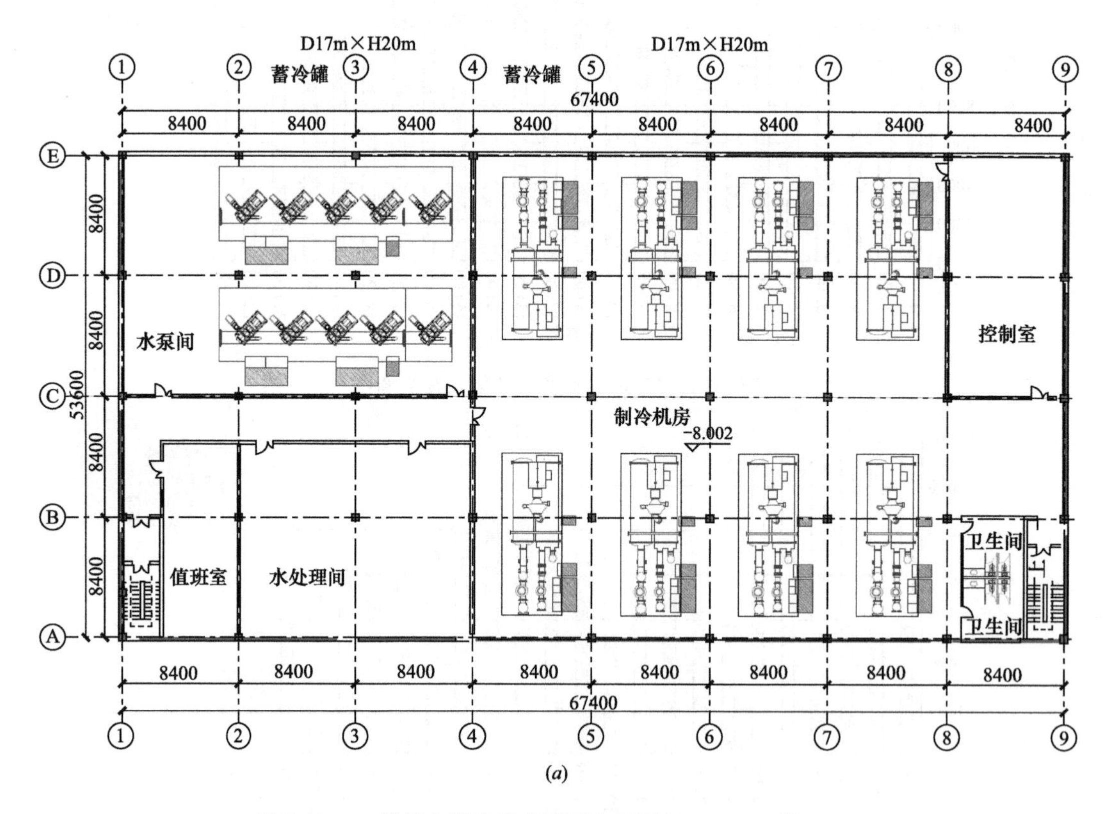

图 5-18 09 单元水蓄冷机房平面布置图（2308.57m²）（一）

(a) 一层平面布置图

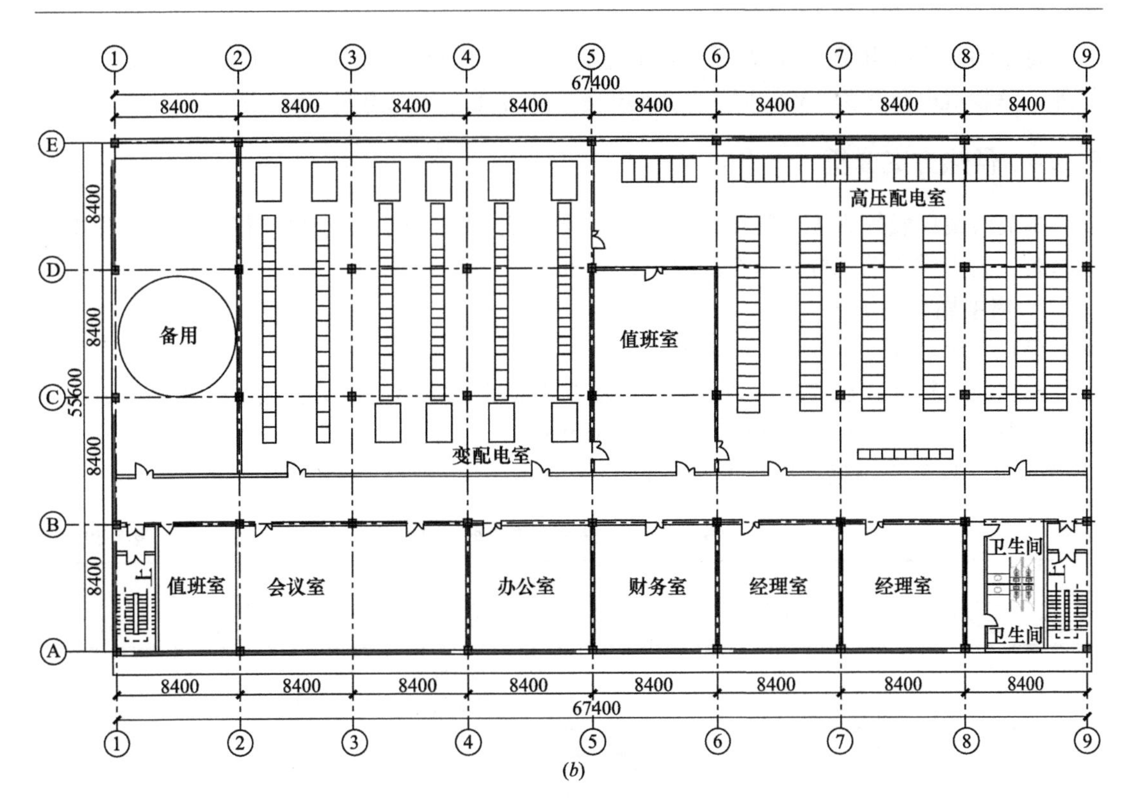

图 5-18 09 单元水蓄冷机房平面布置图（2308.57m²）（二）

(b) 二层平面布置图

09 单元水蓄冷系统主要设备投资 表 5-38

序号	设备名称	参数	单位	数量（台）	电量（kW）	总电量（kW）	设备单价（万元/台）	设备费用（万元）	备注
1	双工况主机	2000	RT	4	1275	5100	400	1600	
2	基载主机	2000	RT	4	1275	5100	400	1600	
3	一级冷水泵	794	m^3/h	4	45	180	30	120	
4	冷却泵	1500	m^3/h	4	160	640	35	140	
5	基载冷水泵	907	m^3/h	4	55	220	10	40	
6	基载冷却泵	1500	m^3/h	4	160	640	30	120	
7	冷却塔	1500	m^3/h	4	60	240	120	480	
8	基载冷却塔	1500	m^3/h	4	60	240	120	480	
9	蓄冷水罐	4500	m^3	2			650	1300	D17m/H20m
10	二级冷水泵	937	m^3/h	10	160	1600	30	300	8℃/19℃
11	自控系统							1200	
12	变配电系统							1396	
13	合计					13960		8776	

09 单元水蓄冷系统主要设备投资约为 8776 万元，总装机电负荷为 13960kW。

(3) 运行能耗与费用

每年制冷系统耗电量 37404MWh，管网循环水泵耗电量 2660MWh。年总耗电量 40064MWh。

每年制冷系统电费2018万元，其中辅机电费342万元；管网循环水泵电费196万元；另外，总装机电负荷为13960kW，基础电费553万元；年总电费2767万元。

5.2.4 供热方案分析

本节对集中燃气锅炉、区域水源热泵两种方案进行分析。基于目前仅有控制性详细规划材料，集中供热系统按照每个地块进行分析。

1. 集中燃气锅炉

(1) 系统设计

根据建筑物估算热负荷，为不同地块配置相应的真空燃气锅炉、热水循环泵等。锅炉供回水温度为60℃/50℃，热水循环泵变频控制。

09单元燃气锅炉系统配置见表5-39。

09单元燃气锅炉系统主要设备 **表5-39**

1. ××09-01-03地块						
序号	系统编号	设备名称	主要性能	单位	数量	备注
1	GL-01～GL-03	全自动真空燃气锅炉	制热量：930kW 热水：60℃/50℃ 额定效率：>90% 电机：功率2.2kW，380V/50Hz 工作压力：1.0MPa 燃气耗量：103m³/h	台	3	
2	B-01～B-04	热水循环泵	Q=88m³/h，H=25m，N=9kW，n=1450r/min，工作压力1.0MPa	台	4	3用1备

2. ××09-01-04地块						
序号	系统编号	设备名称	主要性能	单位	数量	备注
1	GL-01、GL-02	全自动真空燃气锅炉	制热量：410kW 热水：60℃/50℃ 额定效率：>90% 电机：功率1.5kW，380V/50Hz 工作压力：1.0MPa 燃气耗量：46m³/h	台	2	
2	B-01～B-03	热水循环泵	Q=39m³/h，H=25m，N=9kW，n=1450r/min，工作压力1.0MPa	台	3	2用1备

3. ××09-01-07地块						
序号	系统编号	设备名称	主要性能	单位	数量	备注
1	GL-01～GL-04	全自动真空燃气锅炉	制热量：2800kW 热水：60℃/50℃ 额定效率：>90% 电机：功率15kW，380V/50Hz 工作压力：1.0MPa 燃气耗量：311m³/h	台	4	
2	B-01～B-05	热水循环泵	Q=265m³/h，H=25m，N=30kW，n=1450r/min，工作压力1.0MPa	台	5	4用1备

续表

4. ××09-01-09 地块						
序号	系统编号	设备名称	主要性能	单位	数量	备注
1	GL-01～GL-04	全自动真空燃气锅炉	制热量：2800kW 热水：60℃/50℃ 额定效率：>90% 电机：功率15kW，380V/50Hz 工作压力：1.0MPa 燃气耗量：311m³/h	台	4	
2	B-01～B-05	热水循环泵	Q=265m³/h，H=25m，N=30kW，n=1450r/min，工作压力1.0MPa	台	5	4用1备

5. ××09-02-03 地块						
序号	系统编号	设备名称	主要性能	单位	数量	备注
1	GL-01～GL-04	全自动真空燃气锅炉	制热量：2800kW 热水：60℃/50℃ 额定效率：>90% 电机：功率15kW，380V/50Hz 工作压力：1.0MPa 燃气耗量：311m³/h	台	4	
2	B-01～B-05	热水循环泵	Q=265m³/h，H=25m，N=30kW，n=1450r/min，工作压力1.0MPa	台	5	4用1备

6. ××09-02-10 地块						
序号	系统编号	设备名称	主要性能	单位	数量	备注
1	GL-01～GL-04	全自动真空燃气锅炉	制热量：2300kW 热水：60℃/50℃ 额定效率：>90% 电机：功率11kW，380V/50Hz 工作压力：1.0MPa 燃气耗量：256m³/h	台	4	
2	B-01～B-05	热水循环泵	Q=218m³/h，H=25m，N=22kW，n=1450r/min，工作压力1.0MPa	台	5	4用1备

7. ××09-02-06 地块						
序号	系统编号	设备名称	主要性能	单位	数量	备注
1	GL-01、GL-02	全自动真空燃气锅炉	制热量：1510kW 热水：60℃/50℃ 额定效率：>90% 电机：功率5.5kW，380V/50Hz 工作压力：1.0MPa 燃气耗量：168m³/h	台	2	
2	B-01～B-03	热水循环泵	Q=143m³/h，H=25m，N=15kW，n=1450r/min，工作压力1.0MPa	台	3	2用1备

8. ××09-02-12 地块						
序号	系统编号	设备名称	主要性能	单位	数量	备注
1	GL-01、GL-02	全自动真空燃气锅炉	制热量：580kW 热水：60℃/50℃ 额定效率：>90% 电机：功率2.2kW，380V/50Hz 工作压力：1.0MPa 燃气耗量：64m³/h	台	2	

续表

8. ××09-02-12 地块						
序号	系统编号	设备名称	主要性能	单位	数量	备注
2	B-01～B-03	热水循环泵	Q=55m³/h，H=25m，N=5.5kW，n=1450r/min，工作压力 1.0MPa	台	3	2 用 1 备

9. ××09-03-03 地块						
序号	系统编号	设备名称	主要性能	单位	数量	备注
1	GL-01、GL-02	全自动真空燃气锅炉	制热量：1160kW 热水：60℃/50℃ 额定效率：>90% 电机：功率 3.7kW，380V/50Hz 工作压力：1.0MPa 燃气耗量：129m³/h	台	2	
2	B-01～B-03	热水循环泵	Q=110m³/h，H=25m，N=11kW，n=1450r/min，工作压力 1.0MPa	台	3	2 用 1 备

10. ××09-03-08 地块						
序号	系统编号	设备名称	主要性能	单位	数量	备注
1	GL-01、GL-02	全自动真空燃气锅炉	制热量：1160kW 热水：60℃/50℃ 额定效率：>90% 电机：功率 3.7kW，380V/50Hz 工作压力：1.0MPa 燃气耗量：129m³/h	台	2	
2	B-01～B-03	热水循环泵	Q=110m³/h，H=25m，N=11kW，n=1450r/min，工作压力 1.0MPa	台	3	2 用 1 备

11. ××09-03-06 地块						
序号	系统编号	设备名称	主要性能	单位	数量	备注
1	GL-01～GL-03	全自动真空燃气锅炉	制热量：1160kW 热水：60℃/50℃ 额定效率：>90% 电机：功率 3.7kW，380V/50Hz 工作压力：1.0MPa 燃气耗量：129m³/h	台	3	
2	B-01～B-04	热水循环泵	Q=110m³/h，H=25m，N=11kW，n=1450r/min，工作压力 1.0MPa	台	4	3 用 1 备

12. ××09-03-10 地块						
序号	系统编号	设备名称	主要性能	单位	数量	备注
1	GL-01～GL-03	全自动真空燃气锅炉	制热量：1160kW 热水：60℃/50℃ 额定效率：>90% 电机：功率 3.7kW，380V/50Hz 工作压力：1.0MPa 燃气耗量：129m³/h	台	3	
2	B-01～B-04	热水循环泵	Q=110m³/h，H=25m，N=11kW，n=1450r/min，工作压力 1.0MPa	台	4	3 用 1 备

续表

13. ××09-04-06 地块						
序号	系统编号	设备名称	主要性能	单位	数量	备注
1	GL-01、GL-02	全自动真空燃气锅炉	制热量：930kW 热水：60℃/50℃ 额定效率：>90% 电机：功率 2.2kW，380V/50Hz 工作压力：1.0MPa 燃气耗量：$103m^3/h$	台	2	
2	B-01～B-03	热水循环泵	$Q=88m^3/h$，$H=25m$，$N=9kW$，$n=1450r/min$，工作压力 1.0MPa	台	3	2用1备
14. ××09-04-09 地块						
序号	系统编号	设备名称	主要性能	单位	数量	备注
1	GL-01～GL-04	全自动真空燃气锅炉	制热量：2300kW 热水：60℃/50℃ 额定效率：>90% 电机：功率 11kW，380V/50Hz 工作压力：1.0MPa 燃气耗量：$256m^3/h$	台	4	
2	B-01～B-05	热水循环泵	$Q=218m^3/h$，$H=25m$，$N=22kW$，$n=1450r/min$，工作压力 1.0MPa	台	5	4用1备
15. ××09-04-11 地块						
序号	系统编号	设备名称	主要性能	单位	数量	备注
1	GL-01、GL-02	全自动真空燃气锅炉	制热量：930kW 热水：60℃/50℃ 额定效率：>90% 电机：功率 2.2kW，380V/50Hz 工作压力：1.0MPa 燃气耗量：$103m^3/h$	台	2	
2	B-01～B-03	热水循环泵	$Q=88m^3/h$，$H=25m$，$N=9kW$，$n=1450r/min$，工作压力 1.0MPa	台	3	2用1备

(2) 主要设备初投资

09 单元燃气锅炉系统主要设备投资见表 5-40。

09 单元燃气锅炉系统主要设备投资　　表 5-40

1. ××09-01-03 地块									
序号	设备名称	参数	单位	数量（台）	电量（kW）	总电量（kW）	设备单价（万元/台）	设备费用（万元）	备注
1	全自动真空燃气锅炉	930	kW	3	2.2	6.6	46.5	139.5	用气量 $309m^3/h$
2	热水循环泵	88	m^3/h	4	9	27	1.8	7.2	3用1备
3	自控系统							5	
4	变配电系统							4	
5	合计					33.6		155.7	

续表

2. ××09-01-04 地块

序号	设备名称	参数	单位	数量（台）	电量（kW）	总电量（kW）	设备单价（万元/台）	设备费用（万元）	备注
1	全自动真空燃气锅炉	410	kW	2	1.5	3	20.5	41	用气量 92m³/h
2	热水循环泵	39	m³/h	3	9	18	0.8	2.4	2 用 1 备
3	自控系统							1	
4	变配电系统							2	
5	合计					21		46.4	

3. ××09-01-07 地块

序号	设备名称	参数	单位	数量（台）	电量（kW）	总电量（kW）	设备单价（万元/台）	设备费用（万元）	备注
1	全自动真空燃气锅炉	2800	kW	4	15	60	140	560	用气量 1244m³/h
2	热水循环泵	265	m³/h	5	30	120	5.3	26.5	4 用 1 备
3	自控系统							18	
4	变配电系统							19	
5	合计					180		623.5	

4. ××09-01-09 地块

序号	设备名称	参数	单位	数量（台）	电量（kW）	总电量（kW）	设备单价（万元/台）	设备费用（万元）	备注
1	全自动真空燃气锅炉	2800	kW	4	15	60	140	560	用气量 1244m³/h
2	热水循环泵	265	m³/h	5	30	120	5.3	26.5	4 用 1 备
3	自控系统							18	
4	变配电系统							19	
5	合计					180		623.5	

5. ××09-02-03 地块

序号	设备名称	参数	单位	数量（台）	电量（kW）	总电量（kW）	设备单价（万元/台）	设备费用（万元）	备注
1	全自动真空燃气锅炉	2800	kW	4	15	60	140	560	用气量 1244m³/h
2	热水循环泵	265	m³/h	5	30	120	5.3	26.5	4 用 1 备
3	自控系统							18	
4	变配电系统							19	
5	合计					180		623.5	

6. ××09-02-10 地块

序号	设备名称	参数	单位	数量（台）	电量（kW）	总电量（kW）	设备单价（万元/台）	设备费用（万元）	备注
1	全自动真空燃气锅炉	2300	kW	4	11	44	115	460	用气量 1024m³/h
2	热水循环泵	218	m³/h	5	22	88	4.4	22	4 用 1 备
3	自控系统							15	
4	变配电系统							14	
5	合计					132		511	

续表

7. ××09-02-06 地块

序号	设备名称	参数	单位	数量（台）	电量（kW）	总电量（kW）	设备单价（万元/台）	设备费用（万元）	备注
1	全自动真空燃气锅炉	1510	kW	2	5.5	11	75.5	151	用气量 336m³/h
2	热水循环泵	143	m³/h	3	15	30	2.9	8.7	2用1备
3	自控系统							5	
4	变配电系统							4	
5	合计					41		168.7	

8. ××09-02-12 地块

序号	设备名称	参数	单位	数量（台）	电量（kW）	总电量（kW）	设备单价（万元/台）	设备费用（万元）	备注
1	全自动真空燃气锅炉	580	kW	2	2.2	4.4	29	58	用气量 128m³/h
2	热水循环泵	55	m³/h	3	5.5	11	1.1	3.3	2用1备
3	自控系统							2	
4	变配电系统							2	
5	合计					15.4		65.3	

9. ××09-03-03 地块

序号	设备名称	参数	单位	数量（台）	电量（kW）	总电量（kW）	设备单价（万元/台）	设备费用（万元）	备注
1	全自动真空燃气锅炉	1160	kW	2	3.7	7.4	58	116	用气量 258m³/h
2	热水循环泵	110	m³/h	3	11	22	2.2	6.6	2用1备
3	自控系统							4	
4	变配电系统							3	
	合计					29.4		129.6	

10. ××09-03-08 地块

序号	设备名称	参数	单位	数量（台）	电量（kW）	总电量（kW）	设备单价（万元/台）	设备费用（万元）	备注
1	全自动真空燃气锅炉	1160	kW	2	3.7	7.4	58	116	用气量 258m³/h
2	热水循环泵	110	m³/h	3	11	22	2.2	6.6	2用1备
3	自控系统							4	
4	变配电系统							3	
5	合计					29.4		129.6	

11. ××09-03-06 地块

序号	设备名称	参数	单位	数量（台）	电量（kW）	总电量（kW）	设备单价（万元/台）	设备费用（万元）	备注
1	全自动真空燃气锅炉	1160	kW	3	3.7	11.1	58	174	用气量 387m³/h
2	热水循环泵	110	m³/h	4	11	33	2.2	8.8	3用1备
3	自控系统							6	
4	变配电系统							5	
5	合计					44.1		193.8	

续表

12. ××09-03-10 地块

序号	设备名称	参数	单位	数量（台）	电量（kW）	总电量（kW）	设备单价（万元/台）	设备费用（万元）	备注
1	全自动真空燃气锅炉	1160	kW	3	3.7	11.1	58	174	用气量 387m³/h
2	热水循环泵	110	m³/h	4	11	33	2.2	8.8	3用1备
3	自控系统							6	
4	变配电系统							5	
5	合计					44.1		193.8	

13. ××09-04-06 地块

序号	设备名称	参数	单位	数量（台）	电量（kW）	总电量（kW）	设备单价（万元/台）	设备费用（万元）	备注
1	全自动真空燃气锅炉	930	kW	2	2.2	4.4	46.5	93	用气量 206m³/h
2	热水循环泵	88	m³/h	3	9	18	1.8	5.4	2用1备
3	自控系统							3	
4	变配电系统							2	
5	合计					22.4		103.4	

14. ××09-04-09 地块

序号	设备名称	参数	单位	数量（台）	电量（kW）	总电量（kW）	设备单价（万元/台）	设备费用（万元）	备注
1	全自动真空燃气锅炉	2300	kW	4	11	44	115	460	用气量 1024m³/h
2	热水循环泵	218	m³/h	5	22	88	4.4	22	4用1备
3	自控系统							15	
4	变配电系统							14	
5	合计					132		511	

15. ××09-04-11 地块

序号	设备名称	参数	单位	数量（台）	电量（kW）	总电量（kW）	设备单价（万元/台）	设备费用（万元）	备注
1	全自动真空燃气锅炉	930	kW	2	2.2	4.4	46.5	93	用气量 206m³/h
2	热水循环泵	88	m³/h	3	9	18	1.8	5.4	2用1备
3	自控系统							3	
4	变配电系统							2	
5	合计					22.4		103.4	

09单元燃气锅炉系统投资汇总见表5-41，系统主要设备投资约为4182.2万元，总装机电负荷为1106.8kW，总机房面积为5150m²，设计燃气用气量8347m³/h。

燃气锅炉系统投资汇总表　　表5-41

序号	地块编号	设备费用（万元）	总电量（kW）	机房面积（m²）	用气量（m³/h）
1	XX09-01-03	155.7	33.6	350	309
2	XX09-01-04	46.4	21	300	92
3	XX09-01-07	623.5	180	400	1244
4	XX09-01-09	623.5	180	400	1244

续表

序号	地块编号	设备费用（万元）	总电量（kW）	机房面积（m^2）	用气量（m^3/h）
5	XX09-02-03	623.5	180	400	1244
6	XX09-02-10	511	132	400	1024
7	XX09-02-06	168.7	41	300	336
8	XX09-02-12	65.3	15.4	300	128
9	XX09-03-03	129.6	29.4	300	258
10	XX09-03-08	129.6	29.4	300	258
11	XX09-03-06	193.8	44.1	350	387
12	XX09-03-10	193.8	44.1	350	387
13	XX09-04-06	103.4	22.4	300	206
14	XX09-04-09	511	132	400	1024
15	XX09-04-11	103.4	22.4	300	206
16	合计	4182.2	1106.8	5150	8347

（3）运行能耗与费用

供暖系统耗热量采用度日数法计算，生活热水耗热量采用热平衡法计算天然气消耗量。燃气价格为3.96元/m^3，供暖天数为60d/年，计算结果汇总见表5-42。

09单元燃气锅炉系统运行能耗与费用　　表5-42

序号	地块编号	年总用气量（万m^3）	年总用气费用（万元）	年用电量（MWh）	年总运行电费（万元）	年总运行费用（万元）
1	XX09-01-03	55	216.3	219	17.5	233.8
2	XX09-01-04	15	61.0	137	11.2	72.2
3	XX09-01-07	248	981.9	1172	93.3	1075.2
4	XX09-01-09	215	851.6	1172	93.3	944.9
5	XX09-02-03	205	811.6	1172	93.3	904.9
6	XX09-02-10	168	664.1	860	68.6	732.7
7	XX09-02-06	61	243.3	267	21.4	264.7
8	XX09-02-12	6	23.7	100	8.1	31.8
9	XX09-03-03	40	157.5	192	15.5	173.0
10	XX09-03-08	44	173.2	192	15.5	188.7
11	XX09-03-06	60	237.6	287	22.9	260.5
12	XX09-03-10	63	247.6	287	22.9	270.5
13	XX09-04-06	31	124.7	146	11.8	136.5
14	XX09-04-09	189	750.0	860	68.2	818.2
15	XX09-04-11	0	0	146	11.8	11.8
16	合计	1400	5544	7209	575	6119

2. 区域水源热泵

（1）系统设计

冬季空调热负荷由区域蓄冷系统基载工况热泵运行来负担，运行温度为45℃/37℃。不需要额外增加设备初投资。

生活热水系统由冷凝热回收系统和水源热泵系统提供热源。首先采用供回水温为32℃/37℃的冷却水进行预热，冷水温度为15℃，预热后温度为35℃。再由热泵机组利用夜间谷电加热到 60℃，并储存在热水蓄热罐中，由蓄热罐进行生活热水供应。

1）选用 9 台热泵机组，单台制热量 3096kW，热水供回水温度为 60℃/52℃。

2）选用相应水源水泵和热水循环泵、一次热水泵。

3）选用板式换热器，将冷水预热至 35℃。

4）采用储水罐，储水量为 8000m^3。

09 单元水源热泵系统主要设备见表 5-43。

09 单元水源热泵系统主要设备 **表 5-43**

序号	系统编号	设备名称	主要性能	单位	数量	备注
1	R-1～R-9	热泵机组	制热量：3096kW 热水：60℃/52℃，340m^3/h 热源水：37℃/45℃，400m^3/h 电机：功率 850kW，380V/50Hz 工作压力：1.2MPa	台	9	
2	Rb-1～Rb-9	水源水泵	Q=340m^3/h，H=20m，N=32kW， n=1450r/min，工作压力 1.0MPa	台	9	
3	RB-1～RB-9	热水循环泵	Q=400m^3/h，H=20m，N=37kW， n=1450r/min，工作压力 1.0MPa	台	9	
4	R-1～R-3	一次热水泵	Q=350m^3/h，H=80m，N=110kW， n=1450r/min，工作压力 1.0MPa	台	3	2 用 1 备
5	HL-1～HL-4	板式换热器	换热量：5360kW 换冷面积：500m^2 一次侧冷水温度：32℃/37℃ 二次侧冷水温度：15℃/35℃ 工作压力：1.2MPa 水阻力：≤70kPa	台	4	
6		储水罐	V=5000m^3	个	3	

（2）主要设备初投资

09 单元水源热泵系统主要设备投资见表 5-44。

09 单元水源热泵系统主要设备投资 **表 5-44**

序号	设备名称	参数	单位	数量（台）	电量（kW）	总电量（kW）	设备单价（万元/台）	设备费用（万元）	备注
1	热泵机组	3069	kW	9	850	7650	230	2070	
2	水源水泵	340	m^3/h	9	32	288	6.5	58.5	
3	热水循环泵	400	m^3/h	9	37	333	7.5	67.5	
4	一次热水泵	350	m^3/h	3	110	220	16	48	2 用 1 备
5	储水罐	5000	m^3	3			700	2100	700 万元/个
6	自控系统							800	
7	变配电系统							611	
8	合计					8491		5755	

09单元水源热泵系统主要设备投资约为5755万元，总装机电负荷为8491kW。

（3）运行能耗与费用

每年空调热负荷系统耗电量6011MWh，管网循环水泵耗电量461MWh。年总耗电量6472MWh。

每年空调热负荷系统电费434万元，其中管网循环水泵电费31万元。年总电费434万元。

每年生活热水供热系统耗电量9056MWh，管网循环水泵耗电量964MWh。年总耗电量10020MWh。

每年生活热水供热系统电费329万元，其中管网循环水泵电费65万元；另外，总装机电负荷为8491kW，基础电费323万元；年总电费652万元。

5.2.5　区域供冷供热管网及用户站设计

1. 能源站选址

拟建区域能源站建筑面积3000m²，包括主冷站、蓄冰间、变电站、附属用房等。因项目位于地下水丰富的海南省，能源站选址以地上为主，布置在负荷中心，减少输送距离，降低初投资和运行费用，并且站房建设应靠近河水水源和变电站。由于规划未考虑能源站位置，站址选择在绿地范围内，推荐站址如图5-19所示。

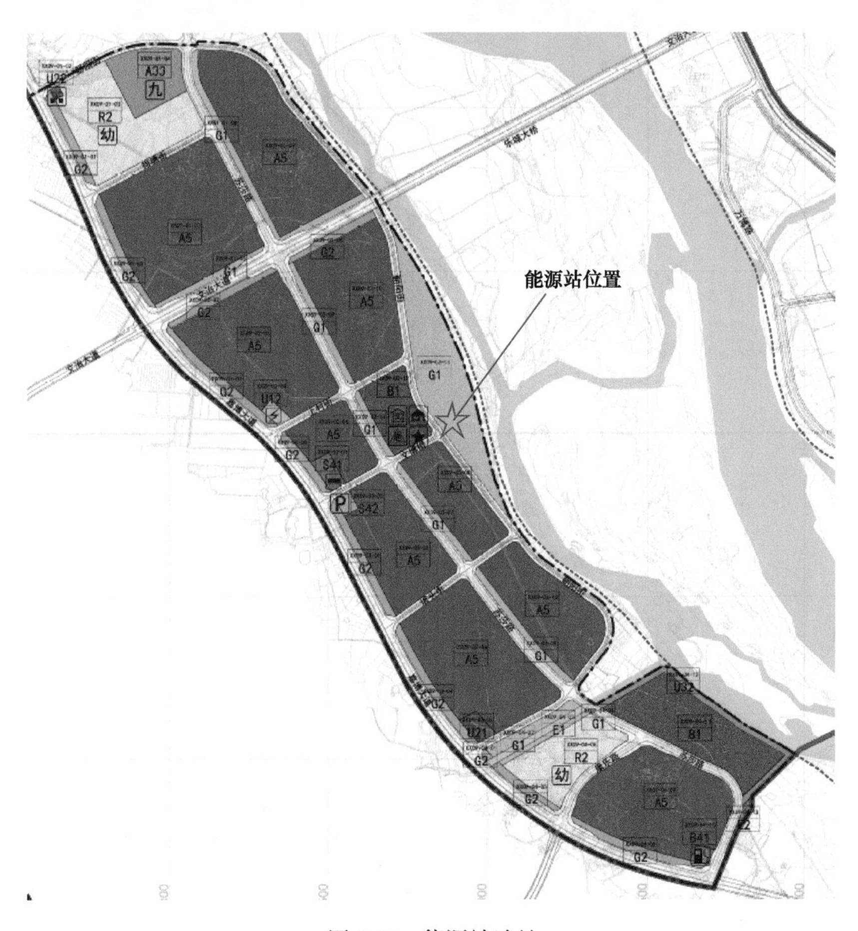

图5-19　能源站选址

2. 输配管网

输配管网共设置6根主管道，分别进行供冷、供热和生活热水的供应。

（1）供冷管网

供冷管网设计供回水温度为1.5℃/12℃，空调冷水采用间接连接，通过换热器将管网与用户水系统隔离开来。设计主干线管径为*DN*700，全年走冷水。主干线管长5.5km，供冷半径约3km。路由如图5-20所示。

图5-20 供冷主干线

（2）供热管网

供热管网设计供回水温度为45℃/37℃，空调热水采用直接连接。设计主干线管径为*DN*500，供冷季走冷水，供热季走热水。主干线管长5.5km，供热半径约3km。路由如图5-21所示。

图 5-21 供热主干线

(3) 生活热水管网

生活热水管网设计供水温度为 60℃，生活热水采用直接连接。设计主干线供水管径为 *DN*300，回水管径为 *DN*150，全年供生活热水。主干线管长 5.5km，供热半径约 3km。路由如图 5-22 所示。

3. 用户站设计

能源站所供空调冷水通过室外管网输送到用户（单体建筑），采用间接连接，通过换热器将管网与用户水系统隔离开来，用户安排一个换冷间，内设置入口装置，如冷量计量、温度调节措施、换热器、二次空调冷水循环泵、补水定压及水处理装置。二次冷水供回水温度为 6℃/13℃。换冷间建筑面积约 50m²。换冷间主要设备、初投资及平面图见图 5-23 和表 5-45、表 5-46。

能源站所供区域空调热水和区域生活热水均采用直接连接方式，用户仅设置相应热量计量、温度调节措施等。

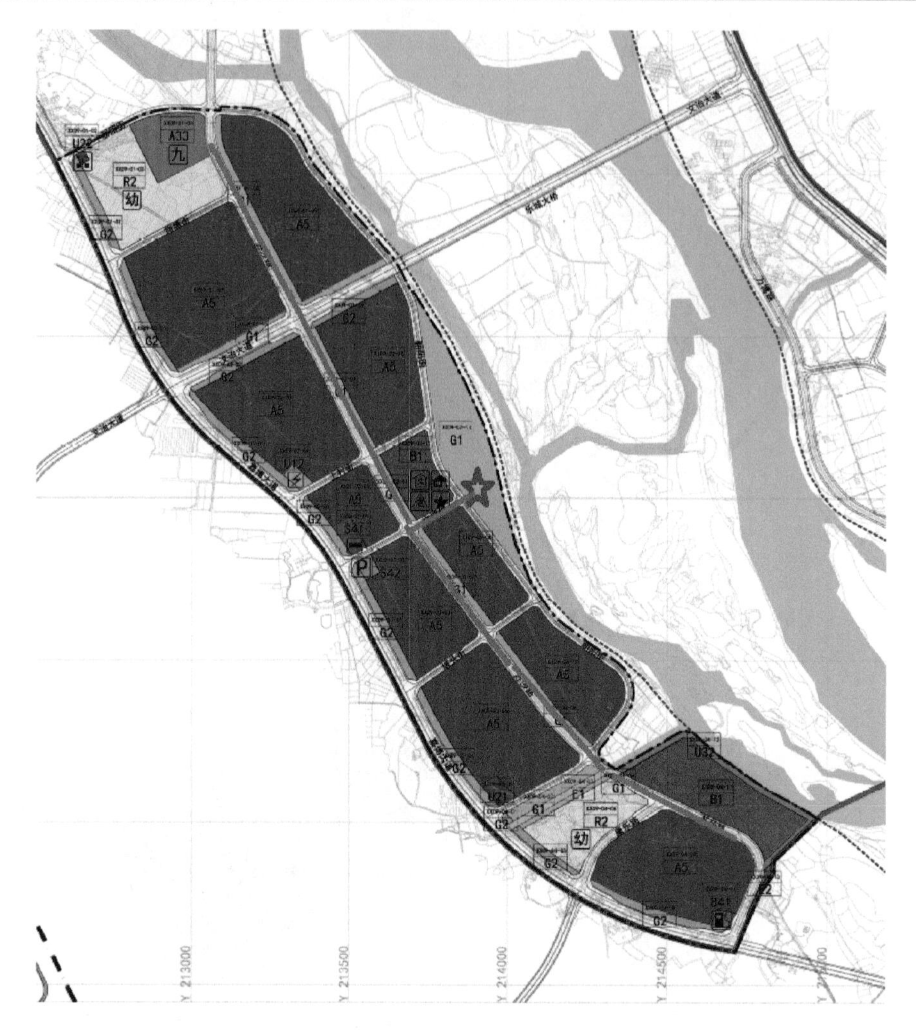

图 5-22　生活热水主干线

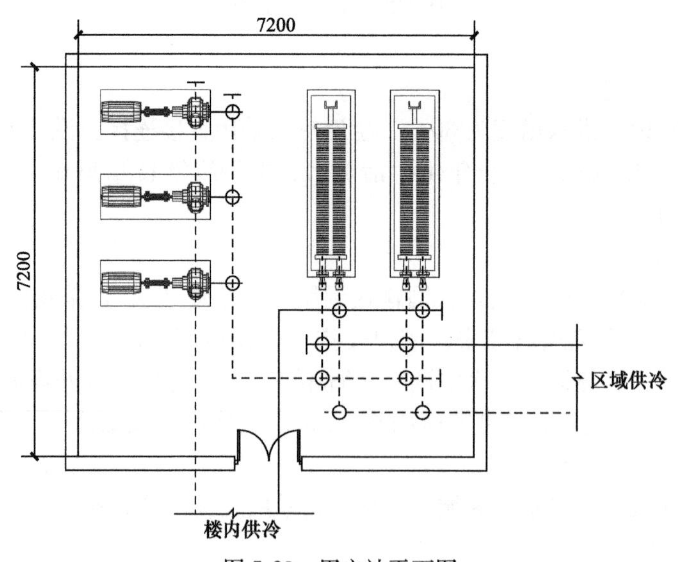

图 5-23　用户站平面图

典型用户站主要设备　　表 5-45

序号	系统编号	设备名称	主要性能	单位	数量	备注
1	HL-1、HL-2	板式换热器	换冷量：5100kW 换冷面积：500m² 一次侧冷水温度：1.5℃/12℃ 二次侧冷水温度：6℃/13℃ 工作压力：1.2MPa 水阻力：≤70kPa	台	2	
2	B-01～B-03	二次冷水泵	Q=690m³/h，H=32m，N=90kW， n=1450r/min，工作压力 1.2MPa	台	3	2 用 1 备

典型用户站主要设备投资　　表 5-46

序号	设备名称	参数	单位	数量（台）	电量（kW）	总电量（kW）	设备单价（万元/台）	设备费用（万元）	备注
1	板式换热器	5100	kW	2	—	—	25	50	
2	二次冷水泵	690	m³/h	3	90	180	15	45	2 用 1 备
3	自控系统							5	
4	变配电系统							2	
5	合计					180		102	

4. 管网及末端投资

管网及用户站投资见表 5-47。

管网及用户站投资　　表 5-47

管网类型	管网初投资（万元）	用户站投资（万元）	用户站个数
供冷管网	800	102	15
供热管网	520		
生活热水管网	180		
合计	1500	1530	

管网及末端总投资为 3030 万元。其中供冷管网及用户站投资为 2330 万元。

5.2.6 供冷经济技术对比

本节在初投资、运行费用、全寿命周期费用等方面对集中电制冷、区域电制冷、区域冰蓄冷和区域水蓄冷 4 种方案进行对比。

1. 初投资

根据前面的计算，各方案的初投资列于表 5-48。区域供冷供热初投资含管网及用户站费用。

09 单元各供冷方案的初投资汇总表　　表 5-48

冷源形式	初投资（万元）	投资减少额（万元）	减少率（%）
集中电制冷	15792	—	—
区域电制冷	11532	4260	27.0
区域冰蓄冷	12135	3657	23.2
区域水蓄冷	11106	4686	29.7

注：用户站初投资仅为设备投资，不含阀门管道及安装调试等费用。

2. 机房建筑面积

各方案供冷机房面积统计列于表 5-49。

09 单元各方案供冷机房面积汇总表　　表 5-49

冷源形式	冷冻机房面积（m^2）	节省面积（m^2）	节省率（%）
集中电制冷	9700	—	—
区域电制冷	6000	3700	38.1
区域冰蓄冷	7000	2700	27.8
区域水蓄冷	5000	4700	48.5

集中供冷系统按照每个地块进行分析。实际每个地块用户不止一个。因此制冷机房投资及面积比估算数值大。

3. 年运行能耗与费用

各方案年运行能耗与费用对比见表 5-50 和表 5-51。

09 单元各供冷方案的运行能耗汇总表　　表 5-50

冷源形式	装机电负荷		能耗			蓄能节能		减排
	设计值（kW）	减少值（kW）	耗电量（MWh）	折标准煤（t）	节标准煤（t）	移峰电量	折减标准煤	CO_2
集中电制冷	30198.5	—	63671	23240	—	—	—	—
区域电制冷	18650	11548.5	38589	14085	9155	0	0	23803
区域冰蓄冷	13979	16219.5	40905	14930	8310	2447	893	23928
区域水蓄冷	13960	16238.5	40064	14623	8617	2447	893	23928

注：区域供冷装机取同时使用系数 0.7，集中电制冷的实际负荷需求也按 0.7 计算耗电量，进行平行对比。

09 单元各供冷方案的运行费用汇总表　　表 5-51

冷源形式	运行费用		
	总费用（万元）	节省费用（万元）	节省率（%）
集中电制冷	5097	—	—
区域电制冷	4039	1058	20.8
区域冰蓄冷	2922	2175	42.7
区域水蓄冷	2767	2330	45.7

注：区域供冷装机取同时使用系数 0.7，集中电制冷的实际负荷需求也按 0.7 计算耗电量，进行平行对比。

4. 全寿命周期费用

系统设备寿命按 20 年计算，各方案的全寿命周期费用见表 5-52。

09 单元各供冷方案的全寿命周期费用汇总表　　表 5-52

冷热源形式	初投资（万元）	年运行费用（万元）	年均费用（万元）	全寿命周期		
				总费用（万元）	节省费用（万元）	节省率（%）
集中电制冷	15792	5097	5887	117732	—	—
区域电制冷	11532	4039	4616	92312	25420	21.6
区域冰蓄冷	12135	2922	3529	70575	47157	40.1
区域水蓄冷	11106	2767	3322	66446	51286	43.6

5. 对电网的影响

区域蓄冷系统，考虑群体建筑使用系数，整体负荷减小，以冰蓄冷为例，系统设备装机电负荷减小 16219.5kW，相应配电系统容量减小，电力增容费降低，变电站容量减小，发电厂投资节省 10375 万元，相当于医疗旅游区每平方米建筑面积节省 88 元。

6. 能源方案建议

经过上述论述和对集中电制冷、区域电制冷、区域冰蓄冷以及区域水蓄冷 4 种方案的初投资、运行费用分析，对于该医疗旅游区能源方案，建议将区域冰蓄冷或区域水蓄冷方案作为首选方案。其中区域水蓄冷方案初投资和运行费用更低。

区域冰蓄冷方案与集中电制冷方案相比，初投资低 23.2%；年运行能耗低，少耗电 22766MWh，电力装机容量低 16219.5kW，减少了市政电力投资；运行过程中，每年可以转移 2447MWh 的高峰电量到低谷时段，提高了电网的运行效率；综合计算运行能耗的减少和转移高峰电量的节能量，综合减排 23928t CO_2，年运行费用减少 2175 万元，相当于医疗旅游区每平方米建筑面积节省 18.4 元，具有很好的经济效益和社会效益。

5.2.7 供热经济技术对比

本节在初投资、运行费用、全寿命周期费用等方面对集中燃气锅炉和区域水源热泵两种方案进行对比。

1. 初投资

集中燃气锅炉与区域水源热泵供空调热负荷的初投资对比见表 5-53。其中区域水源热泵供热无设备初投资，仅有管网费用。

09 单元各供热方案供空调热负荷的初投资汇总表　　表 5-53

热源形式	初投资（万元）	投资减少额（万元）	减少率（%）
集中燃气锅炉	877	—	—
区域水源热泵	520	357	40.7

集中燃气锅炉与区域水源热泵供生活热水的初投资对比见表 5-54。其中区域供热初投资含管网费用。

09 单元各供热方案供生活热水的初投资汇总表　　表 5-54

热源形式	初投资（万元）	投资减少额（万元）	减少率（%）
集中燃气锅炉	3305	—	—
区域水源热泵	5935	−2630	−79.6

2. 年运行能耗与费用

供空调热负荷的年运行能耗见表5-55。

09单元各供热方案供空调热负荷的运行能耗汇总表 表5-55

热源形式	装机电负荷		能耗		
	设计值（kW）	减少值（kW）	耗电量（MWh）	天然气（t）	折标准煤（t）
集中燃气锅炉	232	—	1514	294	4081
区域水源热泵	0	232	6472	0	2370

供空调热负荷的运行费用见表5-56。

09单元各供热方案供空调热负荷的运行费用汇总表 表5-56

热源形式	运行费用		
	电费+燃气费（万元）	节省费用（万元）	节省率（%）
集中燃气锅炉	1284	—	—
区域水源热泵	434	850	66.2

供生活热水的年运行能耗见表5-57。

09单元各供热方案供生活热水的运行能耗汇总表 表5-57

热源形式	装机电负荷		能耗		
	设计值（kW）	减少值（kW）	耗电量（MWh）	天然气（t）	折标准煤（t）
集中燃气锅炉	874	—	5695	1106	15350
区域水源热泵	8491	−7617	10020	0	3657

供生活热水的运行费用见表5-58。

09单元各供热方案供生活热水的运行费用汇总表 表5-58

热源形式	运行费用		
	电费+燃气费（万元）	节省费用（万元）	节省率（%）
集中燃气锅炉	4835	—	—
区域水源热泵	652	4183	86.5

3. 全寿命周期费用

系统设备寿命按20年计算，计算各供热方案供空调热负荷的全寿命周期费用见表5-59。

09单元各供热方案供空调热负荷的全寿命周期费用汇总表 表5-59

热源形式	初投资（万元）	年运行费用（万元）	年均费用（万元）	全寿命周期		
				总费用（万元）	节省费用（万元）	节省率（%）
集中燃气锅炉	877	1284	1327.9	26557	—	—
区域水源热泵	520	434	460	9200	17357	65.4

系统设备寿命按20年计算，计算各供热方案供生活热水的全寿命周期费用见表5-60。

09单元各供热方案供生活热水的全寿命周期费用汇总表 表5-60

热源形式	初投资（万元）	年运行费用（万元）	年均费用（万元）	全寿命周期		
				总费用（万元）	节省费用（万元）	节省率（%）
集中燃气锅炉	3305	4835	5000	100005	—	—
区域水源热泵	5935	652	949	18975	81030	81.0

4. 能源方案建议

经过上述论述和对集中燃气锅炉、区域水源热泵两种方案的初投资、运行费用分析，对于供空调热负荷来说，区域水源热泵方案不需要增加设备初投资，一次能耗折标准煤减少 1711t，综合减排 4449tCO_2，年运行费用减少 850 万元，全寿命周期总费用节省 17357 万元，相当于医疗旅游区每平方米建筑面积共节省 147 元。

对于生活热水来说，区域水源热泵方案较集中燃气锅炉方案初投资增加 2630 万元，一次能耗折标准煤减少 11693t，综合减排 30402tCO_2，年运行费用减少 4183 万元，相当于医疗旅游区每平方米建筑面积节省 35.4 元，全寿命周期总费用节省 81030 万元，相当于医疗旅游区每平方米建筑面积共节省 685.8 元。

5.2.8 环境保护

随着经济的快速增长，我国已经成为世界第一位能源生产国和消耗国。能源的供应为经济社会发展提供了重要支撑，也带来了一系列环境问题。我国政府正在以科学发展观为指导，加快发展现代能源产业，坚持节约能源和保护环境的基本国策，努力建设资源节约型、环境友好型社会，增强可持续发展能力。环境保护已经成为我国可持续发展所面临的关键问题。

1. 节能环保

区域供冷供热系统以其特有的技术优势，在各个方面体现出其节能环保的特点。首先，采用冰蓄冷技术，可实现电网电力负荷的平衡与移峰填谷的作用，减少了制冷系统的装机容量，相应的配套设备如水泵等的数量也会相应减少，降低运行能耗；机组容量的减少也降低了制冷剂的消耗量和泄漏量，特别是对采用氟利昂制冷剂的制冷机，则必然会减轻对大气臭氧层的破坏作用和全球温室效应。同时，制冷机组容量的减小也降低了运行噪声，改善了工作环境。其次，热泵系统相比燃气锅炉，不产生 CO_2 等有害气体，减少了 SO_2、碳粉尘、NO_X 等有害气体的排放。

区域供冷供热采用河水作为低温冷源，取消了各单体建筑的冷却塔等设备，可以大大改善城区内的热岛效应，减少冷却塔飘水补水量，节约用水量，降低噪声，防止了由于冷却塔带来的一系列空气污染问题。

区域供冷系统采用冰蓄冷，与集中供冷系统相比，可减少总冷负荷 40%～50%，减少配备总电量和电力增容量 40%，同时可减少相关的动力设备选用容量，因而可以减少工程总投资 10%～20%。可节约用电，减少使用标准煤；减少二氧化硫、二氧化碳排放量；减少冷却塔飘水补水量，而冷却塔的集中设置也避免了对规划的影响，减少了对环境的污染。

2. 节水

(1) 河水源冷却（热泵）方案

本项目紧临万泉河，可以考虑水源热泵系统的应用。水源热泵系统与常规系统的最大区别就在于天然水源取、退水系统的设计。

水源制冷主要是用河水取代淡水作为冷却水，它是河水直接利用的主要方式之一，是一种节省的、有效利用可再生能源的空调方式，适用于具有较大空调需求量的场所。据测算冷却水温度每降低 1℃，可提高机组制冷系数 2%～3%，夏季河水温度一般在 20～28℃，比常规冷却塔的供回水温度平均低 10℃以上，因此采用河水源制冷的机组 COP 可比采用冷却塔冷却的冷水机组提高约 20%以上，大大节约了能源，是非常好的冷却用水。

另外，通常的冷源系统为冷机+冷却塔，即冷机产生的热量通过冷却塔的蒸发冷却散出，这个过程需要消耗大量淡水资源，而且海南省较高的湿球温度使冷却塔散热的效率很低。天然河水代替淡水作为制冷机的冷却用水，是解决我国沿海地区淡水资源危机的重要途径之一。将河水作为冷却用水供水源热泵机组使用，使用后的温热水排入河流。河水水源用于夏季空调制冷，取代或减少冷却塔，可以美化建筑景观、缓解城市热岛效应，还可以避免或减少冷却塔产生的飘水、噪声、蒸发损失、滋生细菌等环境污染问题。

(2) 运行能耗及经济性分析

河水作为低温冷源，可以作为常规电制冷、冰蓄冷、水蓄冷方案的排热通道，并且可以作为热泵机组的低品位热源。海南省河水平均温度为26℃，据此简单估算，采用河水冷却相对冷却塔放热可以提高制冷系数约12%。

以区域电制冷方案为例，采用常规电制冷方案的冷机耗电量为35643MWh，如果冷却系统采用河水水源，则仅冷机一项每年可节约电量4277MWh，减少电费287万元；原冷却塔系统年耗水量约占年总循环水量的1.5%（包括冷却水的蒸发损失及飘水损失等），每年耗水767225t，采用河水水源后，每年可节约439万元水费。

综上所述，采用河水水源后，仅上述两项便可节约费用726万元，为节能减排做出了贡献，具有很好的经济效益和社会效益。

3. 节地

采用区域供冷供热能源系统，取缔了常规系统设置于各个建筑的制冷制热机房，能源站的面积小于自建冷热源所需机房的面积，区域供冷供热（蓄冰）与集中供冷供热相比，可节约机房建筑面积3350m^2，节省的机房面积也为客户带来了巨大的经济效益。实际建设中节省面积会更多。

4. 社会影响

区域供冷供热方案是积极响应党和国家关于建设集约型、节约型社会的大政方针提出的，是我国建筑节能环保产业的发展战略选择。对于我国加大建筑节能宣传，强化建筑节能行政管理，完善建筑节能法规和配套政策，建立建筑节能激励机制，引导和培育建筑节能产品市场健康有序发展起到了重要作用。

本项目的实施将成为海南省的区域供冷供热示范工程，为海南省建筑节能与可再生能源利用工程摸索经验，提供技术指导。海南省水资源丰富，本项目的成功实施将为今后能够合理有效地利用天然水源作为空调系统的冷热源提供技术支持。

5.2.9 结论与建议

1. 结论

我国是世界能源、资源消耗大国，消耗量居高不下，建筑能耗占社会能耗总量的30%左右，随着城市化进程的加快和人民生活质量的改善，人们对建筑物的舒适程度要求越来越高，我国建筑能耗比重最终还将上升。如何在日益增长的能源、资源需求与有限的供给之间求得平衡，使得推行建筑节能势在必行，节约建筑能耗已成为我国可持续发展的迫切需要。

能源消耗对环境的影响是十分复杂的过程，从局部到全球，从短期到长期。燃煤造成的碳粉尘、CO_2、SO_2、NO_X等污染性气体已经对我国的自然资源、生态系统、公众健康构成了威胁。尤其是CO_2产生的温室效应可导致气候和生态恶性发展，损失巨大。依照我国经济增长的速度，CO_2 排放量还会继续增加。对其的排放控制任务迫在眉睫。我国近年来出台了一系列关于节能减排的政策，并提出要建设资源节约型和环境友好型社会。

医疗旅游区的性质定位为：建设国际医疗旅游产业的聚集区，打造低碳节能、绿色、和谐的典范区，创建“低冲击、低影响、低排放、低能耗”的生态城市。因此，医疗旅游区的冷热源设计必须重视能源的环境影响，提高能源的利用率。

项目推荐采用区域冰蓄冷或区域水蓄冷方案供冷，采用区域水源热泵方案供热。其中，区域冰蓄冷方案与集中电制冷方案相比，初投资低 23.2%；年运行能耗低，少耗电 22766MWh，电力装机容量低 16219.5kW，减少了市政电力投资；运行过程中，每年可以转移 2447MWh 的高峰电量到低谷时段，提高了电网的运行效率；综合计算运行能耗的减少和转移高峰电量的节能量，综合减排 23928tCO_2，年运行费用减少 2175 万元，相当于医疗旅游区每平方米建筑面积节省 18.4 元。因装机电负荷减少，发电厂投资节省 10375 万元，相当于医疗旅游区每平方米建筑面积节省 88 元。具有很好的经济效益和社会效益。

对于供空调热负荷来说，区域水源热泵方案不需要增加设备初投资，一次能耗折标准煤减少 1711t，综合减排 4449tCO_2，年运行费用减少 850 万元，全寿命周期总费用节省 17357 万元，相当于医疗旅游区每平方米建筑面积共节省 147 元。

对于生活热水来说，区域水源热泵方案较集中燃气锅炉方案初投资增加 2630 万元，一次能耗折标准煤减少 11693t，综合减排 30402tCO_2，年运行费用减少 4183 万元，相当于医疗旅游区每平方米建筑面积节省 35.4 元，全寿命周期总费用节省 81030 万元，相当于医疗旅游区每平方米建筑面积共节省 685.8 元。

推荐采用区域供冷供热方案有以下优点：一方面，在目前国内能源紧张，而能耗又居高不下的大背景下，展开区域能源供应服务的社会效益非常明显，非常符合乐城医疗旅游区的规划定位。蓄能空调系统较常规空调系统，其能源利用率显著提高，并且在电力需求侧削峰填谷，节省运行费用，是提高电厂发电效率的有效手段；水源热泵利用地下水资源作为低位热源，是一种高效节能型热泵空调系统。另一方面，区域供冷供热可以提供安全稳定的优质低温冷水、空调热水和生活热水。区域供冷供热与客户自建冷热源对比，客户可以不自建冷热源，轻松享受高品质且价格合理的冷热源供应，节省大量宝贵的建筑面积，节省运行管理费用，减少日常运行维护人员，获得良好的经济效益。因此，使用可再生能源作为低品位冷热源，利用成熟的水源热泵技术、蓄冷蓄热技术，满足该项目供暖、供冷需求的方案，是纯绿色、无污染的方案，具有较好的社会、经济、环境效益。项目的实施不仅对其自身的运营管理节约了运行费用，对国家节能减排做出了巨大贡献，同时对可再生能源区域供能的技术可靠性、经济可行性起到了良好的示范作用，为我国能够更多地使用区域能源系统提供了技术指导。

2. 建议

（1）建议政府对区域性能源服务系统给予更好的电价政策扶持；并考虑减免水资源费。

（2）取水位置仅为初步方案，具体位置需在选址勘察后确定，在具体工程施工前，须在枯水季节对取水点场区进行综合地质勘察，为工程科学、经济的优化设计创造条件。

（3）能源站选址建设须得到规划部门的认可。

（4）区域供冷供热预留新能源接入接口。

5.3　某机场冷热源方案设计

5.3.1　系统介绍

某机场项目位于福建省，拟分期建设，一期总建筑面积约 85 万 m^2，包括 T1 航站楼 55 万 m^2、综合交通中心（GTC）25 万 m^2、酒店 5 万 m^2；二期包括 T2、T3 航站楼 20 万～30 万 m^2；远期新建候机厅 6 万～7 万 m^2。

方案设计采用建筑方案与经济性相结合的设计方法，从建筑空间布局、建筑造型、功能分布、交通组织、自然通风、采光、照明、空调、结构、环境等方面，通过合理的主体结构定位与控制，扩大有效面积，避免无效空间，充分利用适宜技术和本地材料，优化单位面积能源消耗等技术经济指标，并形成对应的投资估算明细。

5.3.2　分期建设制冷系统分析

该机场采用一次规划、分期建设。图 5-24 为分期建设示意图，空调系统是航站楼用电大户，约占总用量的 60%，而且在民用建筑中是空调系统全年较长时间都需要运行的建

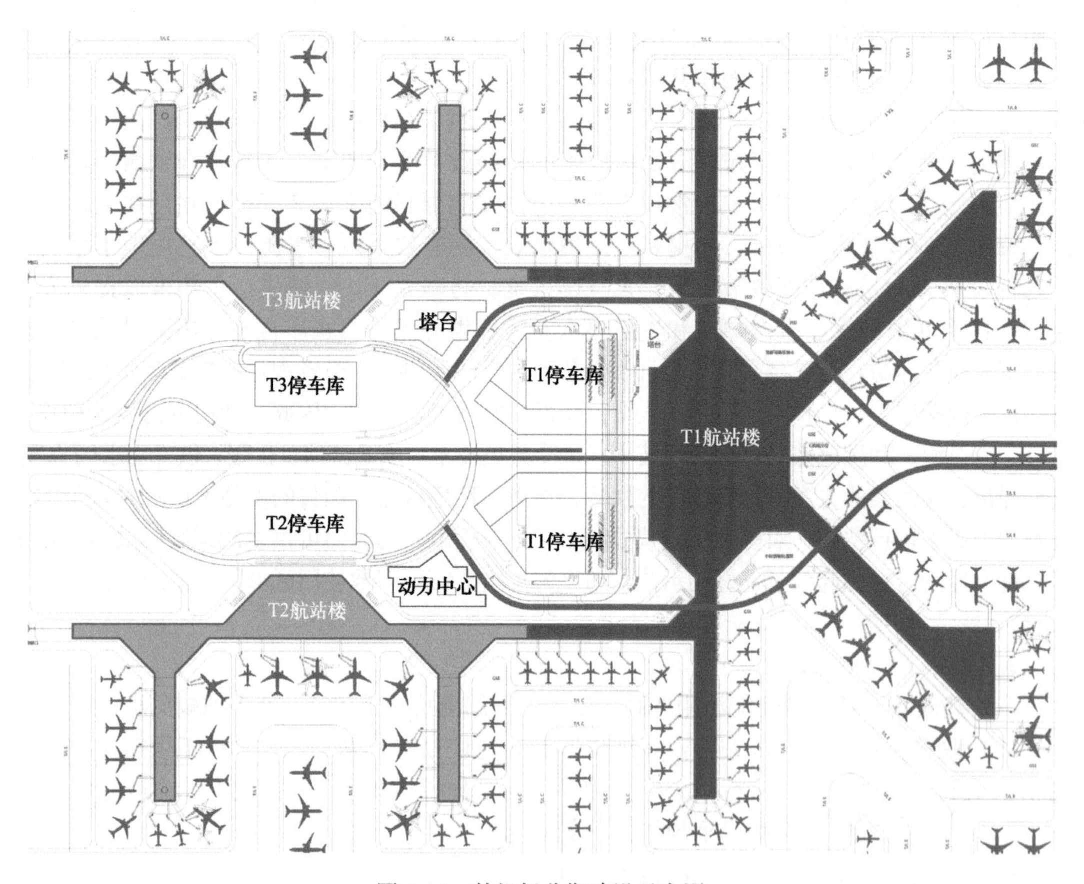

图 5-24　某机场分期建设示意图

筑群，是全年空调负荷、用电负荷最大的建筑群之一，机场空调系统的节能运行对于所在城市的用电负荷、电网平衡性具有非常重要的直接效应及示范作用。因此，在对新机场航站楼空调系统进行规划设计时，在满足航站楼供冷要求的前提下，实现方便的操作、灵活的负荷适应性及最节能的运行模式至关重要；保证新机场航站楼空调系统节能运行，是航站楼建设的需要，也是所在城市乃至全国节能减排形势的需要，必将为我国的民航建设发挥示范作用。

航站楼建设周期长，占用资金巨大且未来建设在使用需求、技术要求、成本控制方面具有一定的不确定性。同时，新机场航站楼一期工程制冷系统已经较为庞大，因此建议新机场航站楼分期建设制冷系统。

具体做法为：一、二期制冷机房均设在一期工程内，在一期制冷机房内预留出二期设备空间，一、二期的制冷系统均与该相应工程主体同步建设，在一期制冷系统管廊（或管沟）内也预留出二期管道的空间。

5.3.3 空调冷负荷及相关边界条件

1. 空调冷负荷

根据项目所在地区的气候参数及航站楼的建筑概况，参考表 5-63，估算空调冷负荷，详见表 5-61。

机场空调冷负荷估算表 **表 5-61**

建设期	名称	建筑面积（万 m^2）	冷指标（W/m^2）	冷负荷		备注
				kW	RT	
一期	T1 航站楼	55	200	110000	31286	
	GTC	25	100	25000	7110	
	酒店	5	120	6000	1706	冬季供热
二期	T2、T3 航站楼	30	200	60000	17065	
	新建候机厅	6.5	200	13000	3697	独立冷源
	合计	121.5	176	214000	60864	

说明：

（1）拟按一期、二期航站楼共用一个能源站，新建候机厅单独设置一个能源站（此次不论证）。

（2）航站楼能源站计算冷负荷为 201MW，考虑同时使用系数为 0.85，则能源站设计冷负荷为 170.85MW（48588RT）。

（3）酒店冬季空调热负荷为 2000kW，生活热水负荷为 1250kW（其他区域暂不考虑集中供应生活热水）。

（4）航站楼拟采用温湿度分别控制空调系统，空调末端冷水供回水温度为 12℃/19℃；酒店空调热水供回水温度为 45℃/40℃。

（5）生活热水供水温度为 60℃。

2. 空调冷负荷系数

国内已运行机场航站楼的空调冷负荷具有如下特点：

(1) 负荷分布较为均衡，早晨启动负荷较大；

(2) 有基础负荷，早晨6：00—7：00负荷偏大。

该机场航站楼设计日逐时冷负荷系数暂按表5-62计算，具体设计逐时冷负荷系数需以详细计算为准。

逐时冷负荷系数　　表5-62

运行时间	逐时冷负荷系数
0：00	0.20
1：00	0.10
2：00	0.10
3：00	0.10
4：00	0.10
5：00	0.10
6：00	0.20
7：00	0.55
8：00	0.80
9：00	0.84
10：00	0.89
11：00	0.96
12：00	0.96
13：00	0.99
14：00	1.00
15：00	0.99
16：00	0.96
17：00	0.94
18：00	0.94
19：00	0.86
20：00	0.83
21：00	0.82
22：00	0.80
23：00	0.20
合计	15.23

3. 能源价格

本项目所在地电网销售电价见表5-64，单位为元/kWh。自来水价格见表5-65，单位为元/t。天然气价格见表5-66，单位为元/m^3。

本项目所在地没有针对一般工商业的分时电价政策，表5-67列出了与福建省同为国家电网区域的安徽省的分时电价，作为参考价格用于后续核算蓄冷系统的经济性。

国内部分机场空调冷源配置及实际运行数据统计表　　表 5-63

项目名称	建筑面积（万 m^2）	空调面积（万 m^2）	制冷系统					实际运行冷量	装机容量面积指标（W/m^2）		运行容量面积指标（W/m^2）		备注
			系统形式	系统数量	机组形式	机组数量	容量配置		单位建筑面积冷指标	单位空调面积冷指标	单位建筑面积冷指标	单位空调面积冷指标	
广州新白云国际机场航站楼	35.0	29.2	电制冷	2	离心机	4×2	2000RT×4=8000RT 2000RT×4=8000RT	2000RT×7=14000RT	160.7	192.7	140.7	168.6	已建成
深圳机场A、B航站楼	15.0		电制冷	1	离心机	4	1000RT×7=7000RT (9954RT×4=39816RT)	1000RT×6=6000RT	164.1		140.7		已建成
浦东国际机场一期航站楼	航站楼：28.0 综合区：31.0		DHC	1	电制冷离心机+蒸汽双效吸收机+燃气轮机+蒸汽锅炉+余热锅炉	4+2+4	离心机： 14MW×4+4.2MW×2 (3981RT×4+1194RT×2) 蒸汽吸收机： 4.6MW×4 总容量 82.8MW (42.2MW+40.6MW)	航站楼：14MW×3=42MW	139.8		150.0		已建成
浦东国际机场二期扩建工程		43.5	水蓄冷	1			峰值冷负荷 85.79MW； 蓄冷量 58560RTh； 蓄冷水槽 4×12000m^3		197.2				已建成

项目所在地销售电价表（部分）（2015年4月20日起执行） 表5-64

用电分类	电度电价					基本电价	
	不满1kV	1～10kV	35～110kV以下	110kV	220kV及以上	最大需量［元/(kW·月)］	变压器容量［元/(kVA·月)］
一、一般工商业及其他用电	0.8071	**0.7871**	0.7671	0.7471	0.7271		
二、大工业用电		0.6222	0.6022	0.5822	0.5622	39	26
其中：1. 氯碱、农药、电石生产用电		0.5612	0.5412	0.5212	0.5012	39	26
2. 电解铝生产用电				0.4548	0.4348	39	26
三、农业生产用电	0.7006	0.6806	0.6606	0.6406	0.6206		
其中：农业排灌用电	0.2477	0.2277	0.2077	0.1877	0.1677		
四、趸售用电	0.4954						

注：1. 上表所列价格，除农业排灌用电外，均含重大水利工程建设基金0.7分钱及大中型水库移民后期扶持资金0.83分钱，除居民生活、农业排灌用电外，均含地方水库移民后期扶持资金0.05分钱。除农业生产用电和趸售给各级子公司的用电外，均含可再生能源电价附加：居民生活用电0.1分钱，其他用电1.5分钱。
2. 上表所列价格，除农业排灌、化肥、农药、电石、氯碱、电解铝生产用电及趸售用电外，均含城市公用事业附加费，具体标准为：大工业用电0.8分钱，居民生活用电1.0分钱，一般工商业及其他用电1.1分钱，农业生产用电（除农业排灌用电外）0.8分钱。
3. 抗灾救灾用电按上表所列相应分类电价降低2分钱（农网还贷资金）执行。
4. 上表所列电解铝生产用电价格为优惠电量的电价，超过核定优惠电量的，执行统一的大工业用电价格。采用离子膜法工艺的氯碱生产用电按表列氯碱生产用电价格每千瓦时降低0.9分钱执行。
5. 上述趸售用电价格是指趸售用电综合价格，对各趸售县的趸售电价由福建省物价局具体核定。

项目所在地自来水价格表 表5-65

分类	自来水	污水处理费	合计	执行时间
居民生活用水	1.8	1.0	2.8	2008.10.1抄见水量
一般商业用水	1.8	1.2	3.0	
特种行业用水	2.8	1.5	4.3	

项目所在地天然气价格表 表5-66

品种	计价单位	最高限价	执行时间
管道天然气（居民）	m^3	4.00	2009.7.1
管道天然气（商业）	m^3	4.20	2009.7.1

安徽省电网峰谷分时电价表 表5-67

分类		电度电价					基本电价	
		不满1kV	1～10kV	35kV	110kV	220kV	最大需量［元/(kW·月)］	变压器容量［元/(kVA·月)］
一、居民生活用电	平段	0.5953						
	低谷	0.3153						

续表

<table>
<tr><th colspan="3" rowspan="2">分类</th><th colspan="4">电度电价</th><th></th><th colspan="2">基本电价</th></tr>
<tr><th>不满1kV</th><th>1～10kV</th><th>35kV</th><th>110kV</th><th>220kV</th><th>最大需量［元/(kW·月)］</th><th>变压器容量［元/(kVA·月)］</th></tr>
<tr><td rowspan="4">二、一般工商业及其他用电</td><td rowspan="2">高峰</td><td>7、8、9月</td><td>1.3872</td><td>1.3624</td><td>1.3377</td><td></td><td></td><td></td><td></td></tr>
<tr><td>其他月份</td><td>1.3070</td><td>1.2838</td><td>1.2605</td><td></td><td></td><td></td><td></td></tr>
<tr><td colspan="2">平段</td><td>0.8662</td><td>0.8512</td><td>0.8362</td><td></td><td></td><td></td><td></td></tr>
<tr><td colspan="2">低谷</td><td>0.5376</td><td>0.5287</td><td>0.5199</td><td></td><td></td><td></td><td></td></tr>
<tr><td rowspan="4">三、大工业用电</td><td rowspan="2">高峰</td><td>7、8、9月</td><td></td><td>1.0287</td><td>1.0040</td><td>0.9792</td><td>0.9627</td><td rowspan="4">40</td><td rowspan="4">30</td></tr>
<tr><td>其他月份</td><td></td><td>0.9701</td><td>0.9468</td><td>0.9236</td><td>0.9081</td></tr>
<tr><td colspan="2">平段</td><td></td><td>0.6474</td><td>0.6324</td><td>0.6174</td><td>0.6074</td></tr>
<tr><td colspan="2">低谷</td><td></td><td>0.4069</td><td>0.3980</td><td>0.3892</td><td>0.3833</td></tr>
<tr><td rowspan="4">四、电热锅炉、冰(水)蓄冷空调用电</td><td rowspan="2">高峰</td><td>7、8、9月</td><td>0.8832</td><td>0.8585</td><td></td><td></td><td></td><td></td><td></td></tr>
<tr><td>其他月份</td><td>0.8334</td><td>0.8101</td><td></td><td></td><td></td><td></td><td></td></tr>
<tr><td colspan="2">平段</td><td>0.5592</td><td>0.5442</td><td></td><td></td><td></td><td></td><td></td></tr>
<tr><td colspan="2">低谷</td><td>0.3548</td><td>0.3460</td><td></td><td></td><td></td><td></td><td></td></tr>
</table>

注：峰谷时段划分：
居民采用两段制：
平段：8：00—22：00，共14h；
低谷：22：00—次日8：00，共10h。
其他用户采用三段制：
高峰：9：00—12：00、17：00—22：00，共8h；
平段：8：00—9：00、12：00—17：00、22：00～23：00，共7h；
低谷：23：00—次日8：00，共9h。

5.3.4 制冷系统方案分析

1. 制冷系统方案选择原则及依据的标准规范

冷热源方案应根据建筑物的规模、用途以及建设地点的自然条件、能源状况、结构、价格，国家节能减排和环保政策的相关规定等进行选择。

(1) 有可利用的废热或工业余热的区域，热源宜采用废热及工业余热；当废热或工业余热温度较高时，经技术经济论证合理，冷源宜采用吸收式冷水机组；

(2) 在技术经济合理的情况下，冷、热源宜利用浅层地能、太阳能、风能等可再生能源；

(3) 有城市或区域热网的地区，集中式空调系统的供热热源宜优先采用城市或区域热网；

(4) 城市电网夏季供电充足时，冷源宜采用电动压缩式制冷方式；

(5) 城市燃气供应充足时，宜采用燃气锅炉、燃气热水机供热或燃气吸收式冷(温)水机组供冷、供热；

(6) 在执行分时电价且峰谷电价差较大的地区，经技术经济比较，采用低谷电价能够明显地起到对电网“削峰填谷”和节省运行费用时，宜采用蓄能系统供冷、供热；

(7) 夏热冬冷地区及干旱缺水地区的中、小型建筑宜采用空气源热泵或土壤源热泵系统供冷、供热；

（8）有天然地表水等资源可利用或者有可利用的浅层地下水且能保证100%回灌时，可采用地表水或地下水源热泵系统供冷、供热。

制冷系统方案选择，除满足上述原则外，还应符合国家及地方现行相关设计规范及标准的要求。

2. 本项目可选制冷系统方案

根据该机场周边自然环境及能源供应情况，选择了下列几类常用的冷热源方案，作为分析对比框架：

（1）常规电制冷（夏）；

（2）冰蓄冷（夏）；

（3）水蓄冷（夏）；

（4）燃气直燃机（冬、夏）；

（5）燃气冷热电三联供（冬、夏）；

（6）地源热泵（冬、夏）；

（7）海水源冷却（热泵）（冬、夏）。

3. 常规电制冷方案

（1）系统设计

根据建筑物估算冷负荷，选用17台离心式冷水机组，单台制冷量为10108kW（2875RT），总制冷量为171.8MW（48875RT）。冷水供回水温度为12℃/19℃，冷却水温度为32℃/37℃。

空调冷水采用二级泵变流量系统，一级泵定流量、二级泵变频变流量运行，一级冷水泵、冷却泵、冷却塔各17台，与冷水机组匹配设置；二级冷水泵按管网及区域分组设置，共15台。

（2）主要设备初投资

该机场常规电制冷系统主要设备投资见表5-68。

某机场常规电制冷系统主要设备投资　　表5-68

序号	设备名称	参数	单位	数量（台）	电量（kW）	总电量（kW）	设备单价（万元/台）	设备费用（万元）	备注
1	冷水机组	2875	RT	17	1641	27897	625	10625	
2	一级冷水泵	130	m^3/h	17	175	2975	35	595	
3	冷却泵	2122	m^3/h	17	235	3995	47	799	
4	冷却塔	2200	m^3/h	17	74	1258	160	2720	
5	二级冷水泵	1400	m^3/h	15	235	3525	47	705	12℃/19℃
6	自控系统							800	
7	变配电系统							3965	
8	合计					39650		20209	

该机场常规电制冷系统主要设备投资约为20209万元，总装机电负荷为39650kW。

（3）运行能耗与费用

每年制冷系统耗电量54560MWh（冷机耗电量44925MWh、辅机耗电量9635MWh），循环水泵耗电量4849MWh，年总耗电量59409MWh。

每年制冷系统电费4294万元，循环水泵电费382万元，年总电费4676万元。具体数据见表5-69～表5-72。

某机场常规电制冷方案设计日电费统计表 **表5-69**

时间	总冷负荷(RT)	冷水机组制冷			冷机耗电(kWh)	辅机耗电(kWh)	耗电小计(kWh)	电费（元）
		制冷能力	台数	负荷率				
0：00	9718	11500	4	0.85	6564.3	1408.0	7972.3	6275.0
1：00	4859	5750	2	0.85	3282.2	704.0	3986.1	3137.5
2：00	4859	5750	2	0.85	3282.2	704.0	3986.1	3137.5
3：00	4859	5750	2	0.85	3282.2	704.0	3986.1	3137.5
4：00	4859	5750	2	0.85	3282.2	704.0	3986.1	3137.5
5：00	4859	5750	2	0.85	3282.2	704.0	3986.1	3137.5
6：00	9718	11500	4	0.85	6564.3	1408.0	7972.3	6275.0
7：00	26724	28750	10	0.93	16410.8	3519.9	19930.7	15687.5
8：00	38871	40250	14	0.97	22975.1	4927.9	27903.0	21962.5
9：00	40814	43125	15	0.95	24616.2	5279.9	29896.1	23531.2
10：00	43244	43125	15	1.00	24616.2	5279.9	29896.1	23531.2
11：00	46645	48875	17	0.95	27898.4	5983.8	33882.2	26668.7
12：00	46645	48875	17	0.95	27898.4	5983.8	33882.2	26668.7
13：00	48102	48875	17	0.98	27898.4	5983.8	33882.2	26668.7
14：00	48588	48875	17	0.99	27898.4	5983.8	33882.2	26668.7
15：00	48102	48875	17	0.98	27898.4	5983.8	33882.2	26668.7
16：00	46645	48875	17	0.95	27898.4	5983.8	33882.2	26668.7
17：00	45673	46000	16	0.99	26257.3	5631.8	31889.1	25099.9
18：00	45673	46000	16	0.99	26257.3	5631.8	31889.1	25099.9
19：00	41786	46000	16	0.91	26257.3	5631.8	31889.1	25099.9
20：00	40328	43125	15	0.94	24616.2	5279.9	29896.1	23531.2
21：00	39842	40250	14	0.99	22975.1	4927.9	27903.0	21962.5
22：00	38871	40250	14	0.97	22975.1	4927.9	27903.0	21962.5
23：00	9718	11500	4	0.85	6564.3	1408.0	7972.3	6275.0
合计	740002	773375	269	0.96	441451	94685	536136	421993

年耗电量＝54560MWh	年运行电量＝4294万元
年冷机耗电量＝44925MWh	年辅机耗电量＝9635MWh
	循环水泵电耗＝4849MWh
	循环水泵电费＝382万元
	年总冷量＝72.66万RTh
	年冷机运行时间＝27375h

注：制冷站全年（168d）供冷时间段分布
1. 设计日运行10d；
2. 75%负荷运行50d；
3. 50%负荷运行73d；
4. 25%负荷运行35d。

某机场常规电制冷方案75%负荷电费统计表 **表5-70**

时间	总冷负荷(RT)	基载制冷			冷机耗电(kWh)	辅机耗电(kWh)	耗电小计(kWh)	电费（元）
		制冷能力	台数	负荷率				
0：00	9718	11500	4	0.85	6564.3	1408.0	7972.3	6275.0
1：00	4859	5750	2	0.85	3282.2	704.0	3986.1	3137.5
2：00	4859	5750	2	0.85	3282.2	704.0	3986.1	3137.5
3：00	4859	5750	2	0.85	3282.2	704.0	3986.1	3137.5

续表

时间	总冷负荷（RT）	基载制冷			冷机耗电（kWh）	辅机耗电（kWh）	耗电小计（kWh）	电费（元）
		制冷能力	台数	负荷率				
4：00	4859	5750	2	0.85	3282.2	704.0	3986.1	3137.5
5：00	4859	5750	2	0.85	3282.2	704.0	3986.1	3137.5
6：00	9718	11500	4	0.85	6564.3	1408.0	7972.3	6275.0
7：00	20043	20125	7	1.00	111487.6	2463.9	13951.5	10981.2
8：00	29153	31625	11	0.92	18051.9	3871.9	21923.8	17256.2
9：00	30611	31625	11	0.97	18051.9	3871.9	21923.8	17256.2
10：00	32433	34500	12	0.94	19693.0	4223.9	23916.9	18825.0
11：00	34984	37375	13	0.94	21334.1	4575.9	25909.9	20393.7
12：00	34984	37375	13	0.94	21334.1	4575.9	25909.9	20393.7
13：00	36077	37375	13	0.97	21334.1	4575.9	25909.9	20393.7
14：00	36441	37375	13	0.98	21334.1	4575.9	25909.9	20393.7
15：00	36077	37375	13	0.97	21334.1	4575.9	25909.9	20393.7
16：00	34984	37375	13	0.94	21334.1	4575.9	25909.9	20393.7
17：00	34255	37375	13	0.92	21334.1	4575.9	25909.9	20393.7
18：00	34255	37375	13	0.92	21334.1	4575.9	25909.9	20393.7
19：00	31339	31625	11	0.99	18051.9	3871.9	21923.8	17256.2
20：00	30246	31625	11	0.96	18051.9	3871.9	21923.8	17256.2
21：00	29882	31625	11	0.94	18051.9	3871.9	21923.8	17256.2
22：00	29153	31625	11	0.92	18051.9	3871.9	21923.8	17256.2
23：00	9718	11500	4	0.85	6564.3	1408.0	7972.3	6275.0
合计	568366	606625	211	0.94	346268	74270	420538	331006

某机场常规电制冷方案50%负荷电费统计表　　表5-71

时间	总冷负荷（RT）	基载制冷			冷机耗电（kWh）	辅机耗电（kWh）	耗电小计（kWh）	电费（元）
		制冷能力	台数	负荷率				
0：00	9718	11500	4	0.85	6564.3	1408.0	7972.3	6275.0
1：00	4859	5750	2	0.85	3282.2	704.0	3986.1	3137.5
2：00	4859	5750	2	0.85	3282.2	704.0	3986.1	3137.5
3：00	4859	5750	2	0.85	3282.2	704.0	3986.1	3137.5
4：00	4859	5750	2	0.85	3282.2	704.0	3986.1	3137.5
5：00	4859	5750	2	0.85	3282.2	704.0	3986.1	3137.5
6：00	9718	11500	4	0.85	6564.3	1408.0	7972.3	6275.0
7：00	13362	14375	5	0.93	8205.4	1760.0	9965.4	7843.7
8：00	19435	20125	7	0.97	11487.6	2463.9	13951.5	10981.2
9：00	20407	23000	8	0.89	13128.6	2815.9	15944.6	12550.0
10：00	21622	23000	8	0.94	13128.6	2815.9	15944.6	12550.0
11：00	23322	25875	9	0.90	14769.7	3167.9	17937.6	14118.7
12：00	23322	25875	9	0.90	14769.7	3167.9	17937.6	14118.7
13：00	24051	25875	9	0.93	14769.7	3167.9	17937.6	14118.7
14：00	24294	25875	9	0.94	14769.7	3167.9	17937.6	14118.7

续表

时间	总冷负荷(RT)	基载制冷			冷机耗电(kWh)	辅机耗电(kWh)	耗电小计(kWh)	电费（元）
		制冷能力	台数	负荷率				
15：00	24051	25875	9	0.93	14769.7	3167.9	17937.6	14118.7
16：00	23322	25875	9	0.90	14769.7	3167.9	17937.6	14118.7
17：00	22836	23000	8	0.99	13128.6	2815.9	15944.6	12550.0
18：00	22876	23000	8	0.99	13128.6	2815.9	15944.6	12550.0
19：00	20893	23000	8	0.91	13128.6	2815.9	15944.6	12550.0
20：00	20164	23000	8	0.88	13128.6	2815.9	15944.6	12550.0
21：00	19921	20125	7	0.99	11487.6	2463.9	13951.5	10981.2
22：00	19435	20125	7	0.97	11487.6	2463.9	13951.5	10981.2
23：00	9718	11500	4	0.85	6564.3	1408.0	7972.3	6275.0
合计	396722	431250	150	0.92	246162	52799	298961	235312

某机场常规电制冷方案25%负荷电费统计表 **表5-72**

时间	总冷负荷(RT)	基载制冷			冷机耗电(kWh)	辅机耗电(kWh)	耗电小计(kWh)	电费（元）
		制冷能力	台数	负荷率				
0：00	9718	11500	4	0.85	65643	1408.0	7972.3	6275.0
1：00	4859	5750	2	0.85	3282.2	704.0	3986.1	3137.5
2：00	4859	5750	2	0.85	3282.2	704.0	3986.1	3137.5
3：00	4859	5750	2	0.85	3282.2	704.0	3986.1	3137.5
4：00	4859	5750	2	0.85	3282.2	704.0	3986.1	3137.5
5：00	4859	5750	2	0.85	3282.2	704.0	3986.1	3137.5
6：00	9718	11500	4	0.85	6564.3	1408.0	7972.3	6275.0
7：00	6681	8625	3	0.77	4923.2	1056.0	5979.2	4706.2
8：00	9718	11500	4	0.85	6564.3	1408.0	7972.3	6275.0
9：00	10204	11500	4	0.89	6564.3	1408.0	7972.3	6275.0
10：00	10811	11500	4	0.94	6564.3	1408.0	7972.3	6275.0
11：00	11661	14375	5	0.81	8205.4	1760.0	9965.4	7843.7
12：00	11661	14375	5	0.81	8205.4	1760.0	9965.4	7843.7
13：00	12026	14375	5	0.84	8205.4	1760.0	9965.4	7843.7
14：00	12147	14375	5	0.85	8205.4	1760.0	9965.4	7843.7
15：00	12026	14375	5	0.84	8205.4	1760.0	9965.4	7843.7
16：00	11661	14375	5	0.81	8205.4	1760.0	9965.4	7843.7
17：00	11418	11500	4	0.99	6564.3	1408.0	7972.3	6275.0
18：00	11418	11500	4	0.99	6564.3	1408.0	7972.3	6275.0
19：00	10446	11500	4	0.91	6564.3	1408.0	7972.3	6275.0
20：00	10082	11500	4	0.88	6564.3	1408.0	7972.3	6275.0
21：00	9961	11500	4	0.87	6564.3	1408.0	7972.3	6275.0
22：00	9718	11500	4	0.85	6564.3	1408.0	7972.3	6275.0
23：00	9718	11500	4	0.85	6564.3	1408.0	7972.3	6275.0
合计	225088	261625	91	0.86	149338	32031	181370	142756

（4）常规电制冷机房平面布置图

该机场常规电制冷机房平面布置见图5-25。

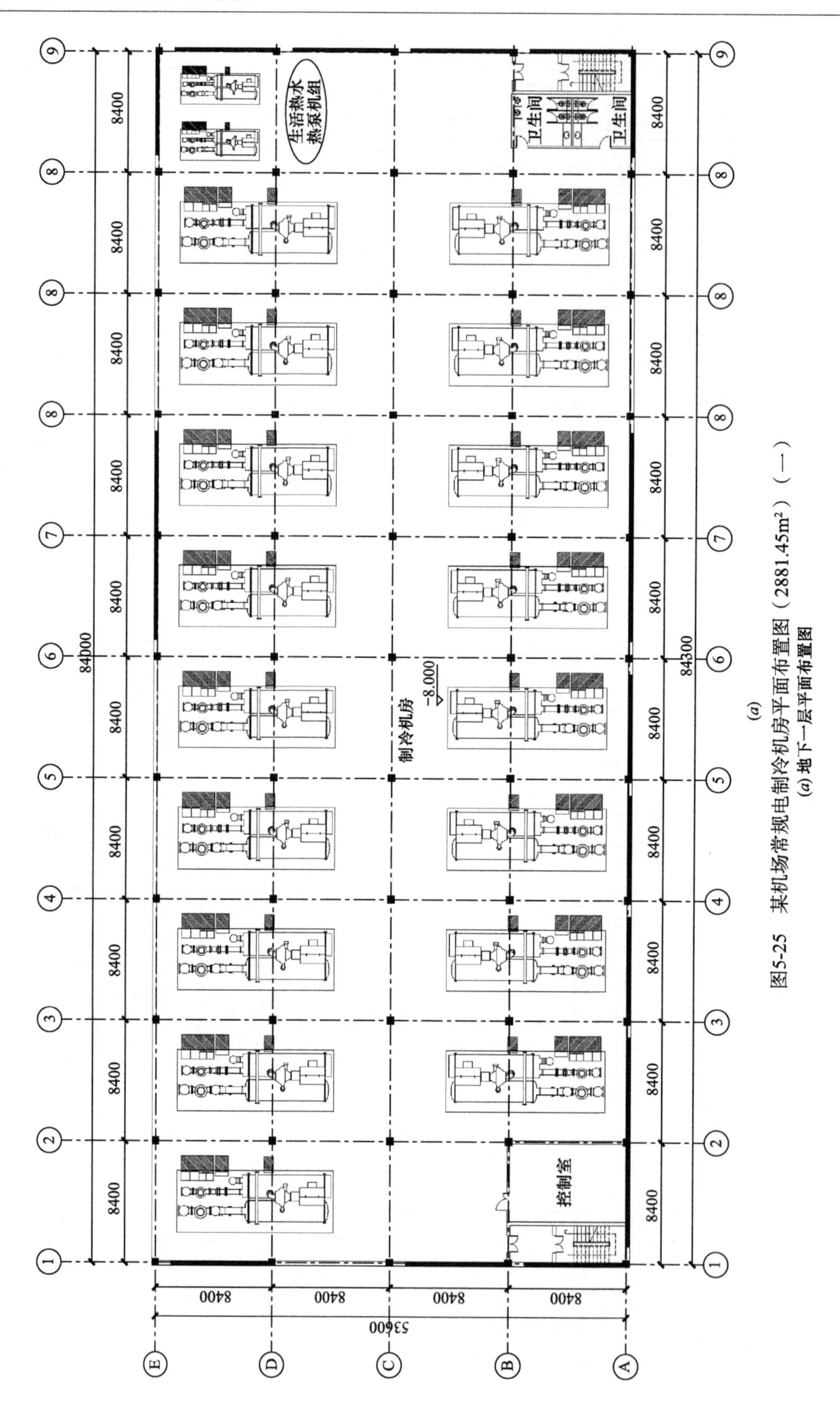

(a)

图5-25　某机场常规电制冷机房平面布置图（2881.45m²）（一）

(a) 地下一层平面布置图

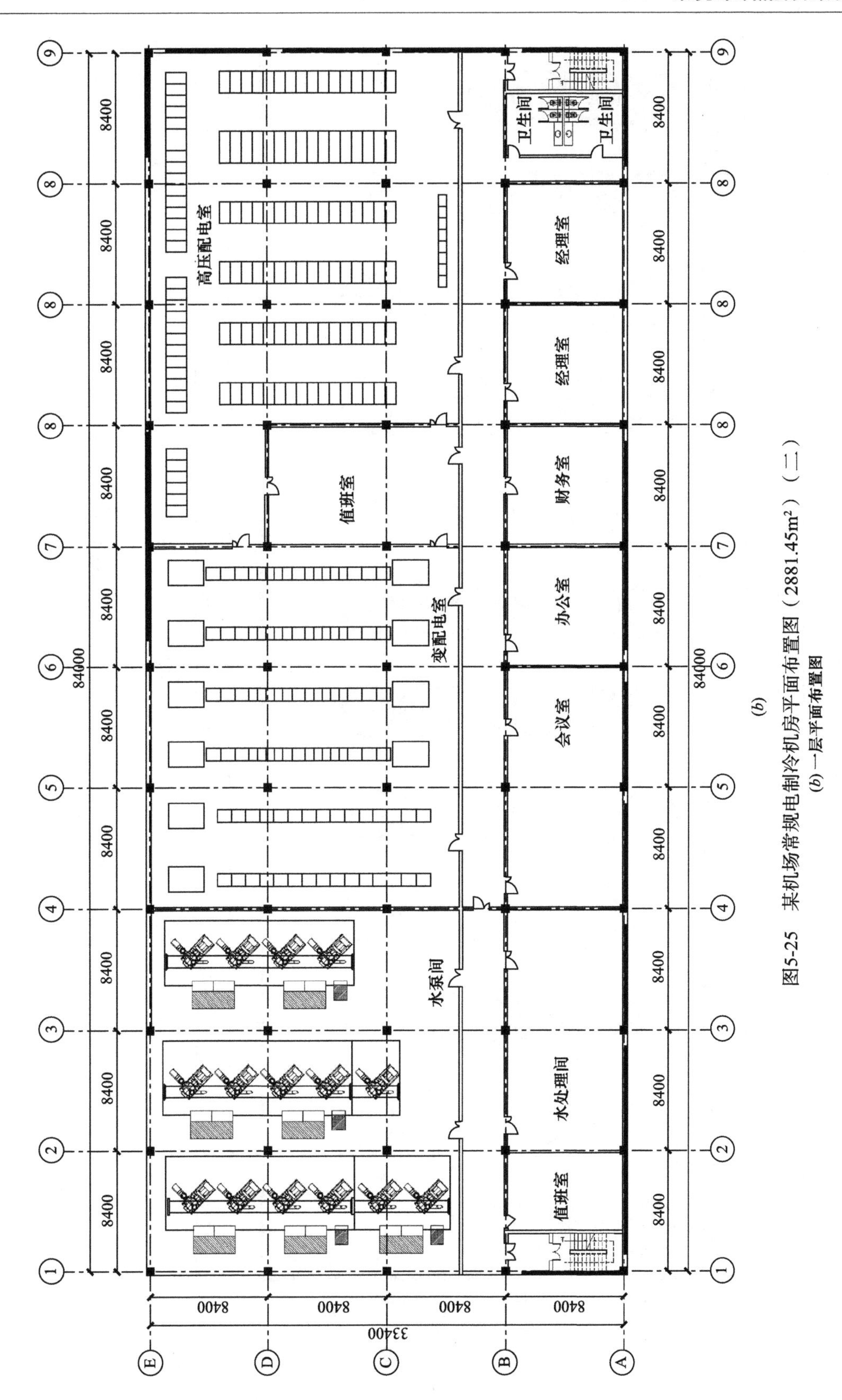

(b)

图5-25　某机场常规电制冷机房平面布置图（2881.45m²）（二）

(b) 一层平面布置图

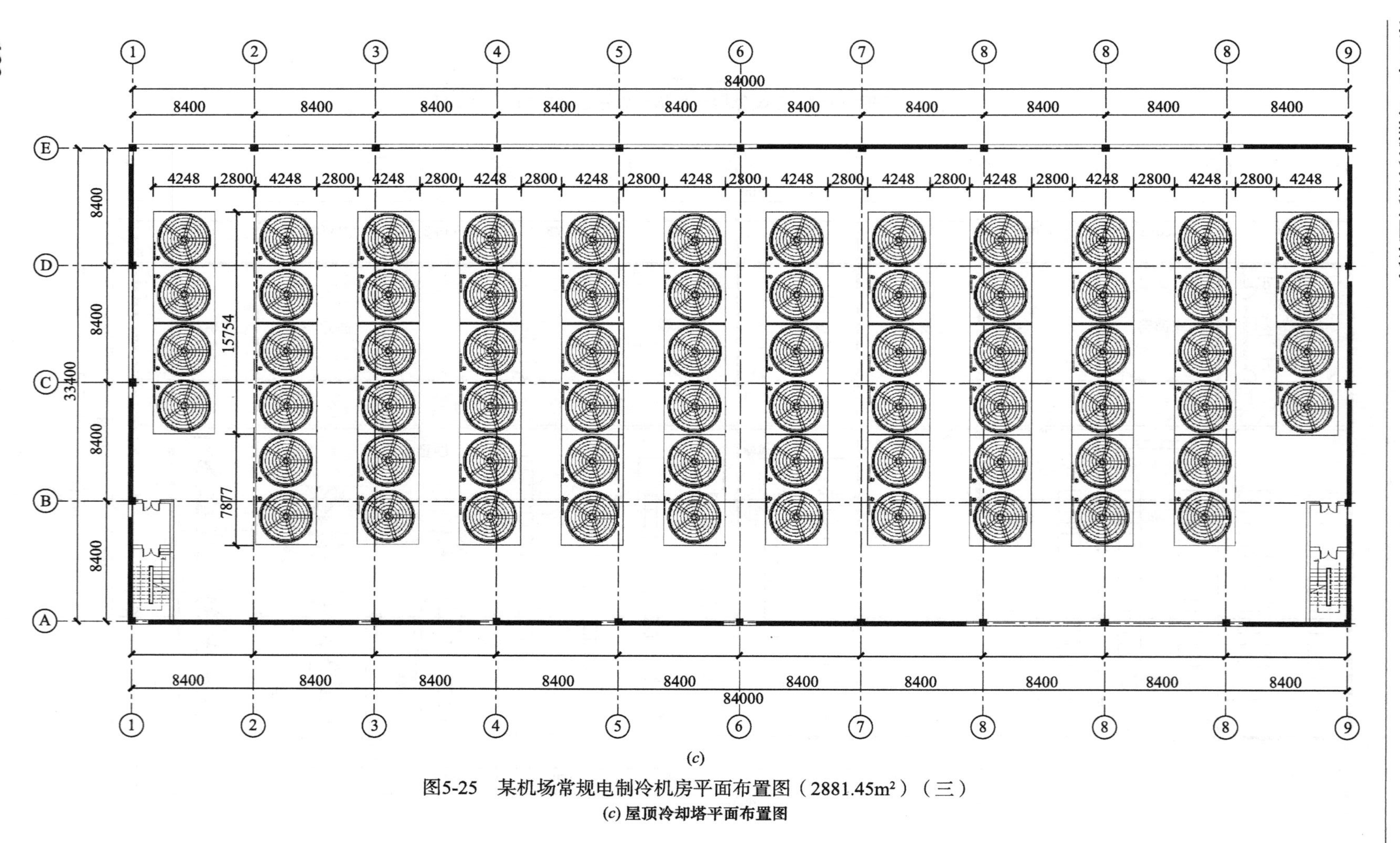

(c)

图5-25　某机场常规电制冷机房平面布置图（2881.45m²）（三）

(c) 屋顶冷却塔平面布置图

4. 冰蓄冷方案

(1) 系统设计

本工程采用外融冰主机上游串联系统的供冷方式。

1) 选用10台双工况冷水机组，单台制冷量8790kW (2500RT)，白天供冷夜间制冰；选用4台基载冷水机组，单台制冷量8790kW (2500RT)，全天供应冷水。

2) 采用盘管蓄冰装置，总储冷量144780RTh。

3) 乙二醇泵、冷却泵、冷却塔、制冷板换各10台，与双工况主机匹配设置。基载冷水泵、基载冷却泵、基载冷却塔各4台，与基载主机匹配设置。

4) 冷水采用二级泵系统，冰槽冷水直供方式。白天冷水温度为1.1℃/19℃，夜间冷水温度为12℃/19℃，冷却水温度为32℃/37℃。

该机场冰蓄冷负荷平衡见表5-73和图5-26～图5-29。

某机场冰蓄冷设计日负荷平衡表　　表5-73

时间	总冷负荷(RT)	基载制冷(RT)	制冷机制冷量(RT)		蓄冰槽(RT)		取冷率(%)
			主机制冰	主机制冷	储冰量	融冰量	
0：00	9718	9718	18100		36911		
1：00	4859	4859	18080		54989		
2：00	4859	4859	18060		73047		
3：00	4859	4859	18040		91085		
4：00	4859	4859	18020		109103		
5：00	4859	4859	18000		127101		
6：00	9718	9718	17679		144780		
7：00	26724	10000		15000	143054	1724	1.19
8：00	38871	10000		22500	136682	6371	4.40
9：00	40814	10000		25000	130866	5814	4.02
10：00	43244	10000		25000	122620	8244	5.69
11：00	46645	10000		25000	110973	11645	8.04
12：00	46645	10000		25000	99327	11645	8.04
13：00	48102	10000		25000	86222	13102	9.05
14：00	48588	10000		25000	72632	13588	9.39
15：00	48102	10000		25000	59527	13102	9.05
16：00	46645	10000		25000	47881	11645	8.04
17：00	45673	10000		25000	37206	10673	7.37
18：00	45673	10000		25000	26531	10673	7.37
19：00	41786	10000		25000	19743	6786	4.69
20：00	40328	10000		25000	14412	5328	3.68
21：00	39842	10000		25000	9568	4842	3.34
22：00	38871	10000		20000	695	8871	6.13
23：00	9718	9718	18120		18813		
合计	740002	213449	144099	382500		144053	99.49

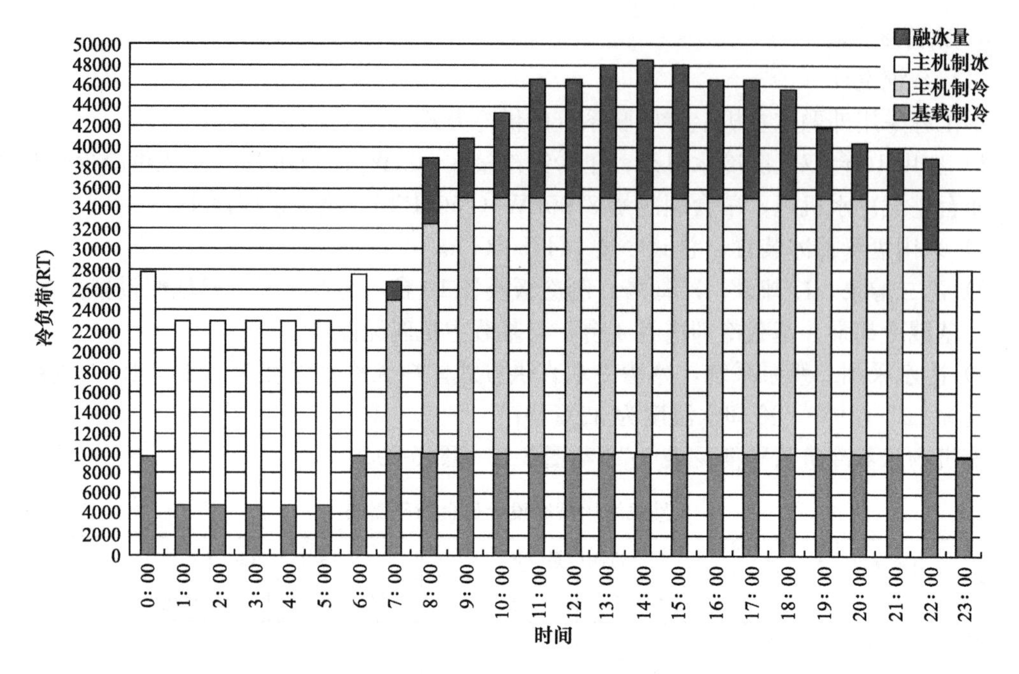

图 5-26　某机场冰蓄冷设计日负荷平衡图

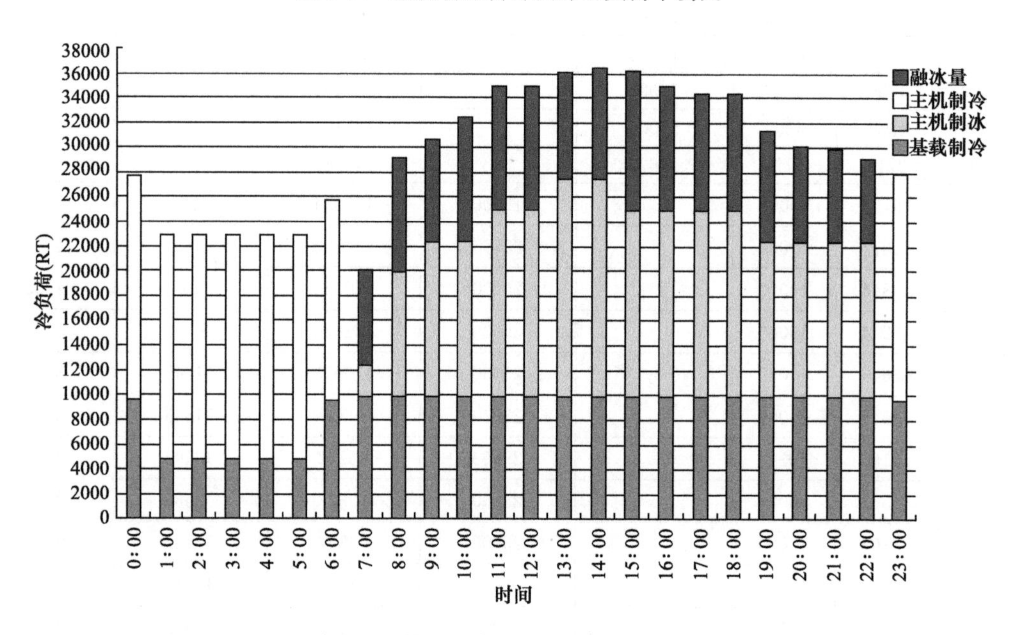

图 5-27　某机场冰蓄冷 75%负荷平衡图

(2) 主要设备初投资

该机场冰蓄冷系统主要设备投资见表 5-74。

该机场冰蓄冷系统主要设备投资约为 25246 万元，总装机电负荷为 32910kW。

(3) 运行能耗与费用

每年制冷系统耗电量 68763MWh，循环水泵耗电量 2122MWh，年总耗电量 70885MWh。年移高峰电量 12161MWh、平峰电量 9498MWh。

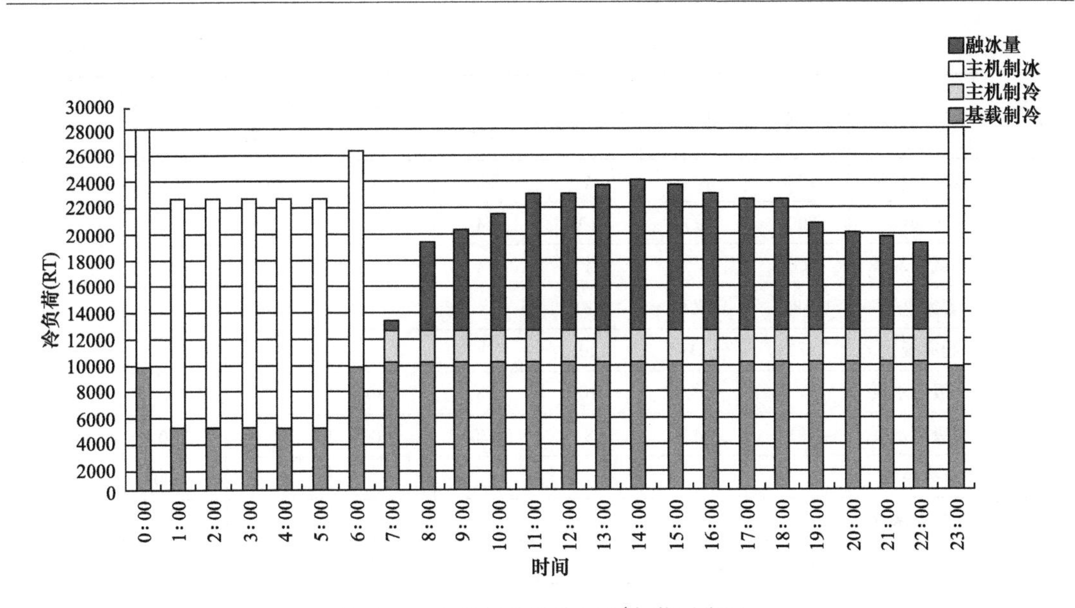

图 5-28 某机场冰蓄冷 50%负荷平衡图

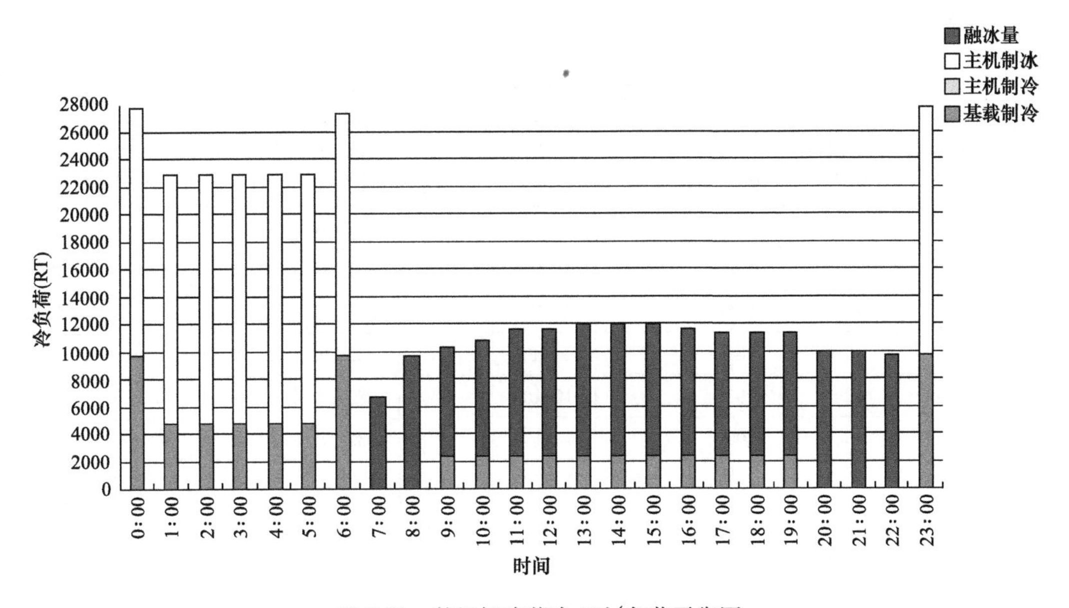

图 5-29 某机场冰蓄冷 25%负荷平衡图

某机场冰蓄冷系统主要设备投资 **表 5-74**

序号	设备名称	型号参数	单位	数量（台）	电量（kW）	总电量（kW）	设备单价（万元/台）	设备费用（万元）	备注
1	双工况主机	2500	RT	10	1831	18310	750	7500	
2	基载主机	2500	RT	4	1641	6564	625	2500	
3	乙二醇泵	1600	m^3/h	10	175	1750	35	350	
4	冷却泵	1900	m^3/h	10	200	2000	40	400	
5	基载冷水泵	1135	m^3/h	4	75	300	15	60	

续表

序号	设备名称	型号参数	单位	数量（台）	电量（kW）	总电量（kW）	设备单价（万元/台）	设备费用（万元）	备注
6	基载冷却泵	1900	m^3/h	4	200	800	40	160	
7	冷却塔	2000	m^3/h	10	74	740	160	1600	
8	基载冷却塔	2000	m^3/h	4	74	296	160	640	
9	蓄冰盘管	380	RT	381			15	5715	
10	制冷板换	8790	kW	10			110	1100	
11	一级冷水泵	1135	m^3/h	10	75	750	15	150	
12	二级冷水泵	1016	m^3/h	8	175	1400	35	280	1.1℃/19℃
13	自控系统							1500	
14	变配电系统							3291	
15	合计					32910		25246	

每年制冷系统电费5412万元，循环水泵电费167万元，年总电费5579万元。具体数据见表5-75～表5-78。

某机场冰蓄冷方案设计日电费统计表　　表5-75

时间	总冷负荷（RT）	基载制冷（RT）	制冷机制冷量（RT）		蓄冰槽（RT）		基载耗电（kWh）	蓄冰耗电（kWh）	耗电小计（kWh）	电费（元）
			主机制冰	主机制冷	储冰量	融冰量				
0：00	9718	9718	18100		36911		7655.6	22508.6	30164.1	23742.2
1：00	4859	4859	18080		54989		3827.8	22508.6	26336.4	20729.4
2：00	4859	4859	18060		73047		3827.8	22508.6	26336.4	20729.4
3：00	4859	4859	18040		91085		3827.8	22508.6	26336.4	20729.4
4：00	4859	4859	18020		109103		3827.8	22508.6	26336.4	20729.4
5：00	4859	4859	18000		127101		3827.8	22508.6	26336.4	20729.4
6：00	9718	9718	17679	0	147780		7655.6	22508.6	30164.1	23742.2
7：00	26724	10000		15000	143054	1724	7836.7	13214.1	21050.8	16569.1
8：00	38871	10000		22500	136682	6371	7836.7	19821.1	27657.8	21769.5
9：00	40814	10000		25000	130866	5814	7836.7	22023.5	29860.2	23503.0
10：00	43244	10000		25000	122620	8244	7836.7	22023.5	29860.2	23503.0
11：00	46654	10000		25000	110973	11645	7836.7	22023.5	29860.2	23503.0
12：00	46645	10000		25000	99327	11645	7836.7	22023.5	29860.2	23503.0
13：00	48102	10000		25000	86222	13102	7836.7	22023.5	29860.2	23503.0
14：00	48588	10000		25000	72632	13588	7836.7	22023.5	29860.2	23503.0
15：00	48102	10000		25000	59527	13102	7836.7	22023.5	29860.2	23503.0
16：00	46645	10000		25000	47881	11645	7836.7	22023.5	29860.2	23503.0
17：00	45673	10000		25000	37206	10673	7836.7	22023.5	29860.2	23503.0
18：00	45673	10000		25000	26531	10673	7836.7	22023.5	29860.2	23503.0

续表

时间	总冷负荷(RT)	基载制冷(RT)	制冷机制冷量(RT)		蓄冰槽(RT)		基载耗电(kWh)	蓄冰耗电(kWh)	耗电小计(kWh)	电费(元)
			主机制冰	主机制冷	储冰量	融冰量				
19：00	41786	10000		25000	19743	6786	7836.7	22023.5	29860.2	23503.0
20：00	40328	10000		25000	14412	5328	7836.7	22023.5	29860.2	23503.0
21：00	39842	10000		25000	9568	4842	7836.7	22023.5	29860.2	23503.0
22：00	38871	10000		20000	695	8871	7836.7	17618.8	25455.5	20036.0
23：00	9718	9718	18120		18813		7655.6	22508.6	30164.1	23742.2
合计	740002	213449	144099	382500		144053	167493	517028	684521	538787
日移高峰电量=		83390	kWh	日移平峰电量=		46257	kWh			

每年耗电量=68763MWh　　每年运行电费=5412 万元

年移高峰电量=12161MWh　　年移平峰电量=9498MWh

注：制冷站全年（168d）供冷时间段分布

1. 设计日运行 10d；
2. 75%负荷运行 50d；
3. 50%负荷运行 73d；
4. 25%负荷运行 35d。

全年谷电电量=32577MWh

全年总冷量=6809 万 RTh

循环水泵电耗=2122MWh

循环水泵电费=167 万元

某机场冰蓄冷方案 75%负荷电费统计表　　表 5-76

时间	总冷负荷(RT)	基载制冷(RT)	制冷机制冷量(RT)		蓄冰槽(RT)		基载耗电(kWh)	蓄冰耗电(kWh)	耗电小计(kWh)	电费(元)
			主机制冰	主机制冷	储冰量	融冰量				
0：00	9718	9718	18100		38550		7655.6	22508.6	30164.1	23742.2
1：00	4859	4859	18080		56628		3827.8	22508.6	26336.4	20729.4
2：00	4859	4859	18060		74686		3827.8	22508.6	26336.4	20729.4
3：00	4859	4859	18040		92724		3827.8	22508.6	26336.4	20729.4
4：00	4859	4859	18020		110742		3827.8	22508.6	26336.4	20729.4
5：00	4859	4859	18000		128740		3827.8	22508.6	26336.4	20729.4
6：00	9718	9718	16040	0	144780		7655.6	22508.6	30164.1	23742.2
7：00	20043	10000		2500	137235	7543	7836.7	2202.3	10039.1	7901.8
8：00	29153	10000		10000	128080	9153	7836.7	8809.4	16646.1	13102.2
9：00	30611	10000		12500	119968	8111	7836.7	11011.7	18848.5	14835.6
10：00	32433	10000		12500	110033	9933	7836.7	11011.7	18848.5	14835.6
11：00	34984	10000		15000	100047	9984	7836.7	13214.1	21050.8	16569.1
12：00	34984	10000		15000	90062	9984	7836.7	13214.1	21050.8	16569.1
13：00	36077	10000		17500	81483	8577	7836.7	15416.4	23253.1	18302.6
14：00	36441	10000		17500	72540	8941	7836.7	15416.4	23253.1	18302.6
15：00	36077	10000		15000	61461	11077	7836.7	13214.1	21050.8	16569.1
16：00	34984	10000		15000	51475	9984	7836.7	13214.1	21050.8	16569.1
17：00	34255	10000		15000	42219	9255	7836.7	13214.1	21050.8	16569.1
18：00	34255	10000		15000	32962	9255	7836.7	13214.1	21050.8	16569.1

续表

时间	总冷负荷（RT）	基载制冷（RT）	制冷机制冷量（RT）		蓄冰槽（RT）		基载耗电（kWh）	蓄冰耗电（kWh）	耗电小计（kWh）	电费（元）
			主机制冰	主机制冷	储冰量	融冰量				
19：00	31339	10000		12500	24121	8839	7836.7	11011.7	18848.5	14835.6
20：00	30246	10000		12500	16372	7746	7836.7	11011.7	18848.5	14835.6
21：00	29882	10000		12500	8989	7382	7836.7	11011.7	18848.5	14835.6
22：00	29153	10000		12500	2334	6653	7836.7	11011.7	18848.5	14835.6
23：00	9718	9718	18120		20452		7655.6	22508.6	30164.1	23742.2
合计	56836	213449	142460	212500		142417	167493	367268	534761	420911
日移高峰电量＝		74918	kWh	日移平峰电量＝		53255	kWh			

某机场冰蓄冷方案 50%负荷电费统计表　　表 5-77

时间	总冷负荷（RT）	基载制冷（RT）	制冷机制冷量（RT）		蓄冰槽（RT）		基载耗电（kWh）	蓄冰耗电（kWh）	耗电小计（kWh）	电费（元）
			主机制冰	主机制冷	储冰量	融冰量				
0：00	9718	9718	18100		37688		7655.6	22508.6	30164.1	23742.2
1：00	4859	4859	18080		55766		3827.8	22508.6	26336.4	20729.4
2：00	4859	4859	18060		73824		3827.8	22508.6	26336.4	20729.4
3：00	4859	4859	18040		91862		3827.8	22508.6	26336.4	20729.4
4：00	4859	4859	18020		109880		3827.8	22508.6	26336.4	20729.4
5：00	4859	4859	18000		127878		3827.8	22508.6	26336.4	20729.4
6：00	9718	9718	16902	0	144780		7337.4	22508.6	29846.0	23491.8
7：00	13362	10000		2500	143916	862	7836.7	2202.3	10039.1	7901.8
8：00	19435	10000		2500	136979	6935	7836.7	2202.3	10039.1	7901.8
9：00	20407	10000		2500	129070	7907	7836.7	2202.3	10039.1	7901.8
10：00	21622	10000		2500	119946	9122	7836.7	2202.3	10039.1	7901.8
11：00	23322	10000		2500	109122	10822	7836.7	2202.3	10039.1	7901.8
12：00	23322	10000		2500	98297	10822	7836.7	2202.3	10039.1	7901.8
13：00	24051	10000		2500	86744	11551	7836.7	2202.3	10039.1	7901.8
14：00	24294	10000		2500	74948	11794	7836.7	2202.3	10039.1	7901.8
15：00	24051	10000		2500	63395	11551	7836.7	2202.3	10039.1	7901.8
16：00	23322	10000		2500	52570	10822	7836.7	2202.3	10039.1	7901.8
17：00	22836	10000		2500	42232	10336	7836.7	2202.3	10039.1	7901.8
18：00	22836	10000		2500	31893	10336	7836.7	2202.3	10039.1	7901.8
19：00	20893	10000		2500	23498	8393	7836.7	2202.3	10039.1	7901.8
20：00	20164	10000		2500	15832	7664	7836.7	2202.3	10039.1	7901.8
21：00	19921	10000	0	2500	8409	7421	7836.7	2202.3	10039.1	7901.8
22：00	19435	10000		2500	1472	6935	7836.7	2202.3	10039.1	7901.8
23：00	9718	9718	18120		19590		7655.6	22508.6	30164.1	23742.2

续表

时间	总冷负荷(RT)	基载制冷(RT)	制冷机制冷量（RT）		蓄冰槽（RT）		基载耗电(kWh)	蓄冰耗电(kWh)	耗电小计(kWh)	电费(元)
			主机制冰	主机制冷	储冰量	融冰量				
合计	396722	213449	143322	40000		143273	167175	215306	382482	301052
日移高峰电量＝		72455	kWh	日移平峰电量＝		56494	kWh			

某机场冰蓄冷方案25%负荷电费统计表 表5-78

时间	总冷负荷(RT)	基载制冷(RT)	制冷机制冷量(RT)		蓄冰槽（RT）		基载耗电(kWh)	蓄冰耗电(kWh)	耗电小计(kWh)	电费(元)
			主机制冰	主机制冷	储冰量	融冰量				
0：00	9718	9718	18100		36826		7655.6	18006.9	25662.4	20198.9
1：00	4859	4859	18080		54904		3827.8	18006.9	21834.6	17186.0
2：00	4859	4859	18060		72962		3827.8	18006.9	21834.6	17186.0
3：00	4859	4859	18040		91000		3827.8	18006.9	21834.6	17186.0
4：00	4859	4859	18020		109018		3827.8	18006.9	21834.6	17186.0
5：00	4859	4859	18000		127016		3827.8	18006.9	21834.6	17186.0
6：00	9718	9718	17764	0	144780		7337.4	18006.9	25344.2	19948.5
7：00	6681	0		0	138097	6681	0.0	0.0	0.0	0.0
8：00	9718	0		0	128377	9718	0.0	0.0	0.0	0.0
9：00	10204	2500		0	120672	7704	1959.2	0.0	1959.2	1542.1
10：00	10811	2500		0	112359	8311	1959.2	0.0	1959.2	1542.1
11：00	11661	2500		0	103196	9161	1959.2	0.0	1959.2	1542.1
12：00	11661	2500		0	94033	9161	1959.2	0.0	1959.2	1542.1
13：00	12026	2500		0	84505	9526	1959.2	0.0	1959.2	1542.1
14：00	12147	2500		0	74856	9647	1959.2	0.0	1959.2	1542.1
15：00	12026	2500		0	65328	9526	1959.2	0.0	1959.2	1542.1
16：00	11661	2500		0	56165	9161	1959.2	0.0	1959.2	1542.1
17：00	11418	2500		0	47245	8918	1959.2	0.0	1959.2	1542.1
18：00	11418	2500		0	38325	8918	1959.2	0.0	1959.2	1542.1
19：00	10446	2500		0	30376	7946	1959.2	0.0	1959.2	1542.1
20：00	10082	0		0	20292	10082	0.0	0.0	0.0	0.0
21：00	9961	0		0	10330	9961	0.0	0.0	0.0	0.0
22：00	9718	0		0	610	9718	0.0	0.0	0.0	0.0
23：00	9718	9718	18120		18728		7655.6	18006.9	25662.4	20198.9
合计	225085	80947	144184	0		144139	63339	144055	207393	163239
日移高峰电量＝		65477	kWh	日移平峰电量＝		64247	kWh			

（4）冰蓄冷机房平面布置图

该机场冰蓄冷机房平面布置图见图5-30。

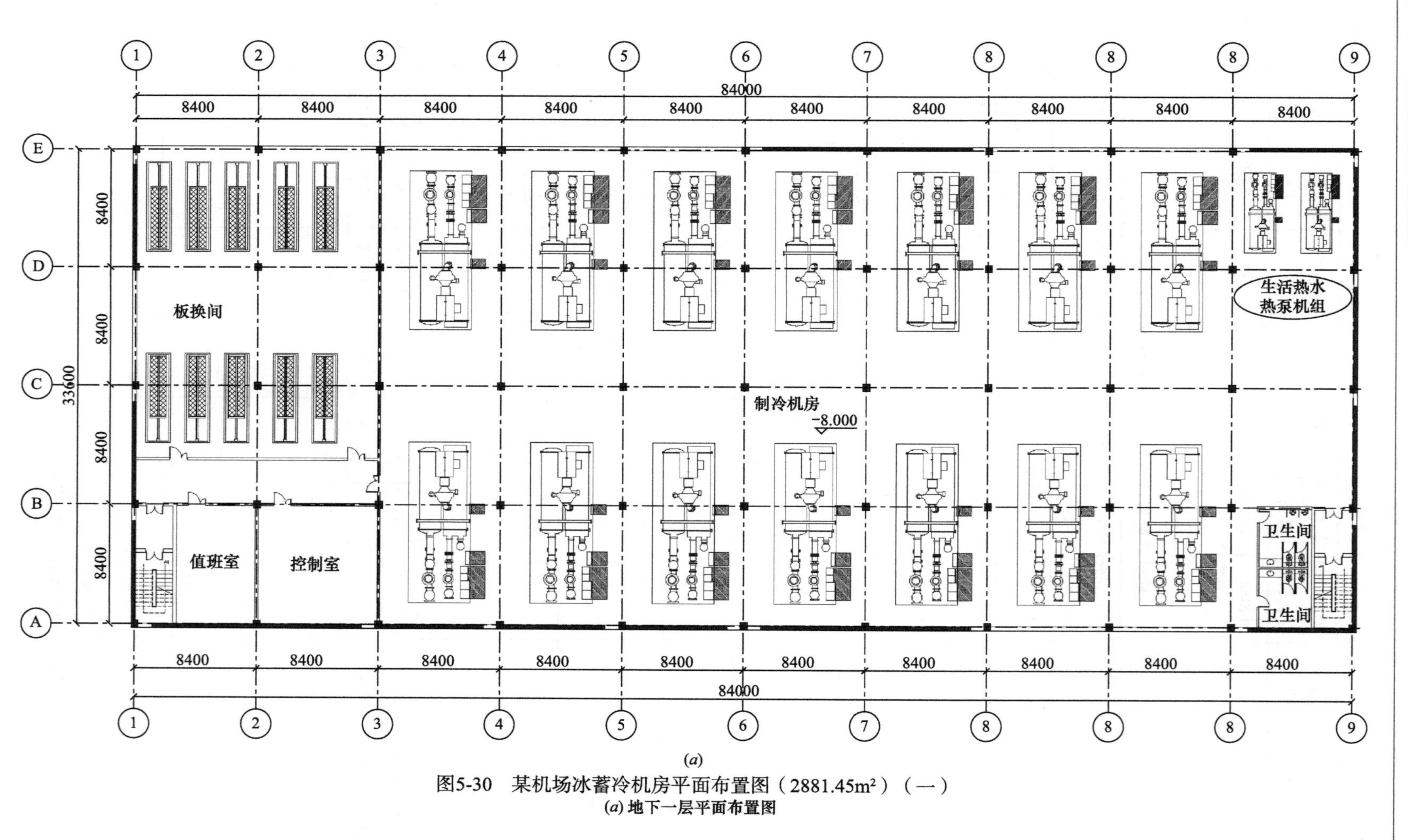

(a)

图5-30　某机场冰蓄冷机房平面布置图（2881.45m²）（一）

(a) 地下一层平面布置图

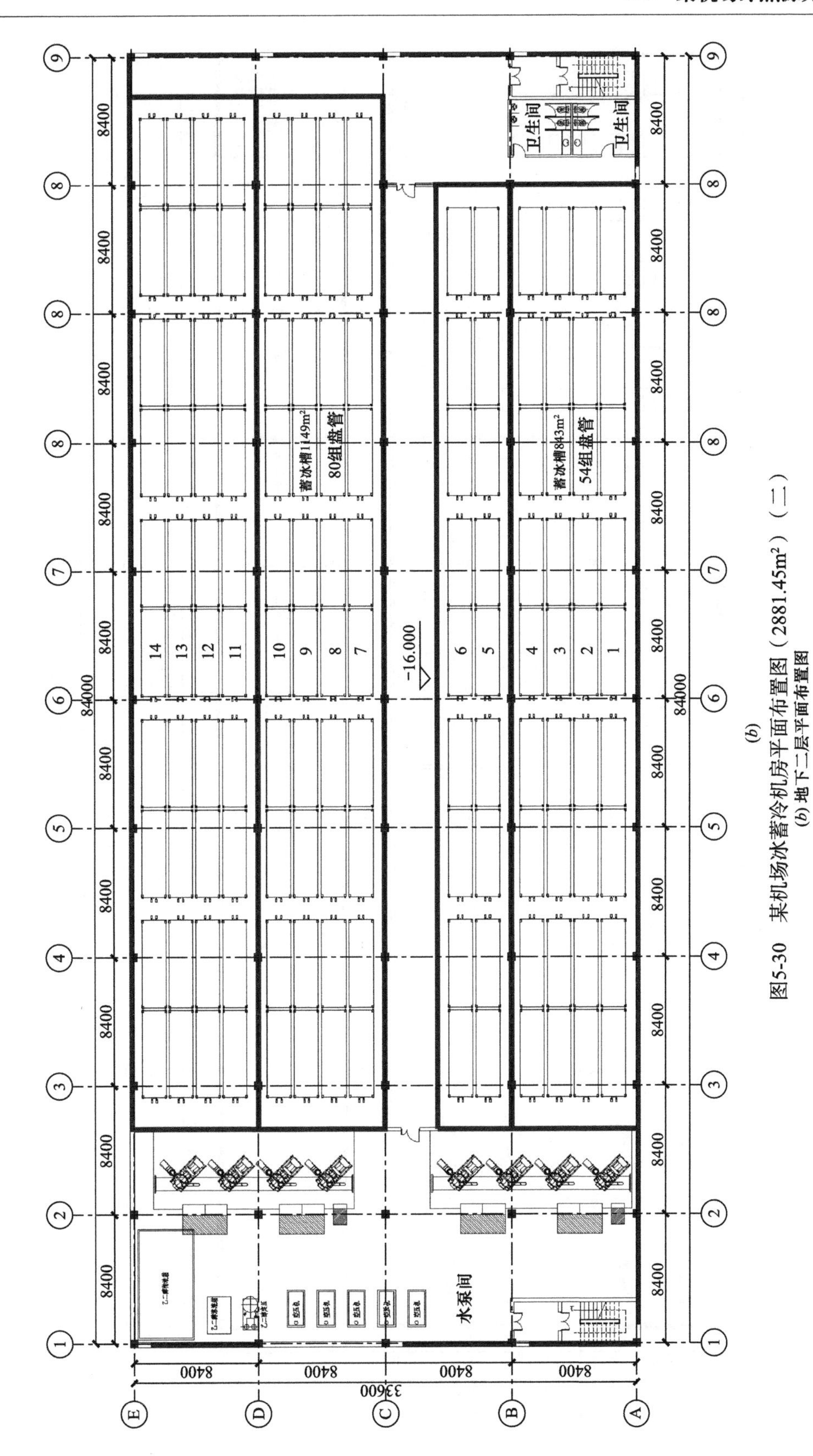

(b)

图5-30 某机场冰蓄冷机房平面布置图（2881.45m²）（二）

(b) 地下二层平面布置图

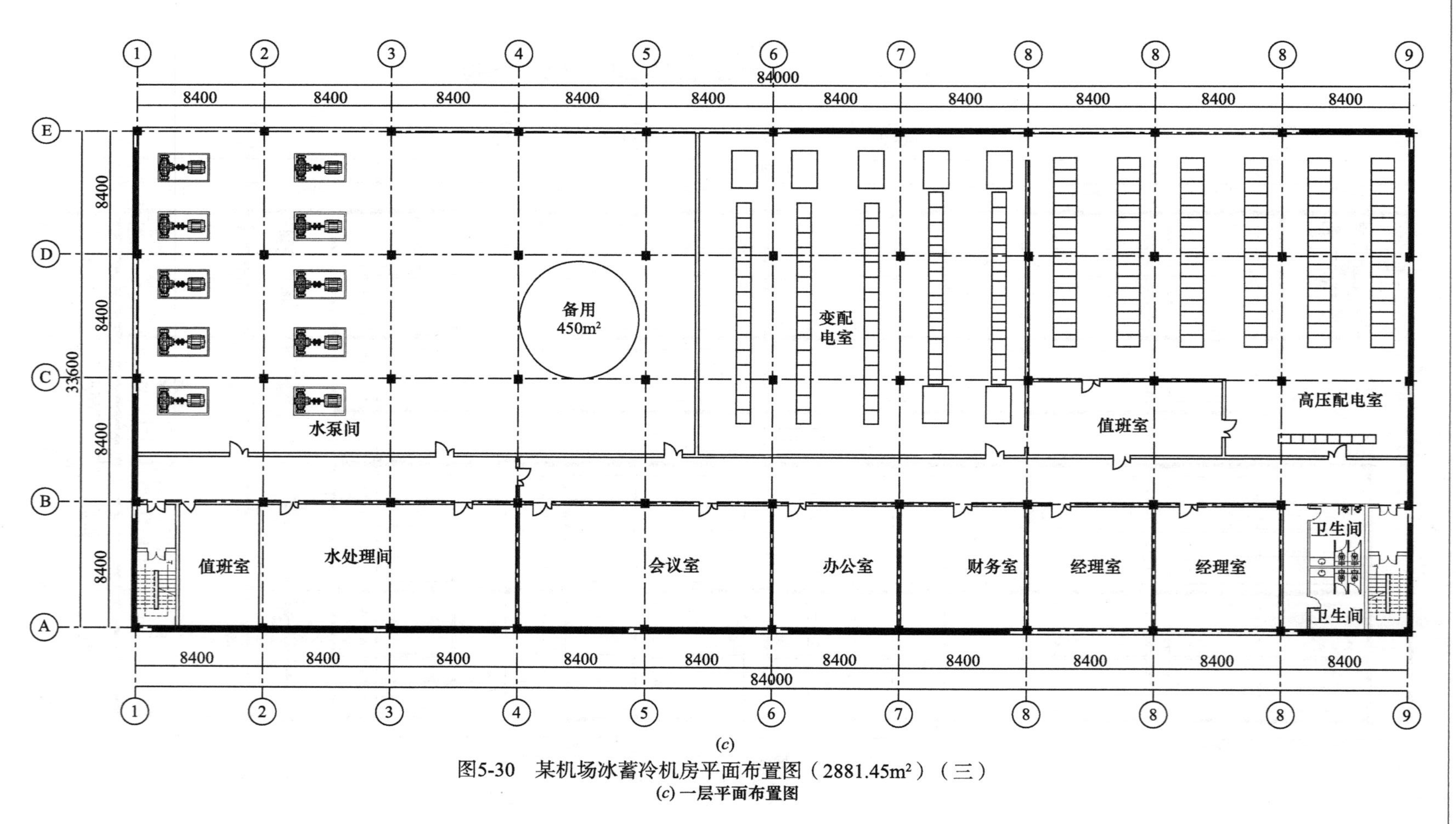

(c)

图5-30　某机场冰蓄冷机房平面布置图（2881.45m^2）（三）

(c) 一层平面布置图

5. 水蓄冷方案

（1）系统设计

本工程采用主机上游串联系统的供冷方式。

1）选用8台双工况冷水机组，单台制冷量9845kW（2800RT），白天供冷夜间蓄冷，蓄冷时主机两两串联运行；选用4台基载冷水机组，单台制冷量9845kW（2800RT），全天供应冷水。

2）采用立式水罐蓄冷装置，总储冷量15962RTh。

3）冷水泵、冷却泵、冷却塔各8台，与双工况主机匹配设置。基载冷水泵、基载冷却泵、基载冷却塔各4台，与基载主机匹配设置。

4）冷水采用二级泵系统，蓄冷冷水直供方式。白天冷水供回水温度为8℃/19℃，夜间冷水供回水温度为12℃/19℃，冷却水供回水温度为32℃/37℃。

该机场水蓄冷负荷平衡见表5-79和图5-31～图5-34。

某机场水蓄冷设计日负荷平衡表　　表5-79

时间	总冷负荷（RT）	基载制冷（RT）	制冷机制冷量（RT）		蓄冷水槽（RT）		取冷率（%）
			主机蓄冷	主机制冷	储冷量	释冷量	
0：00	9718	9718	20100		42523		
1：00	4859	4859	20080		62601		
2：00	4859	4859	20060		82659		
3：00	4859	4859	20040		102697		
4：00	4859	4859	20020		122715		
5：00	4859	4859	20000		142713		
6：00	9718	9718	16979		159692		
7：00	26724	11200		14000	158166	1524	0.95
8：00	38871	11200		22400	152894	5271	3.30
9：00	40814	11200		22400	145678	7214	4.52
10：00	43244	11200		22400	136032	9644	6.04
11：00	46645	11200		22400	122985	13045	8.17
12：00	46645	11200		22400	109939	13045	8.17
13：00	48102	11200		22400	95434	14502	9.08
14：00	48588	11200		22400	80444	14988	9.39
15：00	48102	11200		22400	65939	14502	9.08
16：00	46645	11200		22400	52893	13045	8.17
17：00	45673	11200		22400	40818	12073	7.56
18：00	45673	11200		22400	28743	12073	7.56
19：00	41786	11200		22400	20555	8186	5.13
20：00	40328	11200		22400	13824	6728	4.21
21：00	39842	11200		22400	7580	6242	3.91
22：00	38871	11200		22400	2307	5271	3.30
23：00	9718	9718	20120		22425		
合计	740002	232649	157399	350000		157353	98.54

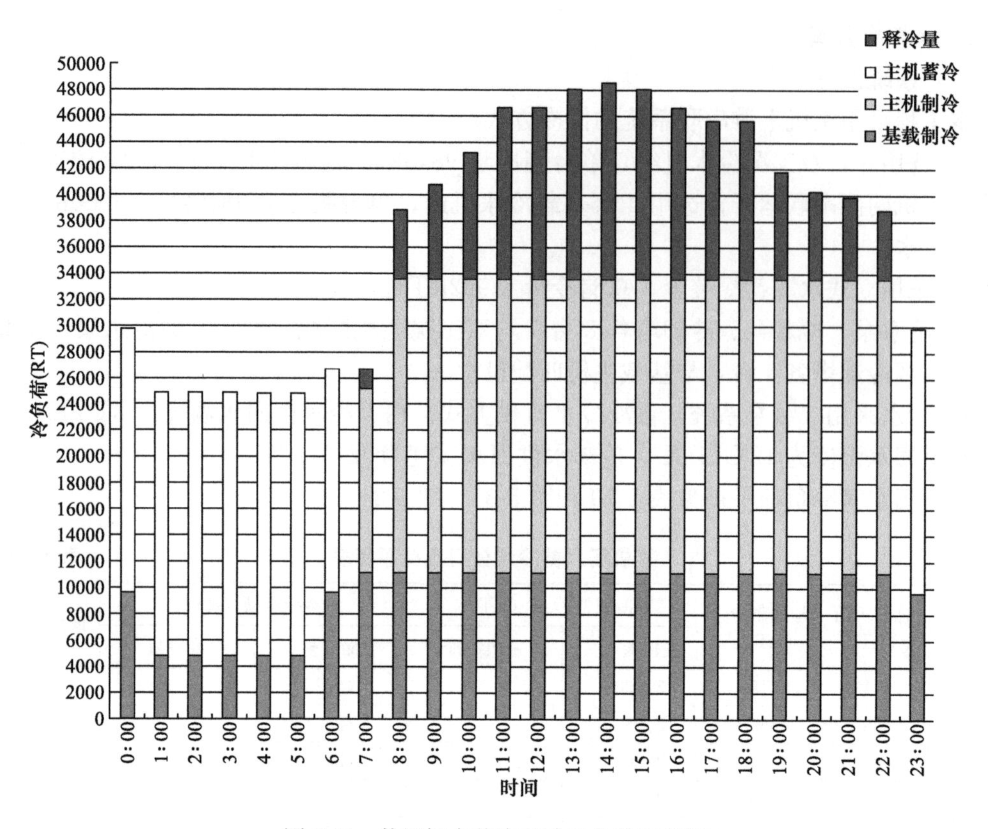

图 5-31　某机场水蓄冷设计日负荷平衡图

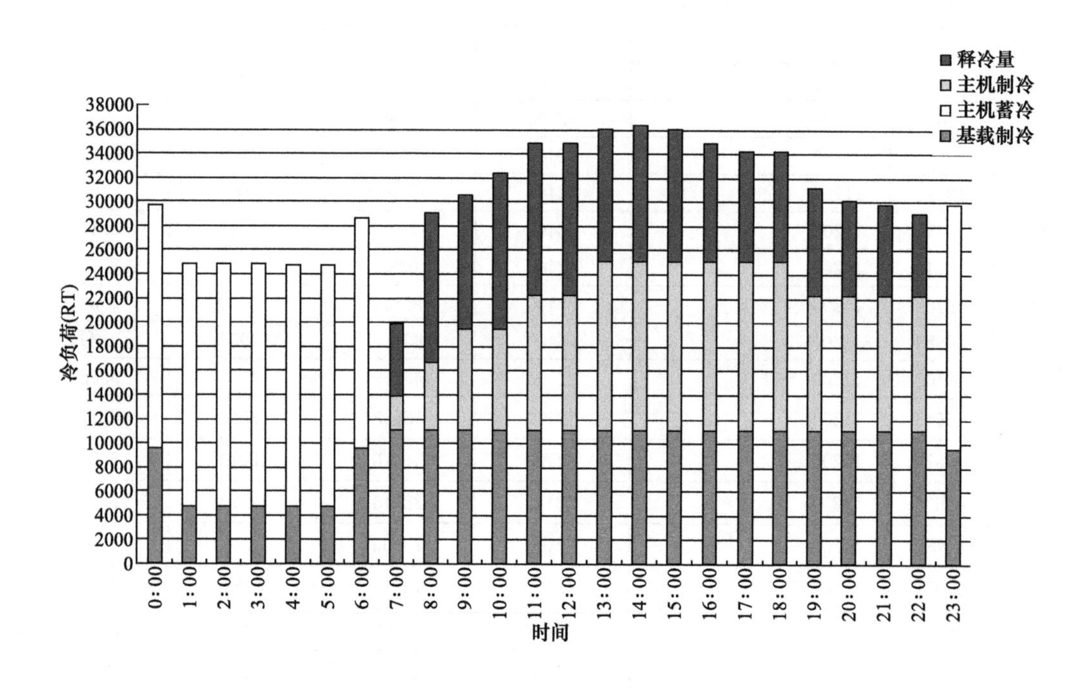

图 5-32　某机场水蓄冷 75%负荷平衡图

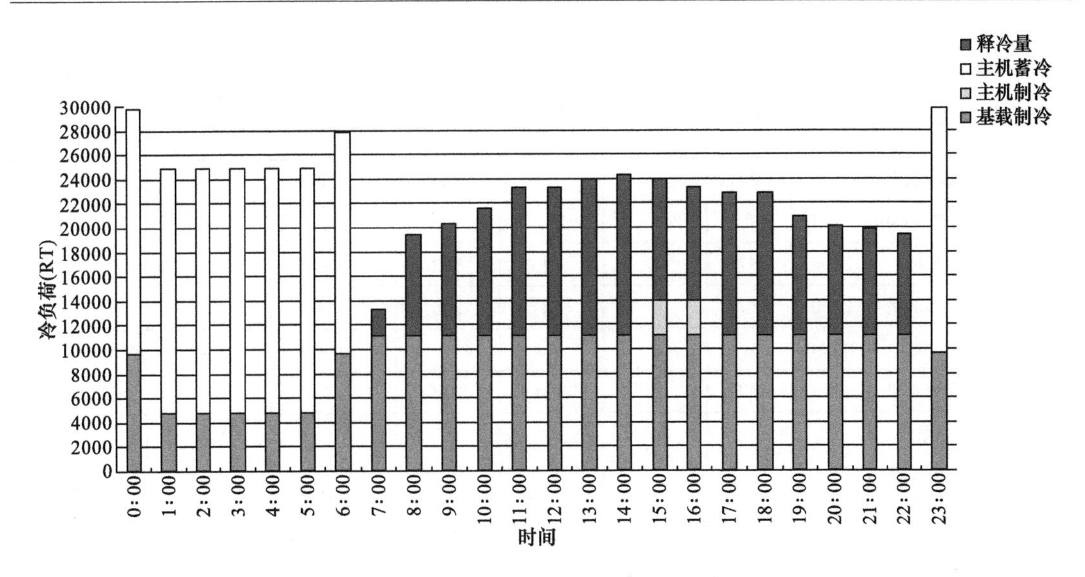

图 5-33 某机场水蓄冷 50%负荷平衡图

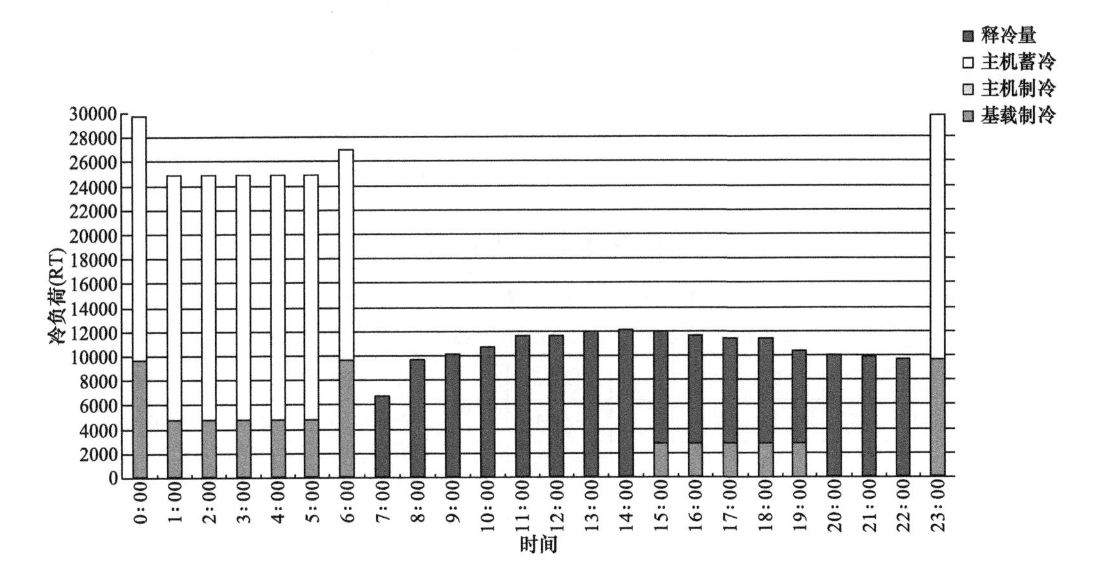

图 5-34 某机场水蓄冷 25%负荷平衡图

（2）主要设备初投资

该机场水蓄冷系统主要设备投资见表 5-80。

某机场水蓄冷系统主要设备投资 表 5-80

序号	设备名称	参数	单位	数量（台）	电量（kW）	总电量（kW）	设备单价（万元/台）	设备费用（万元）	备注
1	双工况主机	2800	RT	8	1726	13808	625	5000	
2	基载主机	2800	RT	4	1641	6564	625	2500	
3	一级冷水泵	1185	m^3/h	8	175	1400	35	280	
4	冷却泵	2074	m^3/h	8	235	1880	40	320	

续表

序号	设备名称	参数	单位	数量（台）	电量（kW）	总电量（kW）	设备单价（万元/台）	设备费用（万元）	备注
5	基载冷水泵	1270	m^3/h	4	75	300	15	60	
6	基载冷却泵	2074	m^3/h	4	235	940	40	160	
7	冷却塔	2100	m^3/h	8	74	592	160	1280	
8	基载冷却塔	2100	m^3/h	4	74	296	160	640	
9	蓄冷水罐	12650	m^3	3			1000	3000	ϕ26m×H24m
10	二级冷水泵	1113	m^3/h	12	200	2400	40	480	8℃/19℃
11	自控系统							1200	
12	变配电系统							2818	
13	合计					28180		17738	

该机场水蓄冷系统主要设备投资约为 17738 万元，总装机电负荷为 28180kW。

（3）运行能耗与费用

每年制冷系统耗电量 55374MWh，循环水泵耗电量 3356MWh，年总耗电量 58730MWh。年移高峰电量 13895MWh、平峰电量 10068MWh。

每年制冷系统电费 4359 万元，循环水泵电费 264 万元，年总电费 4623 万元。

具体数据见表 5-81～表 5-84。

某机场水蓄冷方案设计日电费统计表　　表 5-81

时间	总冷负荷（RT）	基载制冷（RT）	制冷机制冷量（RT）		蓄冷冰槽（RT）		基载耗电（kWh）	蓄冷耗电（kWh）	耗电小计（kWh）	电费（元）
			主机蓄冷	主机制冷	储冷量	释冷量				
0：00	9718	9718	20100		42523		7070.9	16543.2	23614.1	18586.7
1：00	4859	4859	20080		62601		3535.5	16543.2	20078.7	15803.9
2：00	4859	4859	20060		82659		3535.5	16543.2	20078.7	15803.9
3：00	4859	4859	20040		102697		3535.5	16543.2	20078.7	15803.9
4：00	4859	4859	20020		122715		3535.5	16543.2	20078.7	15803.9
5：00	4859	4859	20000		142713		3535.5	16543.2	20078.7	15803.9
6：00	9718	9718	16979	0	159692		7070.9	16543.2	23614.1	18586.7
7：00	26724	11200		14000	158166	1524	7939.8	10339.5	18279.3	14387.6
8：00	38871	11200		22400	152894	5271	7939.8	16543.2	24483.0	19270.6
9：00	40814	11200		22400	145678	7214	7939.8	16543.2	24483.0	19270.6
10：00	43244	11200		22400	136032	9644	7939.8	16543.2	24483.0	19270.6
11：00	46645	11200		22400	122985	13045	7939.8	16543.2	24483.0	19270.6
12：00	46645	11200		22400	109939	13045	7939.8	16543.2	24483.0	19270.6
13：00	48102	11200		22400	95434	14502	7939.8	16543.2	24483.0	19270.6
14：00	48588	11200		22400	80444	14988	7939.8	16543.2	24483.0	19270.6
15：00	48102	11200		22400	65939	14502	7939.8	16543.2	24483.0	19270.6

续表

时间	总冷负荷（RT）	基载制冷（RT）	制冷机制冷量（RT）		蓄冷冰槽（RT）		基载耗电（kWh）	蓄冷耗电（kWh）	耗电小计（kWh）	电费（元）
			主机蓄冷	主机制冷	储冷量	释冷量				
16：00	46645	11200		22400	52893	13045	7939.8	16543.2	24483.0	19270.6
17：00	45673	11200		22400	40818	12073	7939.8	16543.2	24483.0	19270.6
18：00	45673	11200		22400	28743	12073	7939.8	16543.2	24483.0	19270.6
19：00	41786	11200		22400	20555	8186	7939.8	16543.2	24483.0	19270.6
20：00	40328	11200		22400	13824	6728	7939.8	16543.2	24483.0	19270.6
21：00	39842	11200		22400	7580	6242	7939.8	16543.2	24483.0	19270.6
22：00	38871	11200		22400	2307	5271	7939.8	16543.2	24483.0	19270.6
23：00	9718	9718	20120		22425		7070.9	16543.2	23614.1	18586.7
合计	740002	232649	157399	350000		157353	1659267	390833	556760	438226
日移高峰电量＝		94730	kWh	日移平峰电量＝		46887	kWh			

每年耗电量＝55374MWh	每年运行电费＝4359 万元
年移高峰电量＝13895MWh	年移平峰电量＝10068MWh

注：制冷站全年（168d）供冷时间段分布

1. 设计日运行 10d；
2. 75%负荷运行 50d；
3. 50%负荷运行 73d；
4. 25%负荷运行 35d。

全年谷电电量＝25654MWh

全年总冷量＝68090420RTh

循环水泵电耗＝3356MWh

循环水泵电费＝264 万元

某机场水蓄冷方案 75%负荷电费统计表 **表 5-82**

时间	总冷负荷（RT）	基载制冷（RT）	制冷机制冷量（RT）		蓄冷冰槽（RT）		基载耗电（kWh）	蓄冷耗电（kWh）	耗电小计（kWh）	电费（元）
			主机蓄冷	主机制冷	储冷量	释冷量				
0：00	9718	9718	20100		40562		7070.9	16543.2	23614.1	18586.7
1：00	4859	4859	20080		60640		3535.5	16543.2	20078.7	15803.9
2：00	4859	4859	20060		80698		3535.5	16543.2	20078.7	15803.9
3：00	4859	4859	20040		100736		3535.5	16543.2	20078.7	15803.9
4：00	4859	4859	20020		120754		3535.5	16543.2	20078.7	15803.9
5：00	4859	4859	20000		140752		3535.5	16543.2	20078.7	15803.9
6：00	9718	9718	18940	0	159692		7070.9	16543.2	23614.1	18586.7
7：00	20043	11200		2800	153647	6043	7939.8	2067.9	10007.7	7877.0
8：00	29153	11200		5600	141292	12353	7939.8	4135.8	12075.6	9504.7
9：00	30611	11200		8400	130280	11011	7939.8	6203.7	14143.5	11132.3
10：00	32433	11200		8400	117445	12833	7939.8	6203.7	14143.5	11132.3
11：00	34984	11200		11200	104859	12584	7939.8	8271.6	16211.4	12760.0
12：00	34984	11200		11200	92274	12584	7939.8	8271.6	16211.4	12760.0
13：00	36077	11200		14000	81395	10877	7939.8	10339.5	18279.3	14387.6
14：00	36441	11200		14000	70152	11241	7939.8	10339.5	18279.3	14387.6
15：00	36077	11200		14000	59273	10877	7939.8	10339.5	18279.3	14387.6

续表

时间	总冷负荷(RT)	基载制冷(RT)	制冷机制冷量(RT)		蓄冷冰槽(RT)		基载耗电(kWh)	蓄冷耗电(kWh)	耗电小计(kWh)	电费(元)
			主机蓄冷	主机制冷	储冷量	释冷量				
16:00	34984	11200		14000	49487	9784	7939.8	10339.5	18279.3	14387.6
17:00	34255	11200		14000	40431	9055	7939.8	10339.5	18279.3	14387.6
18:00	34255	11200		14000	31374	9055	7939.8	10339.5	18279.3	14387.6
19:00	31339	11200		11200	22433	8939	7939.8	8271.6	16211.4	12760.0
20:00	30246	11200		11200	14584	7846	7939.8	8271.6	16211.4	12760.0
21:00	29882	11200		11200	7101	7482	7939.8	8271.6	16211.4	12760.0
22:00	29153	11200		11200	346	6753	7939.8	8271.6	16211.4	12760.0
23:00	9718	9718	20120		20464		7070.9	16543.2	23614.1	18586.7
合计	568366	232649	159360	176400		1593147	165927	262623	428550	337312
日移高峰电量=		86168	kWh	日移平峰电量=		57215	kWh			

某机场水蓄冷方案50%负荷电费统计表 **表5-83**

时间	总冷负荷(RT)	基载制冷(RT)	制冷机制冷量(RT)		蓄冷冰槽(RT)		基载耗电(kWh)	蓄冷耗电(kWh)	耗电小计(kWh)	电费(元)
			主机蓄冷	主机制冷	储冷量	释冷量				
0:00	9718	9718	20100		41400		7070.9	16543.2	23614.1	18586.7
1:00	4859	4859	20080		61478		3535.5	16543.2	20078.7	15803.9
2:00	4859	4859	20060		81536		3535.5	16543.2	20078.7	15803.9
3:00	4859	4859	20040		101574		3535.5	16543.2	20078.7	15803.9
4:00	4859	4859	20020		121592		3535.5	16543.2	20078.7	15803.9
5:00	4859	4859	20000		141590		3535.5	16543.2	20078.7	15803.9
6:00	9718	9718	18102	0	159692		6727.0	16543.2	23270.2	18316.0
7:00	13362	11200		0	157528	2162	7939.8	0.0	7939.8	6249.4
8:00	19435	11200		0	149291	8235	7939.8	0.0	7939.8	6249.4
9:00	20407	11200		0	140082	9207	7939.8	0.0	7939.8	6249.4
10:00	21622	11200		0	129658	10422	7939.8	0.0	7939.8	6249.4
11:00	23322	11200		0	117534	12122	7939.8	0.0	7939.8	6249.4
12:00	23322	11200		0	105409	12122	7939.8	0.0	7939.8	6249.4
13:00	24051	11200		0	92556	12851	7939.8	0.0	7939.8	6249.4
14:00	24294	11200		0	79460	13094	7939.8	0.0	7939.8	6249.4
15:00	24051	11200		2800	69407	10051	7939.8	2067.9	10007.7	7877.0
16:00	23322	11200		2800	60082	9322	7939.8	2067.9	10007.7	7877.0
17:00	22836	11200		0	48444	11636	7939.8	0.0	7939.8	6249.4
18:00	22836	11200		0	36805	11636	7939.8	0.0	7939.8	6249.4
19:00	20893	11200		0	27110	9693	7939.8	0.0	7939.8	6249.4
20:00	20164	11200		0	18144	8964	7939.8	0.0	7939.8	6249.4
21:00	19921	11200	0	0	9421	8721	7939.8	0.0	7939.8	6249.4

续表

时间	总冷负荷（RT）	基载制冷（RT）	制冷机制冷量（RT）		蓄冷冰槽（RT）		基载耗电（kWh）	蓄冷耗电（kWh）	耗电小计（kWh）	电费（元）
			主机蓄冷	主机制冷	储冷量	释冷量				
22：00	19435	11200		0	1184	8235	7939.8	0.0	7939.8	6249.4
23：00	9718	9718	20120		21302		7070.9	16543.2	23614.1	18586.7
合计	396722	232649	158522	5600		158473	165583	136481	302065	237755
日移高峰电量＝		81815	kWh	日移平峰电量＝		60814	kWh			

某机场水蓄冷方案25%负荷电费统计表 表5-84

时间	总冷负荷（RT）	基载制冷（RT）	制冷机制冷量（RT）		蓄冰槽（RT）		基载耗电（kWh）	蓄冷耗电（kWh）	耗电小计（kWh）	电费（元）
			主机蓄冷	主机制冷	储冷量	释冷量				
0：00	9718	9718	20100		42238		7070.9	16543.2	23614.1	18586.7
1：00	4859	4859	20080		62316		3535.5	16543.2	20078.7	15803.9
2：00	4859	4859	20060		82374		3535.5	16543.2	20078.7	15803.9
3：00	4859	4859	20040		102412		3535.5	16543.2	20078.7	15803.9
4：00	4859	4859	20020		122430		3535.5	16543.2	20078.7	15803.9
5：00	4859	4859	20000		142428		3535.5	16543.2	20078.7	15803.9
6：00	9718	9718	17264	0	159692		6727.0	16543.2	23270.2	18316.0
7：00	6681	0		0	153009	6681	0.0	0.0	0.0	0.0
8：00	9718	0		0	143289	9718	0.0	0.0	0.0	0.0
9：00	10204	0		0	133084	10204	0.0	0.0	0.0	0.0
10：00	10811	0		0	122271	10811	0.0	0.0	0.0	0.0
11：00	11661	0		0	110608	11661	0.0	0.0	0.0	0.0
12：00	11661	0		0	98945	11661	0.0	0.0	0.0	0.0
13：00	12026	0		0	86917	12026	0.0	0.0	0.0	0.0
14：00	12147	0		0	74768	12147	0.0	0.0	0.0	0.0
15：00	12026	2800		0	65540	9226	1984.9	0.0	1984.9	1562.3
16：00	11661	2800		0	56677	8861	1984.9	0.0	1984.9	1562.3
17：00	11418	2800		0	48057	8618	1984.9	0.0	1984.9	1562.3
18：00	11418	2800		0	39437	8618	1984.9	0.0	1984.9	1562.3
19：00	10446	2800		0	31788	7646	1984.9	0.0	1984.9	1562.3
20：00	10082	0		0	21704	10082	0.0	0.0	0.0	0.0
21：00	9961	0		0	11742	9961	0.0	0.0	0.0	0.0
22：00	9718	0		0	2022	9718	0.0	0.0	0.0	0.0
23：00	9718	9718	20120		22140		7070.9	16543.2	23614.1	18586.7
合计	225088	67449	157684	0		157639	48471	132346	180816	142320
日移高峰电量＝		76187	kWh	日移平峰电量＝		65687	kWh			

（4）水蓄冷机房平面布置图

该机场水蓄冷机房平面布置图见图5-35。

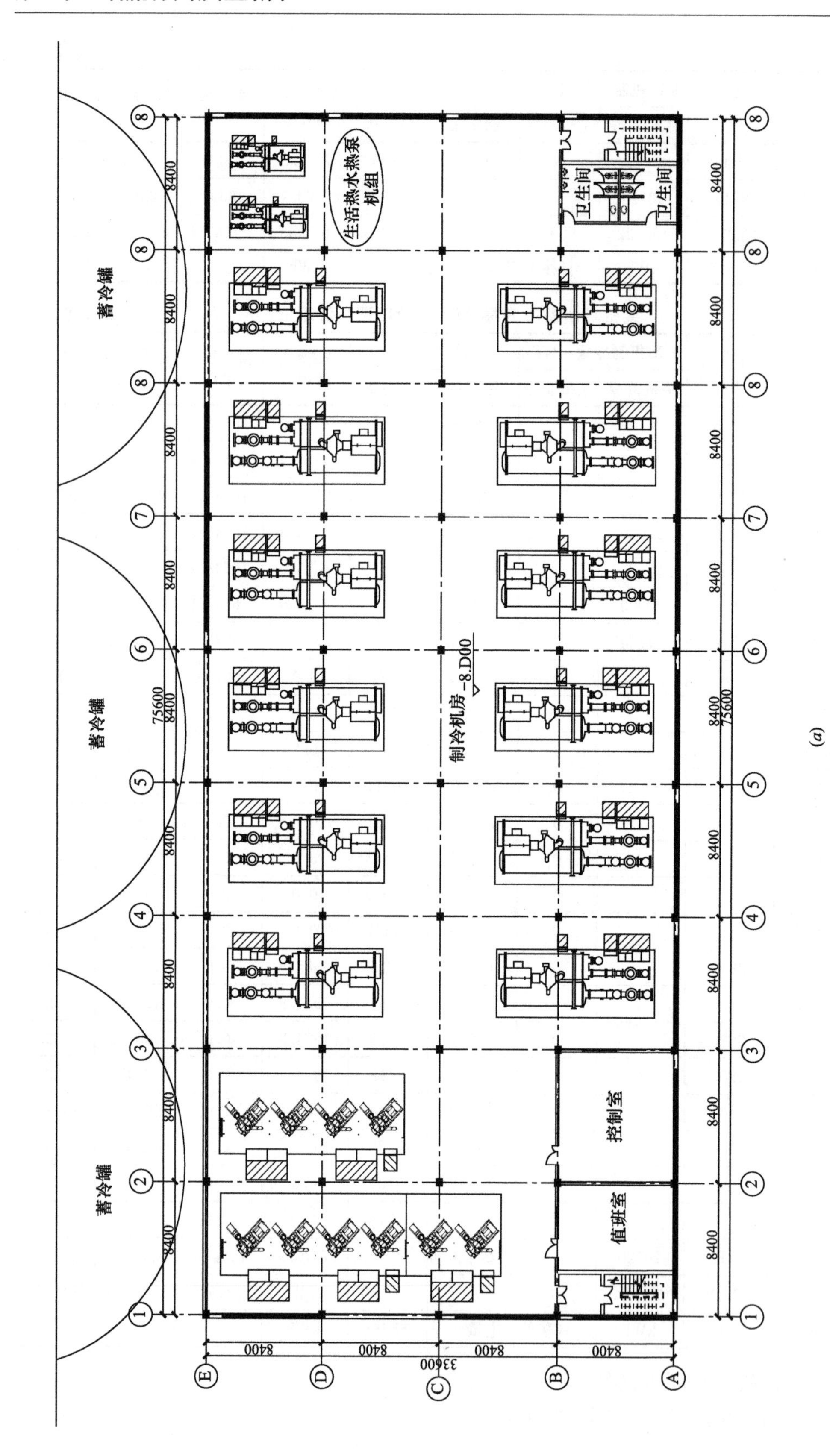

(a)

图5-35　某机场水蓄冷机房平面布置图（2595.01m²）（一）

(a) 地下一层平面布置图

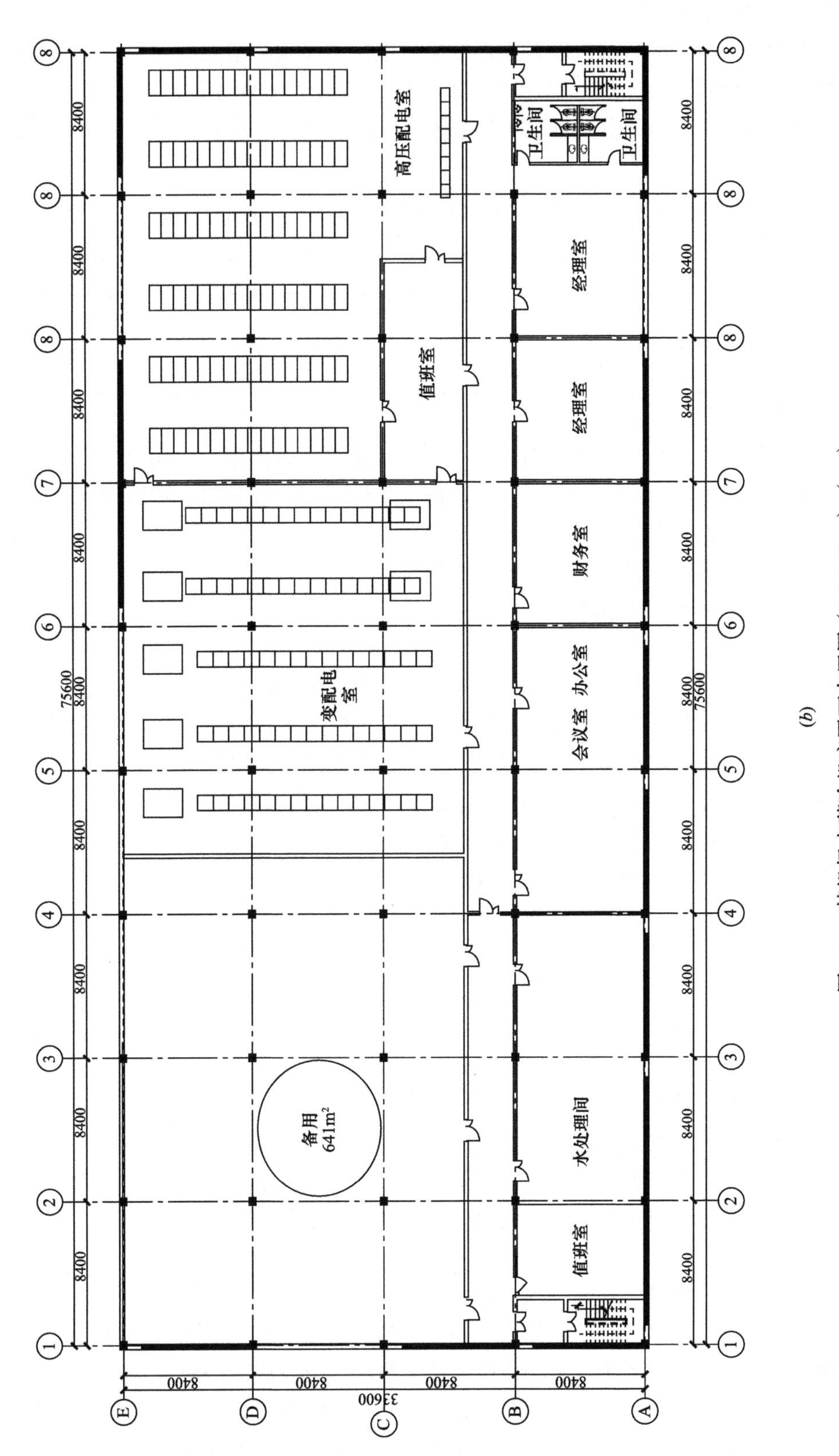

(b)

图5-35 某机场水蓄冷机房平面布置图（2595.01m）（一）

(b) 一层平面布置图

6. 燃气直燃机系统分析

对燃气直燃机系统与燃气蒸汽联合循环发电+电制冷冷水机组在本项目中应用的可能性进行简单对比，结果见表5-85。对比的基础条件为：天然气热值取8600kcal/m³；吸收式制冷的综合*COP*取1.20；燃气蒸汽联合循环发电的平均发电效率取50%，电制冷冷水机组的*COP*取6.0。

燃气直燃机系统与燃气蒸汽联合循环发电+电制冷冷水机组对比　　表5-85

燃气量（m³）	系统形式	发电量（kWh）	制冷量（kWh）	综合效益（冷量）（kWh）	能源转换率（%）	综合成本（冷量）（元/kWh）
1	燃气直燃机系统	—	12.0	12.0	—	0.35
	燃气蒸汽联合循环发电+电制冷冷水机组	5.0	—	30.0	+150	0.14

注：燃气价格按4.2元/m³计。

通过对比可以看出，每1m³天然气通过燃气蒸汽联合循环发电+电制冷冷水机组的综合效益远高于燃气直燃机系统，因此，在现有技术条件下，从能源综合利用的角度看，燃气直燃机系统的技术路线对于本项目是不合理的。

综上所述，燃气直燃机系统明显不适合本项目。

7. 燃气冷热电三联供系统分析

（1）系统介绍

冷热电三联供，即CCHP（Combined Cooling，Heating and Power），是指以天然气为主要燃料带动燃气轮机、微燃机或内燃机发电机等燃气发电设备运行，产生的电力供应用户的电力需求，系统发电后排出的余热通过余热回收利用设备（余热锅炉或者余热直燃机等）向用户供热、供冷。通过这种方式大大提高了整个系统的一次能源利用率，实现了能源的梯级利用。还可以提供并网电力作能源互补，整个系统的经济收益及效率均相应增加。

冷热电三联供是分布式能源的一种，具有节约能源、改善环境、增加电力供应等综合效益，是城市治理大气污染和提高能源综合利用率的必要手段之一，符合国家可持续发展战略。2004年9月，国家发展和改革委员会颁布《国家发展改革委关于分布式能源系统有关问题的报告》，支持小型分布式能源系统发展，促进我国分布式能源系统的发展。2006年国家发展改革委会同财政部、建设部等有关部门编制了《“十一五”十大重点节能工程实施意见》，明确提出“建设分布式热电联产和热电冷联供；研究并完善有关天然气分布式热电联产的标准和政策”。

冷热电三联供系统是以燃气为能源，通过对其产生的热水和高温废气的利用，达到冷-热-电需求的一个能源供应系统，通常由发电机组、溴化锂制冷装置、热交换装置组成，三联供使得燃气的热能被充分利用，大大提高了能源的综合利用率。

（2）关键技术分析

天然气冷热电三联供是一项先进的供能技术，它首先利用天然气燃烧做功产生高品位电能，再将发电设备排放的低品位热能充分用于供热和制冷，实现了能量梯级利用，因而是一种高效的城市能源利用系统，是城市中公共建筑冷热电供应的一种新途径。

如图5-36、图5-37所示，“三联供”提高了对一次能源的利用率。系统将一次能源——燃料的化学能生成烟气的热能，按品质分别转化为二次能源——电能和蒸汽热能，综合利用程度较高。用于“三联供”能源站的发电机组其额定工况下的发电效率可达40％以上，平均发电效率约为30％～40％，热效率约为40％～50％，总效率约为70％～80％。对单纯生产蒸汽或热水的锅炉，虽然热效率能够达到90％，但其燃料的化学能全部转化为品质较低的二次能源——蒸汽或热水热能，没有通过热功转换产生品质较高的电能，而热功转换的效率一般仅为40％～44％。“三联供”系统使用燃气轮机或燃气内燃机，可以实现对一次能源（燃气）最合理的梯级利用，利用高品位的热能发电，利用低品位的热能采暖和制冷，实现了能源利用的多样性，同时能够提高供热、供冷、供电的可靠性。

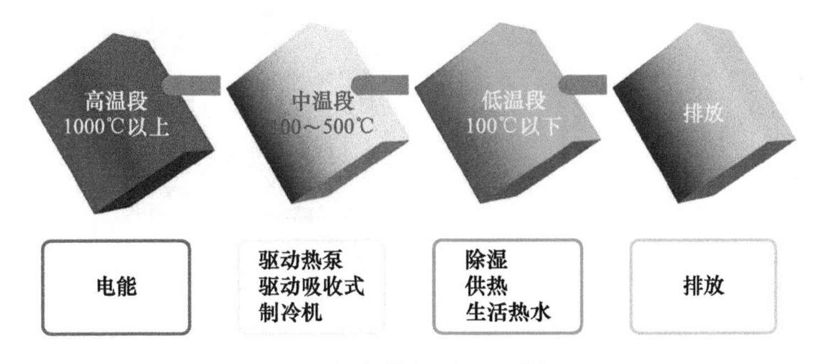

图5-36 天然气梯级利用示意图（一）

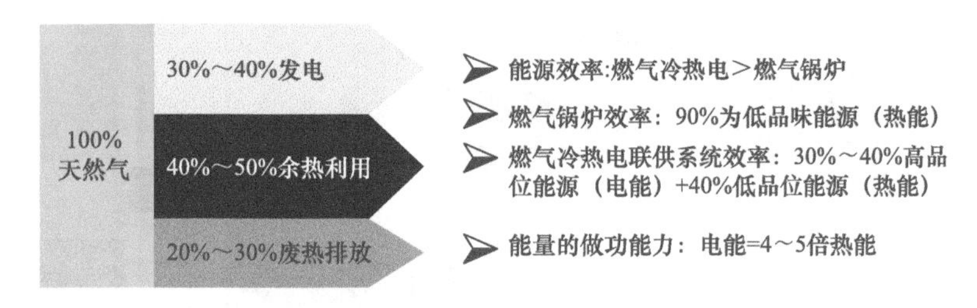

图5-37 天然气梯级利用示意图（二）

在常规供热、供冷、供电的基础上，通过燃气内燃机热电联供系统实现多元化能源利用，以另一种方式供热、供冷、供电。整个系统供热以常规锅炉供热和余热供热互为备用；供冷以电制冷和热力制冷互为备用；供电以市电和自发电互为备用，供热、供冷、供电的可靠性都有了保证。夏天其发电和热力制冷可减少对电网电能的需求，削减电网夏季用电高峰，同时填补天然气的用量低谷，实现削电峰填气谷的作用；冬天燃气轮机（燃气内燃机）高温烟气的余热利用，可削减冬季天然气的用量高峰，因此具有良好的社会效益。

如图5-38所示，常用的燃气热电冷三联供系统的发电设备有燃气轮机、燃气内燃机以及燃气微燃机等。燃气内燃机是目前热能—机械能转换效率最高的动力设备之一，额定工况下的发电效率可达40％以上，实际运行的平均发电效率约为30％～40％。

燃气轮机既可作简单循环运行，也可作联合循环运行。作简单循环运行时，燃气轮机的高温排气排入大气。作联合循环运行时，燃气轮机的高温排气排入余热锅炉加以利用，余热锅炉生产的蒸汽再进入蒸汽轮机发电，燃气蒸汽联合循环发电效率可达45％～55％。

燃气轮机＋余热回收三联供系统见图 5-39，燃气内燃机＋余热回收三联供系统见图 5-40。常用的燃气余热利用设备见图 5-41。

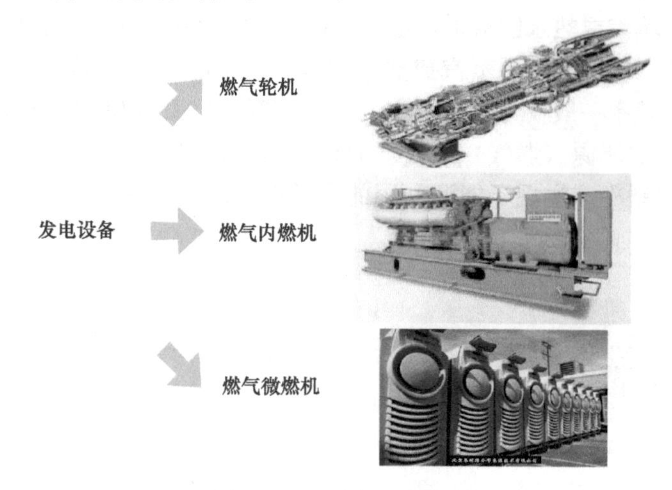

图 5-38　天然气发电设备

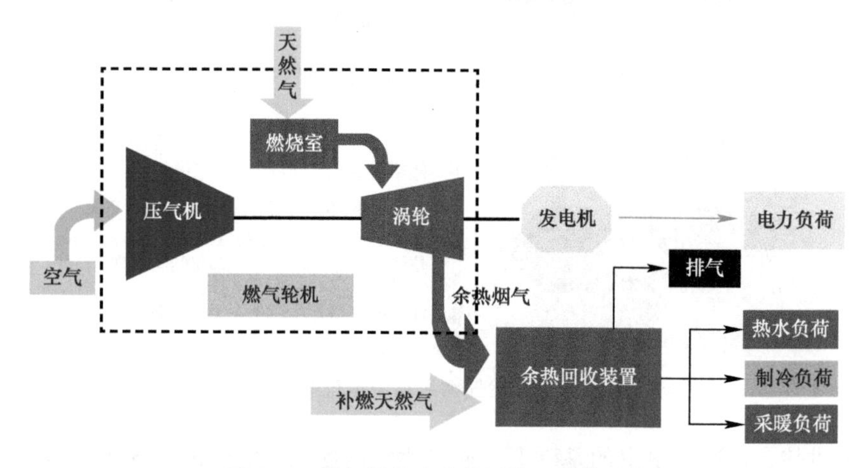

图 5-39　燃气轮机＋余热回收三联供系统

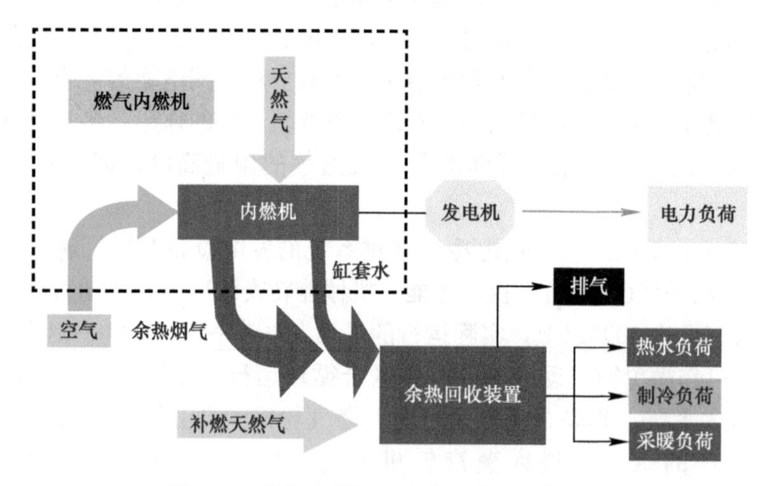

图 5-40　燃气内燃机＋余热回收三联供系统

图 5-41 燃气余热利用设备

(3) 运行能耗与经济性分析

对燃气冷热电三联供系统（即燃气发电机+吸收式制冷）与燃气蒸汽联合循环发电+电制冷冷水机组在本项目中应用的可能性进行简单对比，结果见表 5-86。对比的基础条件为：天然气热值取 8600kcal/m³；燃气发电机+吸收式制冷的平均发电效率取 35%，平均热效率取 43%，吸收式制冷的综合 *COP* 取 1.20；燃气蒸汽联合循环发电的平均发电效率取 50%，电制冷冷水机组的 *COP* 取 6.0。

燃气冷热电三联供系统与燃气蒸汽联合循环发电+电制冷冷水机组对比　　表 5-86

燃气量 (m³)	系统形式	发电量 (kWh)	制冷量 (kWh)	综合效益 (冷量) (kWh)	能源转换率 (%)	综合成本 (冷量) (元/kWh)
1	燃气发电机+吸收式制冷	3.5	5.2	26.2	—	0.16
	燃气蒸汽联合循环发电+电制冷冷水机组	5.0	—	30.0	+14.5	0.14

注：燃气价格按 4.2 元/m³ 计。

通过对比可以看出，每 1m³ 天然气通过燃气蒸汽联合循环发电+电制冷冷水机组的综合效益高于燃气发电机+吸收式制冷，因此，在现有技术条件下，从能源综合利用的角度看，燃气发电机+吸收式制冷的技术路线对于本项目是不合理的。

项目所在地商业电价取 0.7871 元/kWh，1kWh 的电能可以产生 6kWh 的冷量，制冷成本为 0.13 元/kWh（冷），也低于表 5-86 中所列两方案的综合制冷成本，因此，从经济上看，燃气冷热电三联供系统对于本项目也是不合理的。

综上所述，燃气冷热电三联供系统在本项目中主要运行模式为冷、电联供，在这种运行模式下，其综合能源效率比燃气蒸汽联合循环发电+电制冷冷水机组低 14.5%，因此，燃气冷热电三联供系统不适合本项目。

8. 地源热泵系统分析

(1) 地源热泵在福建省的应用

1) 地下水地源热泵的适宜性

福建省地下水资源量为 353.8 亿 m³，全国排第七位。另外，根据福建省地质工程勘察院提供的资料并对照地下水地源热泵适宜性的参考标准，福建省地下水地源热泵的分区情况如下：适宜区——沿海地区；不适宜区——闽北地区；不建议开发区——闽西地区。

闽西地区的地下水源多为生活水源，开采时应慎重。

根据福建省地下水资源量和地下水地源热泵的参考标准可知：福建省沿海大部分地区较适宜做地下水地源热泵。

2）地表水地源热泵的适宜性

福建省水资源总量为1652.7亿m^3，全国排第六位，按照国际水资源标准人均水资源量低于3000m^3为轻度缺水区和国家水资源标准人均水资源量1700～3000m^3为轻度缺水区，福建省属于水资源较丰富地区。

福建海域地处我国东南沿海，台湾海峡西岸，北起福鼎市沙埕港，与浙江海域相接，南至诏安湾，与广东海域相连，全省海岸线总长6128km，其中大陆线3324km，居全国第二位，海域面积13.6万km^2，海洋与陆地面积比为1.12∶1，有丰富的海水资源。

根据地表水地源热泵适宜性的参考标准可知：福建省主要流域沿岸和沿海地区均较适宜发展地表水地源热泵系统。

3）地埋管地源热泵的适宜性

福建省的地形地貌特征是：①山地、丘陵占90%，平原占10%；②平原的第四系覆盖层厚度浅，一般在10～100m之间。

根据地埋管地源热泵的适宜性参考标准，从全省范围来看福建省并不适宜做地埋管地源热泵。

（2）项目所在地自然环境、经济及有关地源热泵的政策

项目所在地位于福建省东南沿海，九龙江入海处，背靠漳州、泉州平原，毗邻台湾海峡，面对金门诸岛，与台湾宝岛和澎湖列岛隔海相望。项目所在地是福建省第二大城市，陆地面积约1565.09km^2，海域面积约300km^2，是一个国际海港风景城市。

1）项目所在海域的自然状况

项目所在海域的潮波受台湾海峡潮波系统控制，为谐振潮。根据当地海洋站1957—1990年验潮资料分析，项目所在海域的潮汐形态数为0.34，潮汐类型属于正规半日潮，对边岸冲刷力较强。历年最高潮水位4.6m（黄海标高，下同），历史最低潮水位－3.08m，平均低潮位－1.31m，平均高潮位2.65m。年平均海平面变化不大，但月平均海平面随季节变化显著，变幅达0.31m，多年月平均海平面最大值出现在10月份，最小值出现在4月份。

项目所在海域的涨潮历时与落潮历时相差不大，平均涨潮历时为6h8min，平均落潮历时为6h18min，落潮历时稍长于涨潮历时。

项目所在海域潮流形式属往复式，潮流流向一般与当地等高线的切线方向平行，受地形作用影响较大。潮流最大流速的变化周期与潮差变化周期相似，其半日潮龄约为2d。该海域平均大潮最大流速一般小于40cm/s。

项目所在海域的常浪向为E，频率37%，次常浪向为ENE，频率20%；强浪向为SE，最大波高6.9m，次强浪向为S，最大波高5.8m，静浪频率7.5%。本海域风、涌浪频率比为42∶58，年平均波高1m，3～4级浪出现的频率最大为60%。

台风暴潮是沿海和沿岸工程建设的主要灾害之一，根据40多年的统计资料得知，项目所在地区受台风增水影响的台风和热带风暴年均5个左右，产生台风增水达

50cm 以上的台风和热带风暴有 97 次，年均 2.3 次。项目所在海域台风增减水幅度在 −1.50～2.00m 之间，逐时最大台风增水为 1.80m（8304 号台风），高潮相对最大增水为 1.43m（5903 号台风）。项目所在地 50 年一遇、100 年一遇台风增水分别为 1.85m 和 2.03m。

根据相关资料，项目所在海域 1981—2013 年海水表层温度月平均值变化如图 5-42 所示，变化曲线近似一个周期为 12 个月的正弦曲线，月平均值极小值出现在 1、2 月份，约为 18℃，极大值出现在 7、8 月份，达到 28℃，近 30 年的年平均温度为 23.4℃。

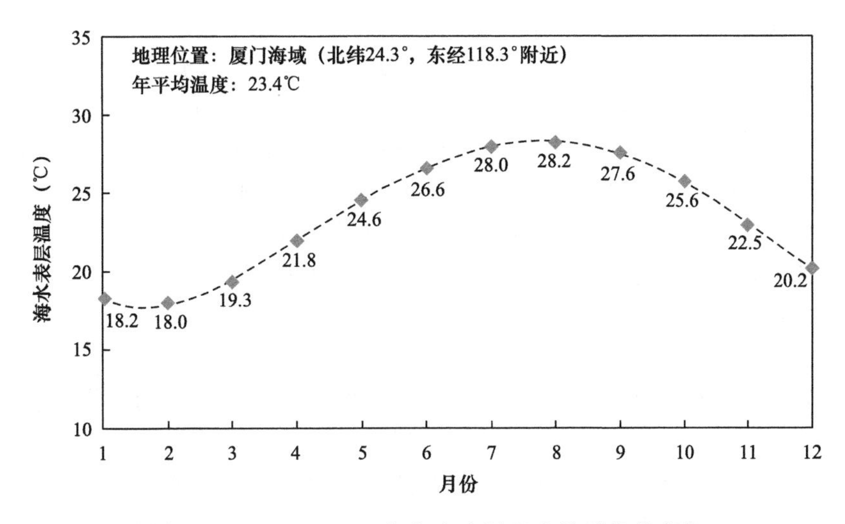

图 5-42　1981—2013 年海水表层温度月平均值变化

根据相关资料，项目所在海域总体水质综合评价结果为符合较清洁海域水质标准，其中清洁海域面积占全海域面积的 44.3%，海水中主要超标污染物为无机氮和活性磷酸盐。东海域、西海域和河口区海域综合水质较 2010 年有所改善。

本项目所在的大嶝岛海域为清洁海域，适合海水源热泵系统。

2）项目所在地的经济、政策条件

根据总体规划，项目所在城市性质定位为：我国经济特区，东南沿海重要的中心城市，港口及风景旅游城市。

城市发展目标：

① 城市综合发展目标：到规划末期，全面实现现代化和全面进入小康社会，建成经济繁荣、科技发达、法制健全、社会文明、环境优美、人民富裕的社会主义现代化国际性港口风景旅游城市，建成我国东南沿海及海峡西岸经济区重要的中心城市。

② 城市建设发展目标：按照“优化岛内、拓展海湾、扩充腹地、城乡互动”的开发原则，把形态开发、功能开发和生态开发有机结合起来，加快推进海湾型城市生态建设，加快推进两大基地、四个中心建设，全面建成国际性港口风景城市和区域性中心城市。具体建设发展目标可分解为：城市空间布局合理、功能关系协调，并具有弹性调节的可能；建立与城市社会经济发展相适应的社会基础设施和市政基础设施；建立便捷的城市外部和内部交通系统；城市人居环境水平不断提高并注意城市历史与文化特色的维护与发展；建

成城乡协调发展的生态型城市。

能源政策导向：

能源和环境问题是全人类共同关注的问题。随着社会的发展和进步，人类对能源的消耗越来越多。据有关专家估计，若按目前的开采水平，我国石油资源和东部的煤炭资源将在2030年耗尽。而2005年，中国能源需求量为16.4亿t标准煤，到2015年将达到22.2亿t标准煤，增长35.4%。使用可再生能源已成为解决能源和环境问题的重要途径。国家在“十五”能源发展战略中要求：调整能源结构，减少燃煤造成的污染，大力发展新能源、可再生能源的利用技术；其中，太阳能、水源热泵、土壤源热泵技术以其特有的优势成为人类关注的焦点。

项目所在地《“十三五”节能减排综合工作方案》中要求：到2020年，全市万元地区生产总值能耗比2015年下降12%，能源消费总量控制在1479万t标准煤以内，增速不超过15.6%。本市化学需氧量和氨氮排放总量分别比2015年削减5.3%、4.7%；化学需氧量和氨氮重点工程减排量分别达到1960t、330t，且各年度减排量不低于每年20%的累计进度要求。本市二氧化硫和氮氧化物排放总量均不得高于2015年水平；二氧化硫和氮氧化物重点工程减排量分别达到760t、980t，且各年度减排量不低于每年20%的累计进度要求。

3）项目采用海水源热泵的示范意义

① 以可再生绿色能源替代传统能源，达到节约能源、保护环境的示范效果

由于可再生能源具有清洁无污染和取之不尽，用之不竭的特点，许多国家都将目光投向了这种能源形式。逐步优化能源结构，提高能源利用效率，发展可再生能源已成为我国可持续发展战略中不可缺少的重要组成部分。本项目以可再生绿色能源替代传统能源，可减少燃煤、燃油、燃气等传统化石能源的消耗，减少该类能源对大气环境的污染，改善环境质量。项目的建设符合我国《节能中长期专项规划》的要求，对水源热泵技术的推广将起到良好的示范作用。

② 对可再生能源区域供能的技术可靠性、经济可行性起到良好的示范作用

本项目使用可再生能源作为低品位冷热源，利用成熟的海水源热泵技术、蓄冷蓄热技术，满足该项目供暖、供冷需求。项目的实施将对国家节能减排做出巨大贡献，同时对可再生能源区域供能的技术可靠性、经济可行性起到良好的示范作用。

9. 海水源冷却（热泵）系统分析

（1）系统介绍

根据上述分析，本项目所处海域的水温及水质清洁度等符合海水源热泵系统的应用。海水源热泵系统与常规系统的最大区别就是海水取、退水系统的设计，以及由于当地海域海水中的盐离子对系统设备的防腐设计，本书不深入分析此部分内容，待另立专题深入研究。

海水源制冷主要是只用海水取代淡水作为冷却水，它是海水直接利用的主要方式之一，是一种节省的、有效利用可再生能源的空调方式，适用于具有较大空调需求量且容易获得适宜温度海水的沿海区域。据测算，冷却水温度每降低1℃，可提高机组制冷系数2%～3%左右，夏季海水温度一般在20～30℃左右，比常规的冷却塔的供回水温度平均低10℃以上，因此采用海水源制冷的机组*COP*值可比采用冷却塔冷却的冷水机组提高约

20%以上，大大节约了能源，是非常好的冷却用水。在适当的季节、适当的海域及深处取得15℃以下的海水，可以直接用作冷冻水为建筑进行空调，是最为节能的空调方式。

另一方面，通常的冷源系统为冷机+冷却塔，即冷机产生的热量通过冷却塔的蒸发冷却散出，需要消耗大量的淡水资源，而且海边较高的湿球温度使冷却塔散热的效率很低。海水代替淡水作为制冷机的冷却用水，是解决我国沿海地区淡水资源危机的重要途径之一。通过海水直接冷却水系统，作为冷却用水供水源热泵机组使用，使用后的温热水排入大海。海水源用于夏季空调制冷，取代或减少冷却塔，可以美化建筑景观、缓解城市热岛效应，还可以避免或减少冷却塔产生的飘水、噪声、蒸发损失、滋生细菌等环境污染问题。

(2) 关键技术分析

1) 海水源热泵主要原理及利用方式

海水源热泵，就是一种利用人工技术在夏季利用海水作为冷却源，降低建筑内部环境温度，达到制冷的目的；而在冬季则从海水中提取低温热能并将其转换为高温热能释放至建筑内部所需的空间而达到供热效果的机械装置。

这种装置既可用作制冷降温设备，又可用作供热采暖设备，一机两用。海水源热泵对海水的利用方式一般分为直接利用方式和间接利用方式（间接利用又包括两种方式）。

直接利用方式。海水经过水泵提升，再经过管道直接引入热泵机组的蒸发器（或冷凝器），使海水的热量（或冷量）直接传递给热泵工质，换热后的海水再通过排水管道输送回海面。

间接利用方式。一种是指在冷热源侧采用闭环的水系统，一般采用高密度聚乙烯塑料管作为热交换器，直接将其投放于海水中，通过换热盘管中的介质与海水之间的换热来实现能量转移；另一种是指利用换热器将海水与热泵机组隔离开，利用循环水泵将海水通过输送管道送至换热器中，使其与热泵回水在换热器中实现能量交换，从而将海水的冷热量传递给水环系统的换热介质，再通过换热介质的循环将冷热量传递给热泵的蒸发器（或冷凝器），放出冷热量的海水则通过排水管道输送回海面。

2) 换热方式确定

根据目前收集的资料，海水直接进机组换热系统存在较多风险，一方面对机组要求较高，目前此设备较少且价格较为昂贵；另一方面要求整个系统的管道、阀门、附件、水处理设备等都要具有防腐功能，系统投资较高，风险较大。

因此我们选择更为安全可靠的间接换热方式，其中抛管式间接换热方式需要水域面积较大，且极易受潮汐、台风等影响而造成换热管道断裂，而且维护管理极为不方便，所以本项目不适宜使用抛管式间接换热方式；钛合金板式换热器是目前在海水源热泵中应用成熟且较为广泛的换热设备，抗腐蚀，适宜在本项目中使用，因此本项目采用钛合金板式换热器进行间接换热。间接换热原理如图5-43所示。

3) 取水排水方案选择

在直接取水的开式海水源热泵系统中，取水方案的设计一般应考虑以下几点：

① 取水方案的技术可行性和可靠性

海水源热泵的初投资一般高于传统空调系统，如果取水方案出现技术性问题不能及时提供水源，则会影响整个系统的运行。因此，无论何种取水方案都必须把取水方案的技术可行性和可靠性放在首位，保证系统能够正常运行。

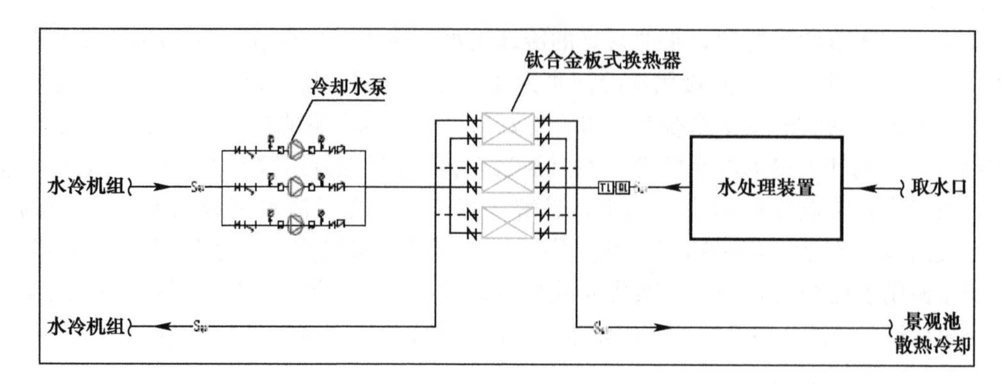

图 5-43　间接换热原理图

② 对环境的影响

取水方案中对环境的影响主要是考虑取水口工程的建设对周围水体和环境的影响，取水口的建设应不影响水体的航道和自然景观，不过多占用土地或破坏周围自然环境。

③ 初投资合理性

不同取水方案，初投资差别较大，在保证取水可靠性的前提下尽量选择初投资小的取水方案，并进行回收年限分析。

④ 取水系统输送能效比

取水系统的能耗在整个冷热源系统能耗中所占的比例直接影响了系统的节能效果，若取水管道输送距离较长则输送能耗会很高，系统运行费用会增加，因此取水方案应尽量减少管道输送距离。

⑤ 水温

合适的水温可以降低热泵机组的能耗，达到更好的节能效果。取水方案应考虑在夏季尽量取到温度较低的海水，冬季尽量取到温度较高的海水。另外，取水口位置主要根据水源附近水文地质资料决定，应该遵循尽量减少输送管道长度、减少输送能耗及投资费用和尽量不影响海岸景观的原则。

(3) 运行能耗与经济性分析

海水侧作为低温冷源，可以作为常规电制冷方案、冰蓄冷方案、水蓄冷方案、燃气直燃机系统的排热通道。由图 5-43 可见，项目所在海域每年 5—11 月海水平均温度为 25.7℃，据此简单估算，本项目采用海水冷却相对冷却塔放热可以提高制冷系数约 12%。

对于本项目中的常规电制冷方案，采用常规冷却塔方案的冷机耗电量为 44925MWh，如果冷却系统采用海水源，则仅冷机一项每年可节约电量 5391MWh，减少费用 424 万元；原冷却塔系统年耗水量约占年总循环水量的 1.5%（包括冷却水的蒸发损失及飘水损失等），每年耗水 120 万 t，采用海水源后，每年节约 360 万元水费。

综上所述，采用海水源后，仅上述两项便节约费用 784 万元，为节能减排做出了贡献，具有很好的经济效益和社会效益。

5.3.5　制冷系统的技术经济比较

根据该机场周边自然环境及能源供应情况，对适合该项目的下列 7 个冷热源方案进行了分析：

（1）常规电制冷（夏）；

（2）冰蓄冷（夏）；

（3）水蓄冷（夏）；

（4）燃气直燃机（冬、夏）；

（5）燃气冷热电三联供（冬、夏）；

（6）地源热泵（冬、夏）；

（7）海水源冷却（热泵）（冬、夏）。

经过分析，方案4～6明显不适用于本项目，不作进一步分析。方案7可以显著提高其余方案中制冷系统的能效，建议进一步结合现场条件进行研究，制定具体实施方案。因此，本书仅单独分析方案1～3的投资经济性。

1. 初投资

根据前面章节的计算，3个方案的初投资列于表5-87。

某机场各冷热源方案的初投资汇总表 **表5-87**

方案编号	冷热源形式	初投资（万元）	投资增加额（万元）	增加率（%）
1	常规电制冷	20209	—	—
2	冰蓄冷	25246	5037	24.9
3	水蓄冷	17738	−2471	−12.2

2. 年运行能耗及费用

各方案的运行能耗及费用见表5-88和表5-89。

某机场各冷热源方案的运行能耗汇总表 **表5-88**

方案编号	冷热源形式	装机电负荷		能耗			蓄能节能		折减标准煤(t)	减排CO_2(t)
		设计值（kW）	差值（kW）	耗电量（MWh）	折标准煤（t）	减标准煤（t）	移峰电量（MWh）	折减标准煤（t）		
1	常规电制冷	39650	—	59409	21684	—	—	—	—	—
2	冰蓄冷	32910	−6740	70885	25873	4189	12161	−365	3824	5365
3	水蓄冷	28180	−11470	58730	21436	−248	13895	−417	−665	−1475

各方案的运行费用汇总表 **表5-89**

方案编号	冷热源形式	运行费用		
		电费（万元）	差值（万元）	变化率（%）
1	常规电制冷	4676	—	—
2	冰蓄冷	5579	903	19.3
3	水蓄冷	4623	−53	−1.1

3. 全寿命周期费用

系统设备寿命按20年计算，各方案的全寿命周期费用见表5-90。

某机场各冷热源方案的经济性分析汇总表　　表5-90

方案编号	冷热源形式	初投资（万元）	年运行费用（万元）	年均费用（万元）	全寿命周期		
					总费用（万元）	差值（万元）	变化率（%）
1	常规电制冷	20209	4676	5686	113729	—	—
2	冰蓄冷	25246	5579	6841	136826	23097	20.3
3	水蓄冷	17738	4623	5510	110198	−3531	−3.1

4. 参照安徽省分时电价政策的经济性

参照安徽省分时电价政策，运行费用变化后对比见表5-91和图5-44。

某机场各冷热源方案的经济性分析汇总表（调整后）　　表5-91

方案编号	冷热源形式	初投资（万元）	年运行费用（万元）	年均费用（万元）	全寿命周期		
					总费用（万元）	差值（万元）	变化率（%）
1	常规电制冷	20209	5964	6974	139489	—	—
2	冰蓄冷	25246	4717	5979	119586	−19903	−14.3
3	水蓄冷	17738	3956	4843	96858	−42631	−30.6

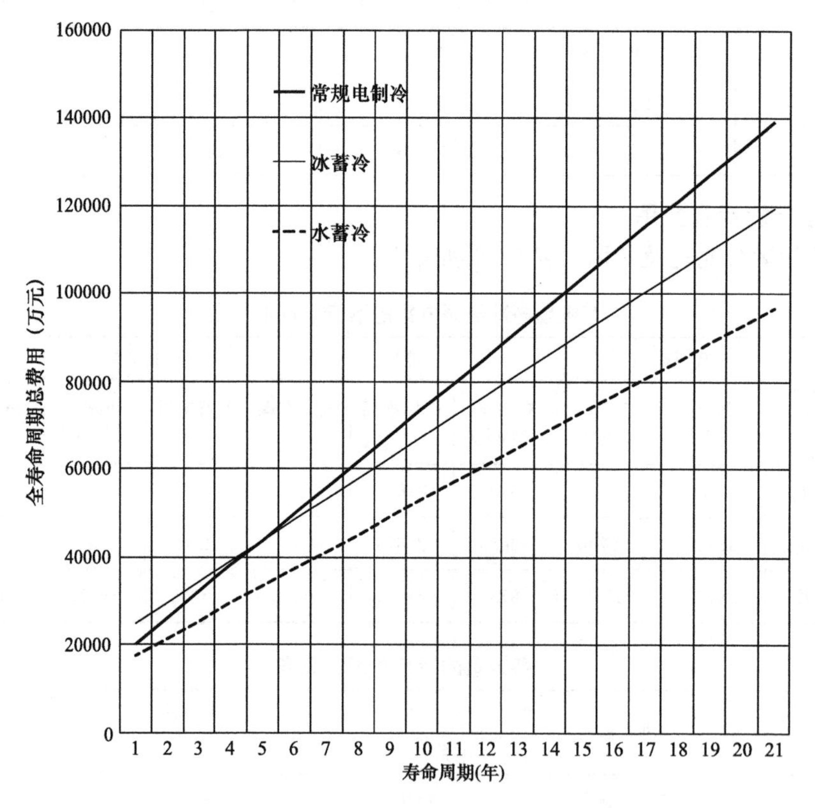

图5-44　某机场各冷热源方案经济性分析图

5.3.6　能源方案建议

经过上述论述和对常规电制冷、冰蓄冷以及水蓄冷3个方案的初投资、运行费用分析，对于该机场能源方案，有如下建议供参考：

（1）水蓄冷方案应为本项目的首选方案

水蓄冷方案的投资最低，比常规电制冷方案约低 12.2%；年运行能耗也最低，比常规电制冷方案少耗电 679MWh；水蓄冷方案的电力装机容量比常规电制冷低 11470kW，减少了市政电力投资；运行过程中，每年可以转移 13895MWh 的高峰电量到低谷时段，提高了电网的运行效率；综合计算运行能耗的减少和转移高峰电量的节能量，水蓄冷方案与常规电制冷方案相比，综合减排 1475tCO_2，具有很好的环境效益和社会效益。

（2）建议实施海水源冷却（热泵）系统

海水侧作为低温冷源，可以作为常规电制冷方案、冰蓄冷方案、水蓄冷方案、燃气直燃机系统的排热通道。项目所在海域每年 5—11 月海水平均温度为 25.7℃，据此简单估算，本项目采用海水冷却相对冷却塔放热可以提高制冷系数约 12%；随着深度降低，海水水温月变化减小，因此，如果加大取水深度，海水源相对冷却塔放热的节能性好。同时，由于代替了冷却塔，省去了冷却水补水损失，每年节约淡水资源 120 万 t。

经过初步核算，采用海水源后，常规电制冷方案每年可节约费用 784 万元，具有很好的经济效益和社会效益。

（3）争取分时电价政策，进一步降低系统运行成本

由于福建省没有针对商业用户的分时电价政策，参考安徽省分时电价政策核算蓄能系统的年运行费用和全寿命周期总费用，对于水蓄冷系统，全寿命周期总费用最多可以降低 30.6%。

5.4 某总部办公楼冷热源方案设计

5.4.1 工程概况

本项目位于北京市，用地面积 21103.2m^2。总建筑面积 21.85 万 m^2，其中地上建筑面积 15.5 万 m^2，地下建筑面积 6.35 万 m^2。A 座建筑地上 45 层，主体高度 200m，B 座建筑地上 32 层，主体高度 150m。主要功能为办公、会议和商业。如图 5-45 所示。

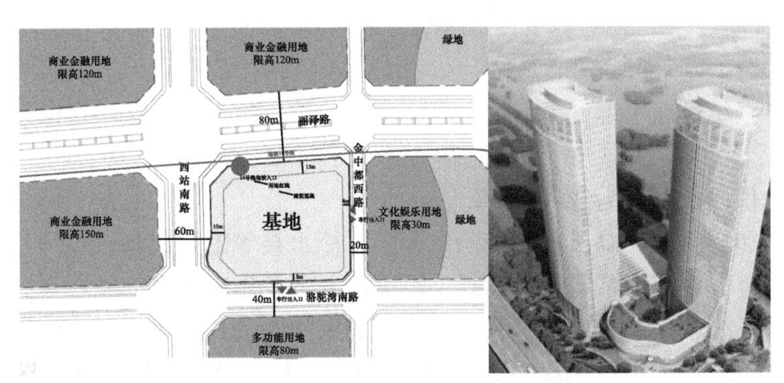

图 5-45　某总部办公楼建筑效果图

5.4.2 冷热负荷

估算冷热负荷见表 5-92。

某总部办公楼冷热负荷估算表　　表 5-92

建筑性质	建筑面积（m^2）	冷负荷（kW）	冷指标（W/m^2）	热负荷（kW）	热指标（W/m^2）
商业	12800	2304	180	1024	80
会议中心	5200	780	150	520	100
A座办公楼	82200	9042	110	7398	90
B座办公楼	54800	6028	110	4932	90
地下	63500	1588	25	1270	20
合计	218500	19742	90.4	15144	69.3

5.4.3　空调冷热源设计

空调负荷估算值为：空调总冷负荷为19742kW，空调总热负荷为15144kW。

热源应依靠市政热网供热；冷源应为水冷电制冷系统，建议采用冰蓄冷系统，减少电力增容，移峰填谷。

根据建设方物业管理需要，A、B座机电系统独立设置的原则，A座及裙房、B座分别设置制冷机房，换热站共用、系统独立、分别计费。

1. 冷源

（1）A座冷源

采用温湿度独立控制系统，冷源供应2种水温。新风系统除湿用低温冷水，由冰蓄冷系统负担；风机盘管降温用高温冷水，由高温型冷水机组负担。

冰蓄冷系统采用内融冰主机上游串联方式。夜间电价低谷时制冰系统将冰蓄满，白天电价高峰时融冰供冷，融冰量通过改变进入冰盘器的水量控制，各工况转换通过电动阀门开关切换。

冬季供冷系统利用室外空气换热之天然冷源降温方式，即冷却水通过制冷系统的冷却塔降温，再经过热交换器换热将冷冻水温度降低的供冷方式。

1）选用2台高温冷水机组，单台制冷量3868kW（1100RT），全天供应冷水。

2）选用2台双工况冷水机组，单台制冷量2637kW（750RT），白天供冷夜间制冰。

3）采用24套TSC-380M盘管蓄冰装置，布置在混凝土水槽中，总储冷量32066kWh（9120RTh）。

4）冰蓄冷系统供回水温度为5℃/11℃，温差6℃；高温冷水系统供回水温度为15℃/20℃，温差5℃。

5）冷却水供回水温度为32℃/37℃。

6）板式换热器2台，以及相应的乙二醇泵、冷水泵等附属设备。

7）乙二醇泵、冷却水泵定流量运行，冷冻泵及冬季用冷水泵变频运行。

8）乙二醇系统和空调冷水系统采用补水泵加密闭隔膜式膨胀水罐定压方式。

9）空调水系统补水用软化水。

10）制冷机房设在地下层，冷却塔设在屋顶。

（2）B座冷源

采用温湿度独立控制系统，冷源供应1种水温，供应风机盘管、新风预冷用高温冷水，由高温型冷水机组负担。新风系统除湿由新风机组配套的空调排风热泵负担。

1）选用2大1小共3台冷水机组，制冷量分别为2×2285kW（650RT）、1×1055kW（300RT），全天供应冷水。

2）冷水系统供回水温度为15℃/20℃，温差5℃；冷却水供回水温度为32℃/37℃。

3）冷水泵、冷却水泵定流量运行，冷冻泵及冬季用冷水泵变频运行。

4）空调冷水系统采用补水泵加密闭隔膜式膨胀水罐定压方式。

5）空调水系统补水用软化水。

6）制冷机房设在地下层，冷却塔设在屋顶。

2. 热源

1）采用城市热力管网供热，热媒为125℃/70℃高温热水。

2）A座、B座分别设2个换热系统，地板辐射采暖共用一套换热系统，分别计量热量。

3）空调热水温度为65℃/50℃，地板辐射采暖系统热水温度为50℃/40℃。

4）换热站设在地下室，热水泵变频控制，备用一台。

5.4.4　空调水系统

（1）采用四管制变流量水系统。

（2）空调水系统分高、低2个区。

（3）A座24层以下为低区，26层以上为高区，高区换热器设在25层避难层的设备间内。

（4）B座17层以下为低区，19层以上为高区，高区换热器设在18层避难层的设备间内。

（5）A座低区空调低温冷水供回水温度为5℃/11℃，高区为6℃/12℃；低区高温冷水供回水温度为15℃/20℃，高区为16℃/21℃；

（6）B座低区高温冷水供回水温度为15℃/20℃，高区为16℃/21℃；

（7）低区空调热水供回水温度为65℃/50℃，高区为60℃/50℃。

5.4.5　冷源主要设备

冷源主要设备见表5-93和表5-94

A座冷源主要设备　　　　**表5-93**

序号	系统编号	设备名称	主要性能	单位	数量	备注
1	L-1、L-2	双工况冷水机组	制冷工况 制冷量：2637kW（750RT） 乙二醇：5℃/10℃，486m³/h 冷却水：32℃/37℃，551m³/h 电机：功率478kW，380V/50Hz 制冰工况 制冷量：3868kW（490RT） 乙二醇：−5.6℃/−2.3℃，486m³/h 冷却水：30℃/33.5℃，551m³/h 电机：功率373kW，380V/50Hz 工作压力：1.0MPa	台	2	
2	L-3、L-4	高温冷水机组	制冷量：3868kW（1100RT） 冷水：15℃/20℃，666m³/h 冷却水：32℃/37℃，764m³/h 电机：功率520kW，380V/50Hz 工作压力：2.0MPa	台	2	

续表

序号	系统编号	设备名称	主要性能	单位	数量	备注
3	b-1～b-3	冷却水泵	Q=600m³/h，H=32m，N=75kW，n=1450r/min，工作压力1.0MPa	台	3	2用1备
4	b-4～b-6	基载冷却水泵	Q=840m³/h，H=32m，N=110kW，n=1450r/min，工作压力1.0MPa	台	3	2用1备
5	LT-1、LT-2	冷却塔	处理水量：600m³/h 冷却水：32℃/37℃	台	2	由水专业设计
6	LT-3、LT-4	基载冷却塔	处理水量：840m³/h 冷却水：32℃/37℃	台	2	由水专业设计
7	BY-1～BY-3	乙二醇泵	Q=535m³/h，H=30m，N=75kW，n=1450r/min，工作压力1.0MPa	台	3	2用1备
8	B-1～B-3	蓄冷冷水泵	Q=540m³/h，H=32m，N=75kW，n=1450r/min，工作压力1.0MPa	台	3	2用1备
9	B-4～B-6	基载冷水泵	Q=700m³/h，H=15m，N=90kW，n=1450r/min，工作压力1.0MPa	台	3	2用1备
10	B-7、B-8	冬季用冷水泵	Q=200m³/h，H=30m，N=30kW，n=1450r/min，工作压力1.0MPa	台	2	变频
11	bY-1、bY-2	乙二醇补水泵	Q=5m³/h，H=25m，N=1.1kW，n=2900r/min，工作压力1.0MPa	台	2	配定压罐
12	D-1～D-2	冷水补水泵	Q=15m³/h，H=135m，N=11kW，n=2900r/min，工作压力1.0MPa	台	4	配定压罐
13	D-5、D-6	冷水补水泵	Q=10m³/h，H=135m，N=5.5kW，n=2900r/min，工作压力1.0MPa	台	2	配定压罐
14		蓄冰盘管 TSC-380M	潜热储冷量：380RTh 工作压力：1.0MPa	24		
15	HL-1、HL-2	板式换热器（低温）	换热量：5161kW 换热面积：690m² 一次侧乙二醇温度：3℃/10℃ 二次侧冷冻水温度：5℃/11℃ 工作压力：2.0MPa 水阻力：≤90kPa	台	2	蓄冷
16	HL-3、HL-4	板式换热器（低温）	换热量：1626kW 换热面积：160m² 一次侧冷却水温度：13℃/18℃ 二次侧冷冻水温度：15℃/20℃ 工作压力：2.0MPa 水阻力：≤70kPa	台	2	冬季供冷
17	CH-1、CH-2	综合水处理器	G=3000t/h，N=9×0.92kW	台	2	
18		组合式软水器	G=10～20t/h，N=0.75kW	台	2	
19		真空脱气机	G=4t/h，N=1.75kW	台	4	

续表

序号	系统编号	设备名称	主要性能	单位	数量	备注
20		软化水箱	V=5m^3，2400mm×1600mm×1500mm	个	1	
21		乙二醇储液箱	V=2.3m^3，1800mm×1200mm×1200mm	个	1	

注：以上冷源设备不含高区换冷站设备。

B座冷源主要设备　　**表 5-94**

序号	系统编号	设备名称	主要性能	单位	数量	备注
1	L-1、L-2	冷水机组	制冷量：2285kW（650RT） 冷水：15℃/20℃，394m^3/h 冷却水：32℃/37℃，450m^3/h 电机：功率300kW，380V/50Hz 工作压力：1.6MPa	台	2	
2	L-3	冷水机组	制冷量：1055kW（300RT） 冷水：15℃/20℃，181m^3/h 冷却水：32℃/37℃，209m^3/h 电机：功率145kW，380V/50Hz 工作压力：1.6MPa	台	1	
3	b-1～b-3	冷却水泵	Q=500m^3/h，H=32m，N=75kW， n=1450r/min，工作压力1.6MPa	台	3	2用1备
4	b-4、b-5	冷却水泵	Q=230m^3/h，H=32m，N=30kW， n=1450r/min，工作压力1.6MPa	台	2	1用1备
5	LT-1、LT-2	冷却塔	处理水量：500m^3/h 冷却水：32℃/37℃	台	2	由水专业设计
6	LT-3	冷却塔	处理水量：250m^3/h 冷却水：32℃/37℃	台	1	由水专业设计
7	B-1～B-3	冷水泵	Q=430m^3/h，H=32m，N=45kW， n=1450r/min，工作压力1.6MPa	台	3	2用1备
8	B-4、B-5	冷水泵	Q=200m^3/h，H=32m，N=30kW n=1450r/min，工作压力1.6MPa	台	2	1用1备
9	B-6、B-7	冬季用冷水泵	Q=130m^3/h，H=30m，N=15kW， n=1450r/min，工作压力1.6MPa	台	2	变频
10	D-1、D-2	冷水补水泵	Q=10m^3/h，H=110m，N=5.5kW， n=2900r/min，工作压力1.6MPa	台	2	配定压罐
11	D-3、D-4	冷水补水泵	Q=5m^3/h，H=110m，N=4kW， n=2900r/min，工作压力1.6MPa	台	2	配定压罐
12	HL-1、HL-2	板式换热器（低温）	换热量：1041kW 换热面积：110m^2 一次侧冷却水温度：13℃/18℃ 二次侧冷冻水温度：15℃/20℃ 工作压力：1.6MPa 水阻力：≤70kPa	台	2	冬季供冷
13	CH-1、CH-2	综合水处理器	G=1500t/h，N=9×0.92kW	台	2	

续表

序号	系统编号	设备名称	主要性能	单位	数量	备注
14		组合式软水器	G=10～20t/h，N=0.75kW	台	2	
15		真空脱气机	G=4t/h，N=1.75kW	台	4	
16		软化水箱	V=5m³，2400mm×1600mm×1500mm	个	2	

注：以上冷源设备不含高区换冷站设备。

5.4.6　设计方案的经济性分析

1. A 座冷源投资

(1) 制冷机房主要设备初投资

A 座制冷机房主要设备投资见表 5-95。

A 座高温冷机＋冰蓄冷方案主要设备投资　　**表 5-95**

序号	设备名称	参数	单位	数量（台）	电量（kW）	总电量（kW）	设备单价（万元/台）	设备费用（万元）	备注
1	双工况主机	2637	kW	2	478	956	190	380	
2	基载主机	3868	kW	2	520	1040	185	370	
3	乙二醇泵	535	m³/h	3	75	150	15	45	2 用 1 备
4	冷却水泵	600	m³/h	3	75	150	15	45	2 用 1 备
5	基载冷水泵	700	m³/h	3	90	180	18	54	2 用 1 备
6	基载冷却水泵	840	m³/h	3	110	220	22	66	2 用 1 备
7	冷却塔	600	m³/h	2	18.5	37	20	40	
8	基载冷却塔	840	m³/h	2	30	60	30	60	
9	蓄冰盘管	380	RTh	24			11	264	
10	板式换热器	5161	kW	2			40	80	
11	蓄冷冷水泵	540	m³/h	3	75	150	15	45	2 用 1 备
12	乙二醇	100%	t	10			1.5	15	
13	自控系统							150	
14	变配电系统							147	
15	合计					2943		1761	

夏季用机房主要设备初投资 1761 万元，装机电负荷 2943kW。

(2) 制冷机房面积

制冷机房用建筑面积 740m²，蓄冰槽面积 195m²，合计 935m²。

(3) 运行电费

高温机组夏季运行电费 86.3 万元（见表 5-96），冰蓄冷夏季运行电费 108.5 万元，合计 194.8 万元。冰蓄冷夏季节省电费 53.47 万元（见表 5-97）。

A座高温机组方案运行费用 表5-96

设备名称	参数		数量（台）	输入电量(kW)	工作时间(h)	总用量(kWh)	单价(元/kWh)	运行费用(万元)
	m^3/h	m						
离心制冷机	3868	kW	2	520	1500	858000	0.7175	61.56
冷水泵	700	32	2	81.3	1500	134205	0.7175	9.63
冷却水泵	840	32	2	97.6	1500	161046	0.7175	11.56
冷却塔	840		2	30	1500	49500	0.7175	3.55
合计						1202751		86.30

A座设计日电费统计表 表5-97

时间	总冷负荷(RT)	基载制冷(RT)	制冷机制冷量（RT）		蓄冰槽（RT）		节省电费(元)	常规电费(元)
			主机制冰	主机制冷	储冰量	融冰量		
0：00	0	0	1080		3075		443.4	0.0
1：00	0	0	1060		4133		435.2	0.0
2：00	0	0	1040		5171		427.0	0.0
3：00	0	0	1020		6189		418.8	0.0
4：00	0	0	1000		7187		410.6	0.0
5：00	0	0	980		8165		402.4	0.0
6：00	0	0	955	0	9120		392.0	0.0
7：00	1507	0		750	8361	757	—488.7	973.0
8：00	1546	0		750	7563	796	—514.0	998.3
9：00	1585	0		750	6726	835	—539.3	1023.6
10：00	1605	0		750	5869	855	—891.0	1672.8
11：00	1644	0		750	4974	894	—1017.8	1871.9
12：00	1703	0		750	4019	953	—1084.7	1938.8
13：00	1800	0		750	2967	1050	—1095.0	1876.8
14：00	1918	0		1500	2547	418	—435.5	1999.2
15：00	1957	0		1500	2088	457	—295.0	1263.7
16：00	1937	0		1500	1649	437	—282.4	1251.0
17：00	1898	0		1500	1249	398	—257.1	1225.8
18：00	1839	0		1500	907	339	—353.9	1917.6
19：00	0	0		0	905	0	0.0	0.0
20：00	0	0		0	903	0	0.0	0.0
21：00	0	0		0	901	0	0.0	0.0
22：00	0	0		0	899	0	0.0	0.0
23：00	0	0	1100		1997		451.6	0.0
合计	20939	0	8235	12750		8189	—3873.4	18012.5
日移高峰电量＝		3042kWh		日移平峰电量＝		3342kWh		

每年节省电量＝53.47万元　　常规运行电费＝161.95万元
每年高峰电量＝368MWh　　每年平峰电量＝476MWh

注：制冷站全年150d，供冷时间段分布：
1. 设计日运行10d；
2. 75%负荷运行60d；
3. 50%负荷运行60d；
4. 30%负荷运行20d。

（4）常温＋常规电制冷电费

常温机组夏季运行电费108.02万元（见表5-98），常规电制冷夏季运行电费161.95万元。

A座常温机组方案运行费用　　**表5-98**

设备名称	参数		数量（台）	输入电量（kW）	工作时间（h）	总用量（kWh）	单价（元/kWh）	运行费用（万元）
	m^3/h	m						
离心制冷机	3868	kW	2	700	1500	1155000	0.7175	82.87
冷水泵	700	32	2	81.3	1500	134205	0.7175	9.63
冷却水泵	870	32	2	101.1	1500	166797	0.7175	11.97
冷却塔	900		2	30	1500	49500	0.7175	3.55
合计						1505502		108.02

（5）高温＋冰蓄冷运行电费节省

高温机组夏季运行电费节省21.72万元，冰蓄冷节省电费53.47万元，全年合计节省电费75.19万元。高温机组节省电耗302751kWh。

2. B座冷源投资

（1）制冷机房主要设备初投资

B座制冷机房主要设备投资见表5-99。

B座高温机组方案主要设备投资　　**表5-99**

序号	设备名称	参数	单位	数量（台）	电量（kW）	总电量（kW）	设备单价（万元/台）	设备费用（万元）	备注
1	离心制冷机	2285	kW	2	300	600	250	500	
2	螺杆制冷机	1055	kW	1	145	145	80	80	
3	冷水泵	430	m^3/h	3	45	90	11	33	2用1备
4	冷水泵	200	m^3/h	2	30	30	5	10	1用1备
5	冷却泵	500	m^3/h	3	75	150	22	66	2用1备
6	冷却泵	230	m^3/h	2	30	30	8	16	1用1备
7	冷却塔	500	m^3/h	2	18.5	37	35	70	
8	冷却塔	250	m^3/h	1	7.5	7.5	12.5	12.5	
9	自控系统							100.0	
10	变配电系统							54.5	
11	合计					1089.5		942	

夏季用机房主要设备初投资942万元，装机电负荷1089.5kW。

（2）制冷机房面积

制冷机房用建筑面积460m^2。

（3）运行电费

高温机组夏季运行电费62.49万元（见表5-100），常温机组夏季运行电费79.10万元（见表5-101）。每年节省电费16.61万元。减少电耗231534kWh。

B座高温机组方案运行费用　　表5-100

序号	设备名称	参数		数量（台）	输入电量（kW）	工作时间（h）	总用量（kWh）	单价（元/kWh）	运行费用（万元）
		m³/h	m						
1	离心制冷机	2285	kW	2	300	1500	495000	0.7175	35.52
2	离心制冷机	1055	kW	1	145	1500	119625	0.7175	8.58
3	冷水泵	430	32	2	50.0	1500	82440	0.7175	5.92
4	冷水泵	200	32	1	23.2	1500	19172	0.7175	1.38
5	冷却泵	500	32	2	58.1	1500	95861	0.7175	6.88
6	冷却泵	230	32	1	26.7	1500	22048	0.7175	1.58
7	冷却塔	500		2	18.5	1500	30525	0.7175	2.19
8	冷却塔	250		1	7.5	1500	6187.5	0.7175	0.44
9	合计						870858.5		62.49

B座常温机组方案运行费用　　表5-101

序号	设备名称	参数		数量（台）	输入电量（kW）	工作时间（h）	总用量（kWh）	单价（元/kWh）	运行费用（万元）
		m³/h	m						
1	离心制冷机	2285	kW	2	413	1500	681450	0.7175	48.89
2	离心制冷机	1055	kW	1	195	1500	160875	0.7175	11.54
3	冷水泵	430	32	2	50.0	1500	82440	0.7175	5.92
4	冷水泵	200	32	1	23.2	1500	19172	0.7175	1.38
5	冷却泵	510	32	2	59.3	1500	97778	0.7175	7.02
6	冷却泵	250	32	1	29.0	1500	23965	0.7175	1.72
7	冷却塔	510		2	18.5	1500	30525	0.7175	2.19
8	冷却塔	250		1	7.5	1500	6187.5	0.7175	0.44
9	合计						1102392.5		79.10

3. 设计方案的经济性分析

(1) 制冷机房主要设备初投资

夏季用机房主要设备初投资2703万元，制冷机房面积1395m²。

(2) 运行费用

夏季运行电费约224万元，比常规系统节省电费约92万元，节省率41%。

(3) 节能减排

高温机组夏季运行电耗2074MWh，年节省电耗534MWh，节省率25.8%。节省标准煤约185t。

5.4.7 换冷站经济性分析

(1) 换冷站主要设备初投资

换冷站主要设备投资见表5-102和表5-103。

A座换冷站主要设备投资　　表5-102

序号	设备名称	参数	单位	数量（台）	电量（kW）	总电量（kW）	设备单价（万元/台）	设备费用（万元）	备注
1	板式换冷器	5143	kW	3			53	159	
2	冷水泵	720	m³/h	4	90	270	18	72	3用1备

续表

序号	设备名称	参数	单位	数量（台）	电量（kW）	总电量（kW）	设备单价（万元/台）	设备费用（万元）	备注
3	自控系统							50	
4	变配电系统							14	
5	合计					270		295	

B座换冷站主要设备投资 **表5-103**

序号	设备名称	参数	单位	数量（台）	电量（kW）	总电量（kW）	设备单价（万元/台）	设备费用（万元）	备注
1	板式换冷器	4521	kW	2			47	94	
2	冷水泵	475	m^3/h	3	75	150	15	45	2用1备
3	自控系统							50	
4	变配电系统							8	
5	合计					150		197	

A座换冷站主要设备初投资295万元，装机电负荷270kW。

B座换冷站主要设备初投资197万元，装机电负荷150kW。

换冷站合计总初投资492万元，装机电负荷420kW。

（2）换冷站面积

A座换冷站用建筑面积450m^2，B座换冷站用建筑面积350m^2。合计换冷站建筑面积800m^2。

（3）运行电费

换冷站方案运行电费见表5-104。

换冷站方案运行电费 **表5-104**

序号	设备名称	参数		数量（台）	输入电量（kW）	工作时间（h）	总用量（kWh）	单价（元/kWh）	运行费用（万元）
		m^3/h	m						
1	A座冷水泵	720	32	3	83.7	1500	207059	0.7175	14.86
2	B座冷水泵	475	32	2	55.2	1500	91068	0.7175	6.53
3	合计						298127		21.39

换冷站夏季总用电量298127kWh，运行电费21.39万元。

（4）购冷费用

换冷站夏季总用冷量约17464MWh，按冷价650元/MWh估算，购冷费为1135万元。

（5）设计方案的经济性分析

换冷站主要设备初投资492万元，制冷机房面积800m^2。

（6）运行费用

夏季运行电费约21万元，购冷费为1135万元。夏季总运行费用约1156万元。

5.4.8 市政供冷方案与设计方案经济对比分析

1. 初投资

市政供冷方案与设计方案初投资对比见表5-105。

市政供冷方案与设计方案初投资对比表　　表 5-105

方案	初投资（万元）	投资增加（万元）	增加比率（%）
市政供冷方案	492	—	—
设计方案	2703	2211	449

2. 年运行费用

市政供冷方案与设计方案年运行费用对比见表 5-106。

市政供冷方案与设计方案年运行费用对比表　　表 5-106

方案	运行费用（万元）	运行费用节省（万元）	静态回收年限（年）
市政供冷方案	1156	—	—
设计方案	224	932	2.4

3. 全寿命周期费用（按 20 年计）

市政供冷方案与设计方案全寿命周期费用对比见表 5-107。

市政供冷方案与设计方案全寿命周期费用对比表　　表 5-107

方案	初投资（万元）	运行费用（万元）	全寿命周期费用（万元）	差值（万元）
市政供冷方案	492	1156	23612	0
设计方案	2703	224	7183	−16429

5.4.9　设计方案特点

（1）空调末端——四管制风机盘管＋新风的温湿度分别控制系统，室内温度由风机盘管负责，室内湿度由新风负担。能够达到使用者对温度、湿度的共同要求，提高室内的舒适度和空气品质。

（2）A 座空调冷源——风机盘管降温用 15℃/20℃高温冷水，冷水机组制冷效率提高 25%（采用特制高温冷水机组提高 49%以上），极大地节省了制冷能耗；新风除湿用 5℃/11℃低温冷水，由冰蓄冷系统提供，实现了电力的移峰填谷，节省运行电费。

（3）B 座空调冷源——风机盘管降温和新风预冷用 15℃/20℃高温冷水，冷水机组制冷效率提高 25%（采用特制高温冷水机组提高 49%以上），极大地节省了制冷能耗；新风除湿由新排风热泵负担，可充分回收空调排风中的能量，减少新风能耗。

（4）夏季用机房主要设备初投资 2703 万元，制冷机房面积 1395m^2。

（5）夏季运行电费约 224 万元，比常规系统节省电费 92 万元，节省率 41%。

（6）节能减排：高温机组夏季运行电耗 2074MWh，年节省电耗 534MWh，节省率 25.8%。节省标准煤约 185t。

（7）与市政供冷方案——换冷站对比，初投资虽有增加，但运行费用有极大优势，静态回收年限 2.4 年，按 20 年全寿命周期计算可节省费用超过 1.6 亿元。

综上所述，建议采用设计方案即采用温湿度分别控制、四管制风机盘管＋新风系统、高温冷水机组＋冰蓄冷、高温冷水机组＋排风热泵冷回收新风机组等高新技术，打造超低能耗、绿色生态引领未来的空调系统。

5.5　某生态软件园区域供冷方案设计

5.5.1　项目概述

某生态软件园位于海南省，如图 5-46 所示，软件园中 C 地块的三、四、五期和 G 地块采用区域供冷，总建筑面积 56.56 万㎡。建筑类型为办公、商业和酒店等。建筑面积统计如表 5-108 所示。

图 5-46　某生态软件园规划鸟瞰图

某生态软件园规划建筑面积　　表 5-108

地块类型		建筑面积（万 m^2）	建筑面积（万 m^2）
G 地块	创意港	42.00	10.80
	创意岛		5.50
	创意舟		22.35
	创湾酒店		3.35
C 地块	C 地块三期	14.56	5.57
	C 地块四期		6.57
	C 地块五期		2.42
合计		56.56	

5.5.2　能源需求及负荷计算

1. 气候条件

气象参数参见表 5-14

2. 方案选择

该生态软件园选择的冷源方案有 3 种：

(1) 区域电制冷；

(2) 区域冰蓄冷；

(3) 区域水蓄冷。

3. 能源价格

该生态软件园所在地能源价格见表 5-109。

某生态软件园所在地能源价格表 **表 5-109**

序号	名称	价格	单位	备注
1	电力（价格 1）	1.0581	元/kWh	高峰 10：00—12：00，16：00—22：00
2	电力（价格 2）	0.6597	元/kWh	平段 7：00—10：00，12：00—16：00，22：00—23：00
3	电力（价格 3）	0.292	元/kWh	低谷 23：00—次日 7：00
4	基本电价			38 元/(kW·月)（最大需量）
5	水费	4.57	元/t	含水费、污水费 3.8 元/t，垃圾费 0.77 元/t

空调系统的全年能耗计算相关参数如下：

制冷季：3 月 1 日至 10 月 31 日；运行时长：240d，每天运行 24h。

冷站全年供冷时间段分布：

（1）设计日（100%）运行：10d；

（2）75%负荷运行：80d；

（3）50%负荷运行：90d；

（4）25%负荷运行：60d；

4. 冷负荷估算

方案设计阶段按照面积指标法和冷负荷系数法进行估算，该生态软件园冷负荷指标见表 5-110。

某生态软件园冷负荷指标 **表 5-110**

地块类型		建筑面积（万 m^2）	建筑面积（万 m^2）	用冷特性	冷负荷指标（W/m^2）
G 地块	创意港	42.00	10.80	综合商业	150
	创意岛		5.50	商场	150
	创意舟		22.35	办公	100
	创湾酒店		3.35	酒店	90
C 地块	C 地块三期	14.56	5.57	办公	100
	C 地块四期		6.57	办公	100
	C 地块五期		2.42	办公	100

注：区域供冷站同时使用系数取 0.8。

该生态软件园设计日冷负荷见表 5-111 和图 5-47。

该生态软件园设计日冷负荷为 21993RT。

某生态软件园设计日冷负荷估算　　表 5-111

时间	办公（kW）	酒店（kW）	商业（kW）	总负荷		负荷率（%）
				kW	RT	
0：00	5198	1008	978	7184	2043	0.07
1：00	5198	1008	978	7184	2043	0.07
2：00	5198	1008	978	7184	2043	0.07
3：00	5198	1575	978	7751	2204	0.08
4：00	5198	1575	978	7751	2204	0.08
5：00	5198	1575	978	7751	2204	0.08
6：00	5198	3150	978	9326	2652	0.10
7：00	16113	3717	978	20808	5917	0.22
8：00	22350	4221	7824	34395	9782	0.36
9：00	36383	4221	9780	50384	14329	0.52
10：00	46259	4725	14866	65850	18727	0.68
11：00	47298	5292	15648	68238	19406	0.71
12：00	44699	5670	17213	67582	19220	0.70
13：00	44699	6300	18386	69385	19733	0.72
14：00	46259	6300	18778	71337	20287	0.74
15：00	51976	5796	19560	77332	21993	0.80
16：00	51976	5292	18778	76046	21627	0.79
17：00	46778	5292	16626	68696	19537	0.71
18：00	29626	4662	15648	49936	14201	0.52
19：00	16113	4662	12518	33293	9468	0.34
20：00	11435	3150	9780	24365	6929	0.25
21：00	9356	3150	7824	20330	5782	0.21
22：00	9356	2079	1956	13391	3808	0.14
23：00	5198	1008	978	7184	2043	0.07
合计				872683	248182	

5.5.3　供冷方案分析

对区域电制冷、区域冰蓄冷、区域水蓄冷 3 种方案进行分析。

1. 区域电制冷

（1）系统设计

1）选用 8 台离心式冷水机组，单台制冷量为 6750kW（1920RT），总制冷量为 54000MW（15360RT）。

2）冷水供回水温度为 5℃/12℃，冷却水温度为 32℃/37℃。

3）采用二级泵变流量系统，一级泵定流量、二级泵变频变流量运行，一级冷水泵、冷却泵、冷却塔各 8 台，与冷水机组匹配设置。

4）二级冷水泵按管网及区域分组设置，共 7 台。

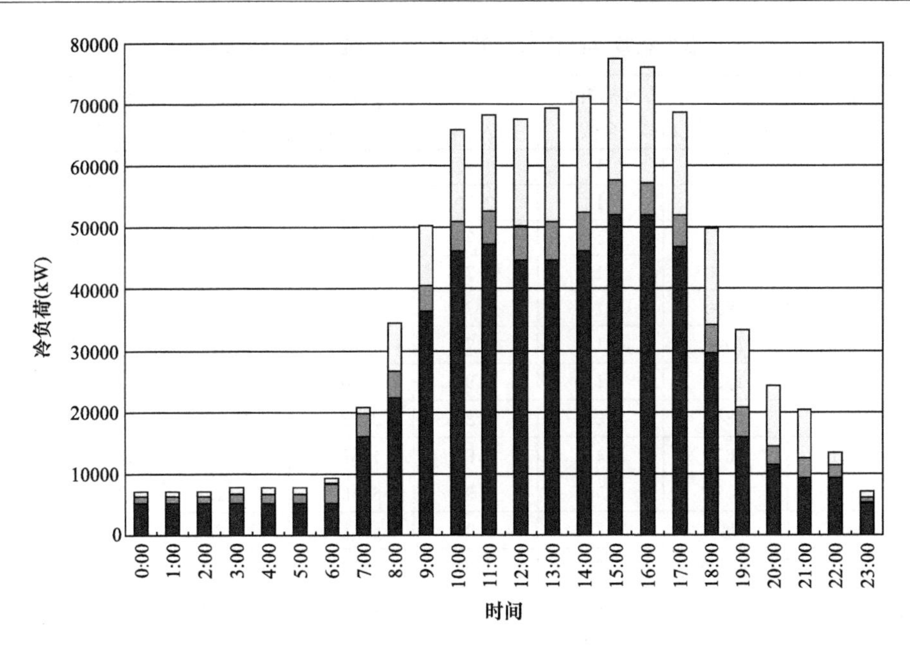

图 5-47 某生态软件图设计日冷负荷曲线

(2) 主要设备初投资

该生态软件园区域电制冷系统主要设备投资见表 5-112。

某生态软件园区域电制冷系统主要设备投资 表 5-112

序号	设备名称	主要参数			数量(台)	电量(kW)	总电量(kW)	设备单价(万元/台)	设备费用(万元)	备注
		容量	单位	扬程(m)						
1	冷水机组	1920	RT		8	1275	10200	400	3200	
2	一级冷水泵	871	m³/h	15	8	55	440	12	96	
3	冷却泵	1449	m³/h	30	8	160	1280	35	280	
4	冷却塔	1522	m³/h		8	60	480	120	960	
5	二级冷水泵	900	m³/h	50	7	160	1120	30	210	5℃/12℃
6	自控系统								800	
7	变配电系统								1352	
8	合计						13520		6898	

该生态软件园区域电制冷系统主要设备投资约为 6898 万元，总装机电负荷为 13520kW。

(3) 运行能耗与费用

每年制冷系统耗电量 18958MWh（冷机耗电量 15506MWh、辅机耗电量 3452MWh），管网循环水泵耗电量 1320MWh。年总耗电量 20278MWh。

每年制冷系统电费 1653 万元，其中辅机电费 270 万元；管网循环水泵电费 107 万元；另外，总装机电负荷为 13520kW，基础电费 616 万元；年总电费 2376 万元。

每年冷却水补水量 402040t，水费 184 万元。

具体数据见表 5-113～表 5-116。

某生态软件园区域电制冷方案设计日电费统计表　　表5-113

时间	总冷负荷（RT）	冷水机组制冷			冷机耗电（kWh）	辅机耗电（kWh）	耗电小计（kWh）	电费（元）
		制冷能力	台数	负荷率				
0：00	1764	1920	1	0.92	1171.6	248.9	1420.5	937.1
1：00	1344	1920	1	0.70	892.8	248.9	1141.6	753.1
2：00	1344	1920	1	0.70	892.8	248.9	1141.6	753.1
3：00	1344	1920	1	0.70	892.8	248.9	1141.6	753.1
4：00	1344	1920	1	0.70	892.8	248.9	1141.6	753.1
5：00	1344	1920	1	0.70	892.8	248.9	1141.6	753.1
6：00	1778	1920	1	0.93	1180.7	248.9	1429.6	943.1
7：00	3286	3840	2	0.86	2182.4	497.7	2680.1	2835.8
8：00	6296	7679	4	0.82	4181.1	995.4	5176.6	5477.3
9：00	9119	9599	5	0.95	6056.4	1244.3	7300.7	7724.8
10：00	12216	13439	7	0.91	8113.0	1742.0	9855.0	10427.6
11：00	12668	13439	7	0.94	8413.3	1742.0	10155.3	0.0
12：00	12734	13439	7	0.95	8457.3	1742.0	10199.4	10792.0
13：00	13137	13439	7	0.98	8724.6	1742.0	10466.6	11074.7
14：00	13500	13439	7	1.00	8965.8	1742.0	10707.8	11329.9
15：00	14591	15358	8	0.95	9690.6	1990.9	11681.5	12360.2
16：00	14314	15358	8	0.93	9506.3	1990.9	11497.2	0.0
17：00	12862	13439	7	0.96	8542.3	1742.0	10284.3	10881.8
18：00	9744	11519	6	0.85	6471.5	1493.2	7964.7	8427.5
19：00	6671	7679	4	0.87	4430.4	995.4	5425.9	5741.1
20：00	5075	5759	3	0.88	3370.3	746.6	4116.8	4356.0
21：00	4148	5759	3	0.72	2755.0	746.6	3501.5	3705.0
22：00	2411	3840	2	0.63	1601.1	497.7	2098.8	2220.8
23：00	1764	1920	1	0.92	1171.6	248.9	1420.5	937.1
合计	164798	182384	95	0.90	109449	23642	133091	113937

年耗电量=18958MWh	年运行电费=1653万元
年冷机耗电量=15506MWh	年辅机耗电量=3452MWh

注：全年（240d）供冷时间段分布
1. 设计日运行天数：10d；
2. 75%负荷运行天数：80d；
3. 50%负荷运行天数：90d；
4. 25%负荷运行天数：60d。

管网循环水泵电耗=1320MWh
管网循环水泵电量=107万元
年总冷量=2249万RTh
年耗水量=402040t

某生态软件园区域电制冷方案75%负荷电费统计表　　表5-114

时间	总冷负荷（RT）	冷水机组制冷			冷机耗电（kWh）	辅机耗电（kWh）	耗电小计（kWh）	电费（元）
		制冷能力	台数	负荷率				
0：00	1764	1920	1	0.92	1171.6	248.9	1420.5	937.1
1：00	1344	1920	1	0.70	892.8	248.9	1141.6	753.1
2：00	1344	1920	1	0.70	892.8	248.9	1141.6	753.1
3：00	1344	1920	1	0.70	892.8	248.9	1141.6	753.1
4：00	1344	1920	1	0.70	892.8	248.9	1141.6	753.1

续表

时间	总冷负荷 (RT)	冷水机组制冷			冷机耗电 (kWh)	辅机耗电 (kWh)	耗电小计 (kWh)	电费（元）
		制冷能力	台数	负荷率				
5：00	1344	1920	1	0.70	892.8	248.9	1141.6	753.1
6：00	1778	1920	1	0.93	1180.7	248.9	1429.6	943.1
7：00	2465	3840	2	0.64	1636.8	497.7	2134.5	2258.5
8：00	4722	5759	3	0.82	3135.8	746.6	3882.4	4108.0
9：00	6839	7679	4	0.89	4542.3	995.4	5537.7	5859.5
10：00	9162	9599	5	0.95	6084.7	1244.3	7329.1	7754.9
11：00	9501	9599	5	0.99	6310.0	1244.3	7554.3	0.0
12：00	9551	9599	5	0.99	6343.0	1244.3	7587.3	8028.1
13：00	9853	11519	6	0.86	6543.4	1493.2	8036.6	8503.5
14：00	10125	11519	6	0.88	6724.3	1493.2	8217.5	8694.9
15：00	10943	11519	6	0.95	7267.9	1493.2	8761.1	9270.1
16：00	10735	11519	6	0.93	343.0	1493.2	1836.2	0.0
17：00	9647	9599	5	1.00	6406.7	1244.3	7651.0	8095.5
18：00	7308	7679	4	0.95	4853.7	995.4	5849.1	6188.9
19：00	5003	5759	3	0.87	3322.8	746.6	4069.4	4305.8
20：00	3806	3840	2	0.99	343.0	497.7	840.7	889.6
21：00	3111	3840	2	0.81	2066.2	497.7	2563.9	2712.9
22：00	1808	1920	1	0.94	1200.8	248.9	1449.7	1533.9
23：00	1764	1920	1	0.92	1171.6	248.9	1420.5	937.1
合计	126605	140148	73	0.90	75112	18167	93279	84787

某生态软件园区域电制冷方案50%负荷电费统计表　　表5-115

时间	总冷负荷 (RT)	冷水机组制冷			冷机耗电 (kWh)	辅机耗电 (kWh)	耗电小计 (kWh)	电费（元）
		制冷能力	台数	负荷率				
0：00	1411	1920	1	0.74	1275.0	248.9	1523.9	1005.3
1：00	1075	1920	1	0.56	1275.0	248.9	1523.9	1005.3
2：00	1075	1920	1	0.56	1275.0	248.9	1523.9	1005.3
3：00	1075	1920	1	0.56	1275.0	248.9	1523.9	1005.3
4：00	1075	1920	1	0.56	1275.0	248.9	1523.9	1005.3
5：00	1075	1920	1	0.56	1275.0	248.9	1523.9	1005.3
6：00	1422	1920	1	0.74	1275.0	248.9	1523.9	1005.3
7：00	1643	1920	1	0.86	1275.0	248.9	1523.9	1612.4
8：00	3148	3840	2	0.82	2550.0	497.7	3047.7	3224.8
9：00	4560	5759	3	0.79	3825.0	746.6	4571.6	4837.2
10：00	6108	7679	4	0.80	5100.0	995.4	6095.4	6449.6
11：00	6334	7679	4	0.82	5100.0	995.4	6095.4	0.0

续表

时间	总冷负荷（RT）	冷水机组制冷			冷机耗电（kWh）	辅机耗电（kWh）	耗电小计（kWh）	电费（元）
		制冷能力	台数	负荷率				
12：00	6367	7679	4	0.83	5100.0	995.4	6095.4	6449.6
13：00	6568	7679	4	0.86	5100.0	995.4	6095.4	6449.6
14：00	6750	7679	4	0.88	5100.0	995.4	6095.4	6449.6
15：00	7296	7679	4	0.95	5100.0	995.4	6095.4	6449.6
16：00	7157	7679	4	0.93	5100.0	995.4	6095.4	0.0
17：00	6431	7679	4	0.84	5100.0	995.4	6095.4	6449.6
18：00	4872	5759	3	0.85	3825.0	746.6	4571.6	4837.2
19：00	3335	3840	2	0.87	2550.0	497.7	3047.7	3224.8
20：00	2537	3840	2	0.66	2550.0	497.7	3047.7	3224.8
21：00	2074	3840	2	0.54	2550.0	497.7	3047.7	3224.8
22：00	1205	1920	1	0.63	1275.0	248.9	1523.9	1612.4
23：00	1411	1920	1	0.74	1275.0	248.9	1523.9	1005.3
合计	86004	107510	56	0.80	71400	13936	85336	72538

某生态软件园区域电制冷方案25%负荷电费统计表　　表5-116

时间	总冷负荷（RT）	冷水机组制冷			冷机耗电（kWh）	辅机耗电（kWh）	耗电小计（kWh）	电费（元）
		制冷能力	台数	负荷率				
0：00	1411	1920	1	0.74	937.3	248.9	1186.2	782.5
1：00	1075	1920	1	0.56	714.2	248.9	963.1	635.3
2：00	1075	1920	1	0.56	714.2	248.9	963.1	635.3
3：00	1075	1920	1	0.56	714.2	248.9	963.1	635.3
4：00	1075	1920	1	0.56	714.2	248.9	963.1	635.3
5：00	1075	1920	1	0.56	714.2	248.9	963.1	635.3
6：00	1422	1920	1	0.74	944.6	248.9	1193.4	787.3
7：00	1422	1920	1	0.74	944.6	248.9	1193.4	1262.8
8：00	1574	1920	1	0.82	1045.3	248.9	1294.1	1369.3
9：00	2280	3840	2	0.59	1514.1	497.7	2011.8	2128.7
10：00	3054	3840	2	0.80	2028.2	497.7	2526.0	2672.7
11：00	3167	3840	2	0.82	2103.3	497.7	2601.1	0.0
12：00	3184	3840	2	0.83	2114.3	497.7	2612.1	2763.8
13：00	3284	3840	2	0.86	2181.1	497.7	2678.9	2834.5
14：00	3375	3840	2	0.88	2241.4	497.7	2739.2	2898.3
15：00	3648	3840	2	0.95	2422.6	497.7	2920.4	3090.0
16：00	3578	3840	2	0.93	2376.6	497.7	2874.3	0.0
17：00	3216	3840	2	0.84	2135.6	497.7	2633.3	2786.3
18：00	2436	3840	2	0.63	1617.9	497.7	2115.6	2238.5
19：00	1668	1920	1	0.87	1107.6	248.9	1356.5	1435.3
20：00	1269	1920	1	0.66	842.6	248.9	1091.4	1154.8
21：00	1411	1920	1	0.74	937.3	248.9	1186.2	1255.1
22：00	1411	1920	1	0.74	937.3	248.9	1186.2	1255.1
23：00	1411	1920	1	0.74	937.3	248.9	1186.2	782.5
合计	49596	65280	34	0.76	32940	8462	41402	34674

2. 区域冰蓄冷

冰蓄冷区域供冷就是以冰蓄冷技术和系统节能控制技术为依托，充分利用电网的低谷电能，在需冷用户较为集中的地区建设集中生产及储存冷量的站房，通过配套建设的公用供冷管网向用户提供冷量的系统供冷工程。区域供冷系统作为基础设施之一，可向用户提供空调用冷水。用户不必再投资建设制冷系统。

（1）系统设计

本工程采用外融冰主机上游串联系统的直接供冷方式。

1）选用 4 台双工况冷水机组，单台制冷量 6570kW（1869RT）、制冰量 4047kW（1151RT），白天供冷夜间制冰。

2）选用 1 台基载冷水机组，制冷量 6750kW（1920RT），全天供应冷水。

3）采用盘管蓄冰装置，总储冷量 38000RTh。

4）乙二醇泵、冷却泵、冷却塔、制冷板换各 4 台，与双工况主机匹配设置。基载冷水泵、基载冷却泵、基载冷却塔各 1 台，与基载主机匹配设置。

5）冷水采用二级泵系统，冰槽冷水直供方式。白天冷水温度为 1.2℃/12.2℃，夜间冷水温度为 5℃/12℃，冷却水温度为 32℃/37℃。

该生态软件园区域冰蓄冷设计日负荷平衡见表 5-117 和图 5-48～图 5-51。

某生态软件园区域冰蓄冷设计日负荷平衡表　　表 5-117

时间	总冷负荷（RT）	基载制冷（RT）	制冷机制冷量（RT）		蓄冰槽（RT）		取冷率（%）
			主机制冰	主机制冷	储冰量	融冰量	
0：00	1764	1764	4704		10358		
1：00	1344	1344	4684		15040		
2：00	1344	1344	4664		19702		
3：00	1344	1344	4644		24344		
4：00	1344	1344	4624		28966		
5：00	1344	1344	4604		33568		
6：00	1778	1778	4432		38000		
7：00	3286	1920		0	36632	1366	3.60
8：00	6296	1920		3737	35991	639	1.68
9：00	9119	1920		5606	34396	1594	4.19
10：00	12216	1920		7474	31572	2822	7.43
11：00	12668	1920		7474	28296	3274	8.62
12：00	12734	1920		7474	24954	3340	8.79
13：00	13137	1920		7474	21209	3743	9.85
14：00	13500	1920		7474	17101	4106	10.80
15：00	14591	1920		7474	11902	5197	13.68
16：00	14314	1920		7474	6981	4920	12.95
17：00	12862	1920		7474	3511	3468	9.13
18：00	9744	1920		7474	3158	350	0.92
19：00	6671	1920		3737	2142	1014	2.67
20：00	5075	1920		2803	1788	352	0.93
21：00	4148	1920		1869	1427	360	0.95
22：00	2411	1920		0	934	491	1.29
23：00	1764	1764	4724		5656		
合计	164798	42746	37080	85018		37036	97.48

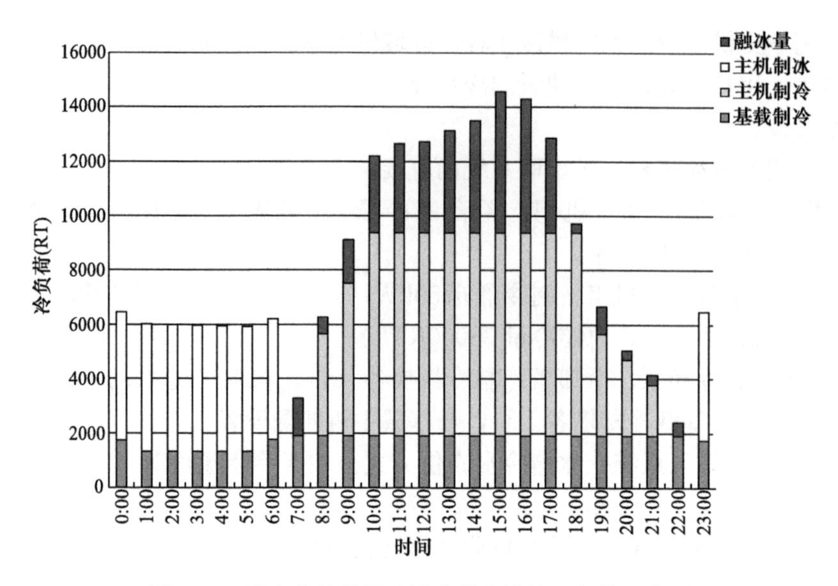

图5-48 某生态软件园区域冰蓄冷设计日负荷平衡图

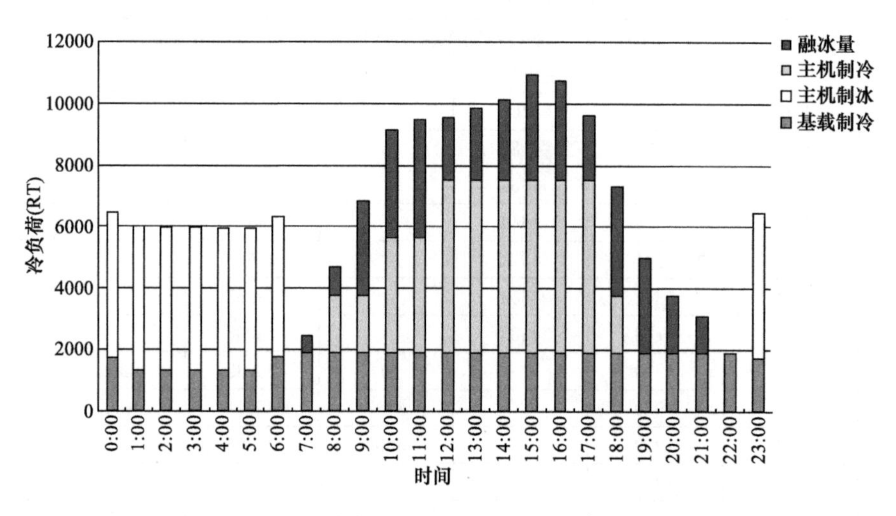

图5-49 某生态软件园区域冰蓄冷75%负荷平衡图

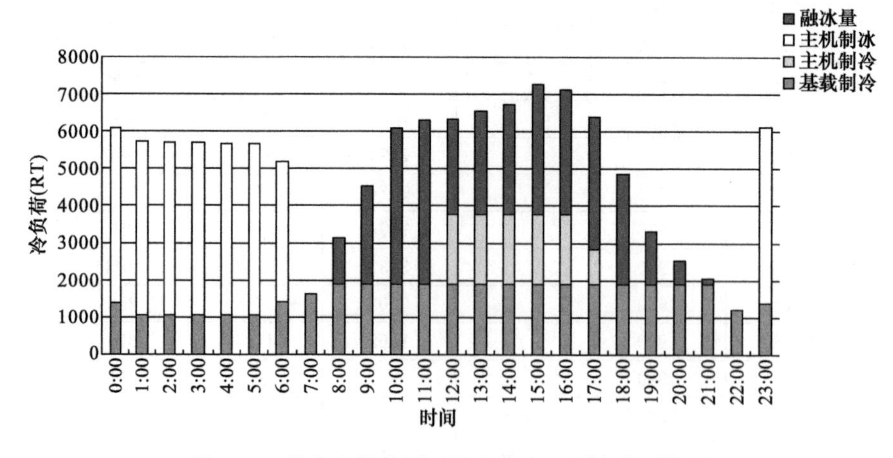

图5-50 某生态软件园区域冰蓄冷50%负荷平衡图

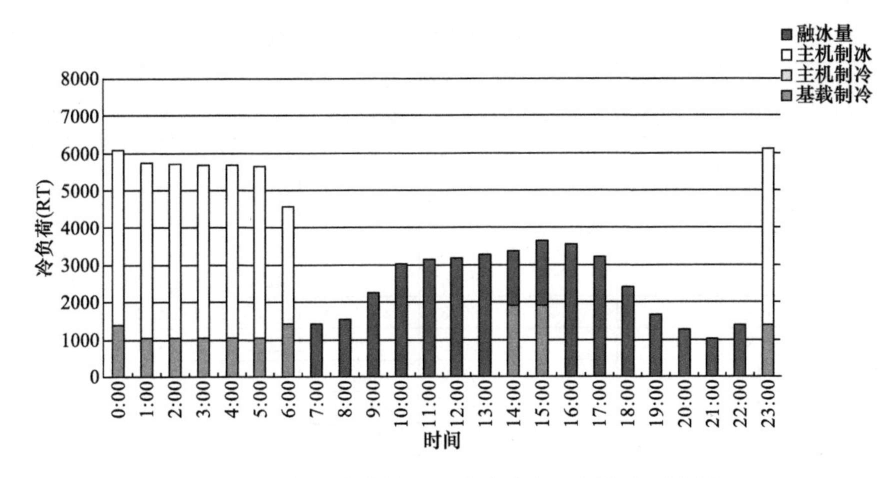

图 5-51 某生态软件园区域冰蓄冷 25%负荷平衡图

(2) 主要设备初投资

该生态软件园区域冰蓄冷系统主要设备投资见表 5-118。

某生态软件园区域冰蓄冷系统主要设备投资 **表 5-118**

序号	设备名称	主要参数			数量(台)	电量(kW)	总电量(kW)	设备单价(万元/台)	设备费用(万元)	备注
		容量	单位	扬程(m)						
1	双工况主机	1869	RT		4	1359	5436	500	2000	
2	基载主机	1920	RT		1	1275	1275	400	400	
3	乙二醇泵	848	m^3/h	25	4	75	300	22	88	
4	冷却泵	1432	m^3/h	30	4	160	640	35	140	
5	基载冷水泵	871	m^3/h	15	1	55	55	15	15	
6	基载冷却泵	1449	m^3/h	30	1	160	160	35	35	
7	冷却塔	1500	m^3/h		4	60	240	120	480	
8	基载冷却塔	1518	m^3/h		1	60	60	120	120	
9	蓄冰盘管	380	RT		100				13	1300
10	制冷板换	6570	kW		4				90	360
11	一级冷水泵	724	m^3/h	15	4	37	148	10	40	
12	二级冷水泵	802	m^3/h	50	5	145	725	30	150	1.2℃/12.2℃
13	自控系统								1500	
14	变配电系统								904	
15	合计						9039		7532	

该生态软件园区域冰蓄冷系统主要设备投资约为 7532 万元,总装机电负荷为 9039kW。

(3) 运行能耗与费用

每年制冷系统耗电量 21481MWh,管网循环水泵耗电量 835MWh。年总耗电量 22316MWh。

每年制冷系统电费 1147 万元,其中辅机电费 405 万元;管网循环水泵电费 64 万元;另外,总装机电负荷为 9039kW,基础电费 412 万元;年总电费 1623 万元。

具体数据见表 5-119~表 5-122。

某生态软件园区域冰蓄冷方案设计日电费统计表　　　　表5-119

时间	总冷负荷（RT）	基载制冷（RT）	制冷机制冷量（RT）		蓄冰槽（RT）		基载耗电（kWh）	蓄冰耗电（kWh）	耗电小计（kWh）	电费（元）
			主机制冰	主机制冷	储冰量	融冰量				
0：00	1764	1764	4704		10358		1419.4	5124.2	6543.6	1910.7
1：00	1344	1344	4684		15040		1140.5	5124.2	6264.7	1829.3
2：00	1344	1344	4664		19702		1140.5	5124.2	6264.7	1829.3
3：00	1344	1344	4644		24344		1140.5	5124.2	6264.7	1829.3
4：00	1344	1344	4624		28966		1140.5	5124.2	6264.7	1829.3
5：00	1344	1344	4604		33568		1140.5	5124.2	6264.7	1829.3
6：00	1778	1778	4432	0	38000		1428.5	5124.2	6552.7	1913.4
7：00	3286	1920		0	36632	1366	1522.8	0.0	1522.8	1004.6
8：00	6296	1920		3737	35991	639	1522.8	3336.2	4858.9	3205.4
9：00	9119	1920		5606	34396	1594	1522.8	5004.3	6527.0	4305.9
10：00	12216	1920		7474	31572	2822	1522.8	6672.3	8195.1	8671.2
11：00	12668	1920		7474	28296	3274	1522.8	6672.3	8195.1	8671.2
12：00	12734	1920		7474	24954	3340	1522.8	6672.3	8195.1	5406.3
13：00	13137	1920		7474	21209	3743	1522.8	6672.3	8195.1	5406.3
14：00	13500	1920		7474	17101	4106	1522.8	6672.3	8195.1	5406.3
15：00	14591	1920		7474	11902	5197	1522.8	6672.3	8195.1	5406.3
16：00	14314	1920		7474	6981	4920	1522.8	6672.3	8195.1	8671.2
17：00	12862	1920		7474	3511	3468	1522.8	6672.3	8195.1	8671.2
18：00	9744	1920		7474	3158	350	1522.8	6672.3	8195.1	8671.2
19：00	6671	1920		3737	2142	1014	1522.8	3336.2	4858.9	5141.3
20：00	5075	1920		2803	1788	352	1522.8	2502.1	4024.9	4258.8
21：00	4148	1920		1869	1427	360	1522.8	1668.1	3190.9	3376.3
22：00	2411	1920		0	934	491	1522.8	0.0	1522.8	1004.6
23：00	1764	1764	4724		5656		1419.4	5124.2	6543.6	1910.7
合计	164798	42746	37080	85018		37036	34335	116891	151226	102159
日移高峰电量＝		14903	kWh	日移平峰电量＝		15421	kWh	高峰电量＝	98739	kWh

每年耗电量＝21481MWh　　　　每年运行电费＝1147万元

年移高峰电量＝4484MWh　　　　年移平峰电量＝2846MWh

注：全年（240d）供冷时间段分布

1. 设计日运行天数：10d；
2. 75%负荷运行天数：80d；
3. 50%负荷运行天数：90d；
4. 25%负荷运行天数：60d。

年峰电量＝9215MWh

全年总冷量＝2247万RTh

管网循环水泵电耗＝835MWh

管网循环水泵电费＝64万元

某生态软件园区域冰蓄冷方案75%负荷电费统计表　　　　表5-120

时间	总冷负荷（RT）	基载制冷（RT）	制冷机制冷量（RT）		蓄冰槽（RT）		基载耗电（kWh）	蓄冰耗电（kWh）	耗电小计（kWh）	电费（元）
			主机制冰	主机制冷	储冰量	融冰量				
0：00	1764	1764	4704		10245		1419.4	5124.2	6543.6	1910.7
1：00	1344	1344	4684		14927		1140.5	5124.2	6264.7	1829.3
2：00	1344	1344	4664		19589		1140.5	5124.2	6264.7	1829.3
3：00	1344	1344	4644		24231		1140.5	5124.2	6264.7	1829.3
4：00	1344	1344	4624		28853		1140.5	5124.2	6264.7	1829.3
5：00	1344	1344	4604		33455		1140.5	5124.2	6264.7	1829.3
6：00	1778	1778	4545	0	38000		1428.5	5124.2	6552.7	1913.4
7：00	2465	1920		0	37453	545	1522.8	0.0	1522.8	1004.6
8：00	4722	1920		1869	36518	933	1522.8	1668.1	3190.9	2105.0

续表

时间	总冷负荷（RT）	基载制冷（RT）	制冷机制冷量（RT）		蓄冰槽（RT）		基载耗电（kWh）	蓄冰耗电（kWh）	耗电小计（kWh）	电费（元）
			主机制冰	主机制冷	储冰量	融冰量				
9：00	6839	1920		1869	33465	3051	1522.8	1668.1	3190.9	2105.0
10：00	9162	1920		3737	29958	3505	1522.8	3336.2	4858.9	5141.3
11：00	9501	1920		3737	26112	3844	1522.8	3336.2	4858.9	5141.3
12：00	9551	1920		5606	24085	2025	1522.8	5004.3	6527.0	4305.9
13：00	9853	1920		5606	21756	2327	1522.8	5004.3	6527.0	4305.9
14：00	10125	1920		5606	19154	2599	1522.8	5004.3	6527.0	4305.9
15：00	10943	1920		5606	15735	3418	1522.8	5004.3	6527.0	4305.9
16：00	10735	1920		5606	12523	3210	1522.8	5004.3	6527.0	6906.2
17：00	9647	1920		5606	10400	2121	1522.8	5004.3	6527.0	6906.2
18：00	7308	1920		1869	6878	3520	1522.8	1668.1	3190.9	3376.3
19：00	5003	1920		0	3792	3083	1522.8	0.0	1522.8	1611.3
20：00	3806	1920		0	1904	1886	1522.8	0.0	1522.8	1611.3
21：00	3111	1920		0	711	1191	1522.8	0.0	1522.8	1611.3
22：00	1808	1920		0	820	—112	1522.8	0.0	1522.8	1004.6
23：00	1764	1764	4724		5543		1419.4	5124.2	6543.6	1910.7
合计	126605	42746	37193	46717		37146	34335	82696	117030	70629
日移高峰电量＝		20125	kWh	日移平峰电量＝		11485	kWh	高峰电量＝	64544	kWh

某生态软件园区域冰蓄冷方案50%负荷电费统计表 **表5-121**

时间	总冷负荷（RT）	基载制冷（RT）	制冷机制冷量（RT）		蓄冰槽（RT）		基载耗电（kWh）	蓄冰耗电（kWh）	耗电小计（kWh）	电费（元）
			主机制冰	主机制冷	储冰量	融冰量				
0：00	1411	1411	4704		11009		1185.1	5124.2	6309.2	1842.3
1：00	1075	1075	4684		15691		962.0	5124.2	6086.2	1777.2
2：00	1075	1075	4664		20353		962.0	5124.2	6086.2	1777.2
3：00	1075	1075	4644		24995		962.0	5124.2	6086.2	1777.2
4：00	1075	1075	4624		29617		962.0	5124.2	6086.2	1777.2
5：00	1075	1075	4604		34219		962.0	5124.2	6086.2	1777.2
6：00	1422	1422	3781	0	38000		1192.4	5124.2	6316.5	1844.4
7：00	1643	1643		0	37998	0	1522.8	0.0	1522.8	1004.6
8：00	3148	1920		0	36768	1228	1522.8	0.0	1522.8	1004.6
9：00	4560	1920		0	34126	2640	1522.8	0.0	1522.8	1004.6
10：00	6108	1920		0	29936	4188	1522.8	0.0	1522.8	1611.3
11：00	6334	1920		0	25520	4414	1522.8	0.0	1522.8	1611.3
12：00	6367	1920		1869	22939	2579	1522.8	1668.1	3190.9	2105.0
13：00	6568	1920		1869	20157	2780	1522.8	1668.1	3190.9	2105.0
14：00	6750	1920		1869	17193	2962	1522.8	1668.1	3190.9	2105.0
15：00	7296	1920		1869	13684	3507	1522.8	1668.1	3190.9	2105.0
16：00	7157	1920		1869	10314	3369	1522.8	1668.1	3190.9	3376.3
17：00	6431	1920		934	6735	3577	1522.8	834.0	2356.8	2493.8
18：00	4872	1920		0	3780	2952	1522.8	0.0	1522.8	1611.3
19：00	3335	1920		0	2363	1416	1522.8	0.0	1522.8	1611.3
20：00	2537	1920		0	1743	618	1522.8	0.0	1522.8	1611.3
21：00	2074	1920	0	0	1587	154	1522.8	0.0	1522.8	1611.3
22：00	1205	1205		0	1585	0	1522.8	0.0	1522.8	1004.6
23：00	1411	1411	4724		6307		1185.1	5124.2	6309.2	1842.3
合计	86004	39347	36429	10279		36384	32737	50168	82905	42391
日移高峰电量＝		18619	kWh	日移平峰电量＝		11805	kWh	高峰电量＝	32016	kWh

某生态软件园区域冰蓄冷方案25%负荷电费统计表　　表5-122

时间	总冷负荷(RT)	基载制冷(RT)	制冷机制冷量(RT)		蓄冰槽(RT)		基载耗电(kWh)	蓄冰耗电(kWh)	耗电小计(kWh)	电费(元)
			主机制冰	主机制冷	储冰量	融冰量				
0:00	1411	1411	4704		11629		1185.1	5124.2	6309.2	1842.3
1:00	1075	1075	4684		16311		962.0	5124.2	6086.2	1777.2
2:00	1075	1075	4664		20974		962.0	5124.2	6086.2	1777.2
3:00	1075	1075	4644		25616		962.0	5124.2	6086.2	1777.2
4:00	1075	1075	4624		30238		962.0	5124.2	6086.2	1777.2
5:00	1075	1075	4604		34840		962.0	5124.2	6086.2	1777.2
6:00	1422	1422	3160	0	38000		1192.4	5124.2	6316.5	1844.4
7:00	1422	0		0	36576	1422	0.0	0.0	0.0	0.0
8:00	1574	0		0	35000	1574	0.0	0.0	0.0	0.0
9:00	2280	0		0	32718	2280	0.0	0.0	0.0	0.0
10:00	3054	0		0	29662	3054	0.0	0.0	0.0	0.0
11:00	3167	0		0	26493	3167	0.0	0.0	0.0	0.0
12:00	3184	0		0	23307	3184	0.0	0.0	0.0	0.0
13:00	3284	0		0	20021	3284	0.0	0.0	0.0	0.0
14:00	3375	1920		0	18564	1455	1522.8	0.0	1522.8	1004.6
15:00	3648	1920		0	16834	1728	1522.8	0.0	1522.8	1004.6
16:00	3578	0		0	13254	3578	0.0	0.0	0.0	0.0
17:00	3216	0		0	10036	3216	0.0	0.0	0.0	0.0
18:00	2436	0		0	7598	2436	0.0	0.0	0.0	0.0
19:00	1668	0		0	5928	1668	0.0	0.0	0.0	0.0
20:00	1269	0		0	4657	1269	0.0	0.0	0.0	0.0
21:00	1037	0		0	3618	1037	0.0	0.0	0.0	0.0
22:00	1411	0		0	2205	1411	0.0	0.0	0.0	0.0
23:00	1411	1411	4724		6927		1185.1	5124.2	6309.2	1842.3
合计	49222	13459	35808	0		35763	11418	40994	52412	16424
日移高峰电量=		17482	kWh	日移平峰电量=		11839	kWh	高峰电量=	3046	kWh

3. 区域水蓄冷

(1) 系统设计

本工程采用主机并联系统的供冷方式。

1) 选用4台双工况冷水机组，单台制冷量6680kW (1900RT)，白天供冷夜间蓄冷。

2) 选用1台基载冷水机组，制冷量6750kW (1920RT)，全天供应冷水。

3) 采用立式水罐蓄冷装置，总储冷量63000RTh。

4) 冷水泵、冷却泵、冷却塔各4台，与双工况主机匹配设置。基载冷水泵、基载冷却泵、基载冷却塔各1台，与基载主机匹配设置。

5) 冷水采用二级泵系统，蓄冷冷水直供方式。白天冷水温度为4℃/12℃，夜间冷水温度为5℃/12℃，冷却水温度为32℃/37℃。

该生态软件园区域水蓄冷设计日负荷平衡见表5-123和图5-52～图5-55。

某生态软件园区域水蓄冷设计日负荷平衡表 表 5-123

时间	总冷负荷（RT）	基载制冷（RT）	制冷机制冷量（RT）		蓄冷水槽（RT）		取冷率（%）
			主机蓄冷	主机制冷	储冷量	释冷量	
0：00	1764	1764	7620		18864		
1：00	1344	1344	7600		26462		
2：00	1344	1344	7580		34040		
3：00	1344	1344	7560		41598		
4：00	1344	1344	7540		49136		
5：00	1344	1344	7520		56654		
6：00	1764	1764	6346		63000		
7：00	3286	1920		0	61632	1366	2.17
8：00	6296	1920		0	57254	4376	6.95
9：00	9119	1920		3800	53852	3400	5.40
10：00	12216	1920		3800	47354	6496	10.31
11：00	12668	1920		3800	40403	6949	11.03
12：00	12734	1920		7600	37186	3215	5.10
13：00	13137	1920		7600	33567	3617	5.74
14：00	13500	1920		7600	29584	3981	6.32
15：00	14591	1920		7600	24510	5072	8.05
16：00	14314	1920		5700	17814	6694	10.63
17：00	12862	1920		5700	12569	5243	8.32
18：00	9744	1920		5700	10442	2125	3.37
19：00	6671	1920		3800	9489	951	1.51
20：00	5075	1920		0	6332	3155	5.01
21：00	4148	1920		0	4102	2228	3.54
22：00	2411	1920		0	3609	491	0.78
23：00	1764	1764	7640		11247		
合计	164784	42732	59406	62700		59359	94.23

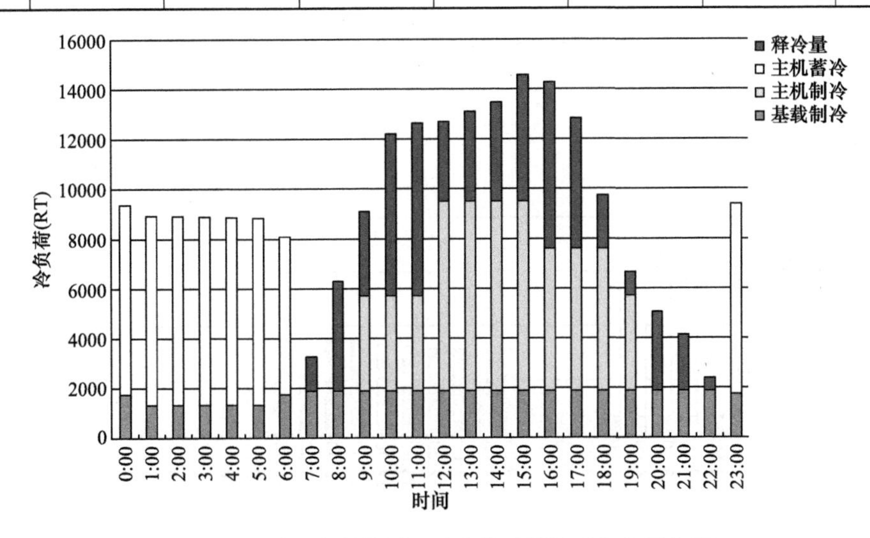

图 5-52 某生态软件园区域水蓄冷设计日负荷平衡图

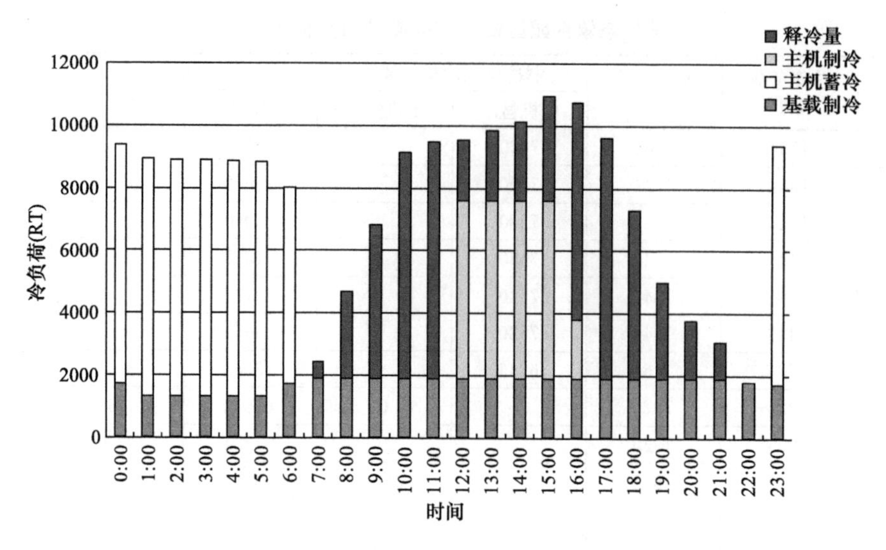

图5-53　某生态软件园区域水蓄冷75%负荷平衡图

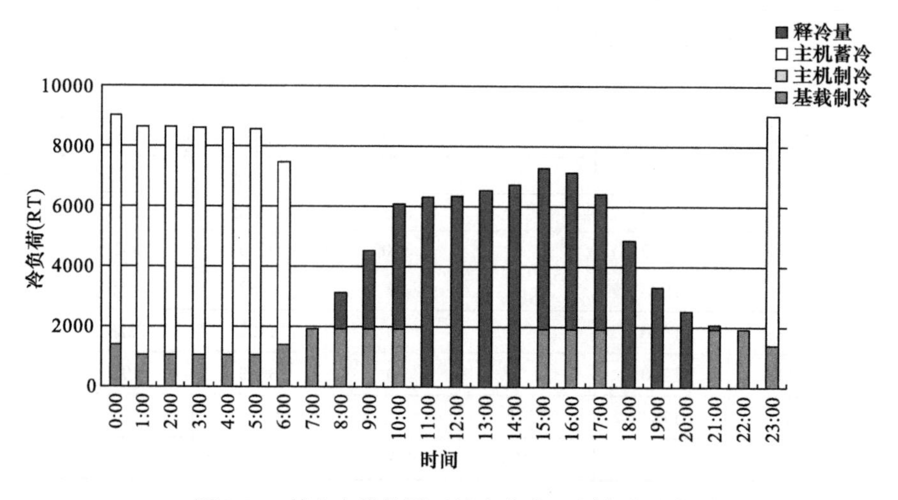

图5-54　某生态软件园区域水蓄冷50%负荷平衡图

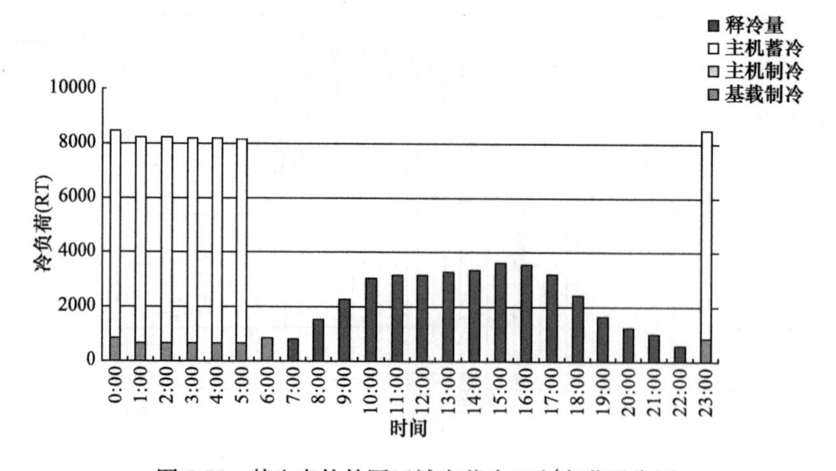

图5-55　某生态软件园区域水蓄冷25%负荷平衡图

（2）主要设备初投资

该生态软件园区域水蓄冷系统主要设备投资见表 5-124。

某生态软件园区域水蓄冷系统主要设备投资 **表 5-124**

序号	设备名称	参数	单位	数量（台）	电量（kW）	总电量（kW）	设备单价（万元/台）	设备费用（万元）	备注
1	双工况主机	1900	RT	4	1275	5100	400	1600	
2	基载主机	1920	RT	1	1275	1275	400	400	
3	一级冷水泵	754	m^3/h	4	45	180	10	40	
4	冷却泵	1449	m^3/h	4	160	640	35	140	
5	基载冷水泵	871	m^3/h	1	55	55	12	12	
6	基载冷却泵	1449	m^3/h	1	160	160	35	35	
7	冷却塔	1449	m^3/h	4	60	240	120	480	
8	基载冷却塔	1449	m^3/h	1	60	60	120	120	
9	蓄冷水罐	8000	m^3	3			750	2250	ϕ20m×H26m
10	二级冷水泵	900	m^3/h	7	160	1120	30	210	5℃/12℃
11	自控系统							1200	
12	变配电系统							883	
13	合计					8830		7370	

该生态软件园区域水蓄冷系统主要设备投资约为 7370 万元，总装机电负荷为 8830kW。

（3）运行能耗与费用

每年制冷系统耗电量 19174MWh，管网循环水泵耗电量 1298MWh。年总耗电量 20472MWh。

每年制冷系统电费 842 万元，其中辅机电费 141 万元；管网循环水泵电费 106 万元；另外，总装机电负荷为 8830kW，基础电费 403 万元；年总电费 1351 万元。

具体数据见表 5-125～表 5-128。

某生态软件园区域水蓄冷方案设计日电费统计表 **表 5-125**

时间	总冷负荷（RT）	基载制冷（RT）	制冷机制冷量（RT）		蓄冷水槽（RT）		基载耗电（kWh）	蓄冷耗电（kWh）	耗电小计（kWh）	电费（元）
			主机蓄冷	主机制冷	储冷量	释冷量				
0：00	1764	1764	7620		18864		1419.4	6072.8	7492.2	2187.7
1：00	1344	1344	7600		26462		1140.5	6072.8	7213.4	2106.3
2：00	1344	1344	7580		34040		1140.5	6072.8	7213.4	2106.3
3：00	1344	1344	7560		41598		1140.5	6072.8	7213.4	2106.3
4：00	1344	1344	7540		49136		1140.5	6072.8	7213.4	2106.3
5：00	1344	1344	7520		56654		1140.5	6072.8	7213.4	2106.3
6：00	1764	1764	6346	0	63000		1419.4	6072.8	7492.2	2187.7
7：00	3286	1920		0	61632	1366	1522.8	0.0	1522.8	1004.6
8：00	6296	1920		0	57254	4376	1522.8	0.0	1522.8	1004.6
9：00	9119	1920		3800	53852	3400	1522.8	3036.4	4559.2	3007.7
10：00	12216	1920		3800	47354	6496	1522.8	3036.4	4559.2	4824.1

续表

时间	总冷负荷(RT)	基载制冷(RT)	制冷机制冷量(RT)		蓄冷水槽(RT)		基载耗电(kWh)	蓄冷耗电(kWh)	耗电小计(kWh)	电费(元)
			主机蓄冷	主机制冷	储冷量	释冷量				
11：00	12668	1920		3800	40403	6949	1522.8	3036.4	4559.2	4824.1
12：00	12734	1920		7600	37186	3215	1522.8	6072.8	7595.6	5010.8
13：00	13137	1920		7600	33567	3617	1522.8	6072.8	7595.6	5010.8
14：00	13500	1920		7600	29584	3981	1522.8	6072.8	7595.6	5010.8
15：00	14591	1920		7600	24510	5072	1522.8	6072.8	7595.6	5010.8
16：00	14314	1920		5700	17814	6694	1522.8	4554.6	6077.4	6430.5
17：00	12862	1920		5700	12569	5243	1522.8	4554.6	6077.4	6430.5
18：00	9744	1920		5700	10442	2125	1522.8	4554.6	6077.4	6430.5
19：00	6671	1920		3800	9489	951	1522.8	3036.4	4559.2	4824.1
20：00	5075	1920		0	6332	3155	1522.8	0.0	1522.8	1611.3
21：00	4148	1920		0	4102	2228	1522.8	0.0	1522.8	1611.3
22：00	2411	1920		0	3609	491	1522.8	0.0	1522.8	1004.6
23：00	1764	1764	7640		11247		1419.4	6072.8	7492.2	2187.7
合计	164784	42732	59406	62700		59359	34326	98683	133009	80146
日移高峰电量＝		30458	kWh	日移平峰电量＝		20072	kWh	高峰电量＝	72942	kWh

每年耗电量＝19174MWh	每年运行电费＝842 万元
年移高峰电量＝6831MWh	年移平峰电量＝3965MWh

注：全年（240d）供冷时间段分布
1. 设计日运行天数：10d；
2. 75％负荷运行天数：80d；
3. 50％负荷运行天数：90d；
4. 25％负荷运行天数：60d。

年峰电量＝5232MWh
全年总冷量＝2217 万 RTh
管网循环水泵电耗＝1298MWh
管网循环水泵电费＝106 万元

某生态软件园区域水蓄冷方案 75％负荷电费统计表　　表 5-126

时间	总冷负荷(RT)	基载制冷(RT)	制冷机制冷量(RT)		蓄冷水槽(RT)		基载耗电(kWh)	蓄冷耗电(kWh)	耗电小计(kWh)	电费(元)
			主机蓄冷	主机制冷	储冷量	释冷量				
0：00	1764	1764	7620		18948		1419.4	6072.8	7492.2	2187.7
1：00	1344	1344	7600		26546		1140.5	6072.8	7213.4	2106.3
2：00	1344	1344	7580		34124		1140.5	6072.8	7213.4	2106.3
3：00	1344	1344	7560		41682		1140.5	6072.8	7213.4	2106.3
4：00	1344	1344	7540		49220		1140.5	6072.8	7213.4	2106.3
5：00	1344	1344	7520		56738		1140.5	6072.8	7213.4	2106.3
6：00	1764	1764	6262	0	63000		1419.4	6072.8	7492.2	2187.7
7：00	2465	1920		0	62453	545	1522.8	0.0	1522.8	1004.6
8：00	4722	1920		0	59649	2802	1522.8	0.0	1522.8	1004.6
9：00	6839	1920		0	54728	4920	1522.8	0.0	1522.8	1004.6
10：00	9162	1920		0	47484	7242	1522.8	0.0	1522.8	1611.3
11：00	9501	1920		0	39900	7581	1522.8	0.0	1522.8	1611.3
12：00	9551	1920		5700	37967	1931	1522.8	4554.6	6077.4	4009.3
13：00	9853	1920		5700	35732	2233	1522.8	4554.6	6077.4	4009.3
14：00	10125	1920		5700	33224	2505	1522.8	4554.6	6077.4	4009.3

续表

时间	总冷负荷（RT）	基载制冷（RT）	制冷机制冷量（RT）		蓄冷水槽（RT）		基载耗电（kWh）	蓄冷耗电（kWh）	耗电小计（kWh）	电费（元）
			主机蓄冷	主机制冷	储冷量	释冷量				
15：00	10943	1920		5700	29898	3324	1522.8	4554.6	6077.4	4009.3
16：00	10735	1920		1900	22981	6916	1522.8	1518.2	3041.0	3217.7
17：00	9647	1920		0	15252	7727	1522.8	0.0	1522.8	1611.3
18：00	7308	1920		0	9861	5388	1522.8	0.0	1522.8	1611.3
19：00	5003	1920		0	6776	3083	1522.8	0.0	1522.8	1611.3
20：00	3806	1920		0	4888	1886	1522.8	0.0	1522.8	1611.3
21：00	3111	1920		0	3694	1191	1522.8	0.0	1522.8	1611.3
22：00	1808	1808		0	3692	0	1522.8	0.0	1522.8	1004.6
23：00	1764	1764	7640		11330		1419.4	6072.8	7492.2	2187.7
合计	126591	42620	59322	24700		59274	34326	68319	102645	51647
日移高峰电量＝		36914	kWh	日移平峰电量＝		14696	kWh	高峰电量＝	42578	kWh

某生态软件园区域水蓄冷方案 50%负荷电费统计表 　　**表 5-127**

时间	总冷负荷（RT）	基载制冷（RT）	制冷机制冷量（RT）		蓄冷水槽（RT）		基载耗电（kWh）	蓄冷耗电（kWh）	耗电小计（kWh）	电费（元）
			主机蓄冷	主机制冷	储冷量	释冷量				
0：00	1411	1411	7620		19116		1185.1	6072.8	7257.9	2119.3
1：00	1075	1075	7600		26714		962.0	6072.8	7034.8	2054.2
2：00	1075	1075	7580		34292		962.0	6072.8	7034.8	2054.2
3：00	1075	1075	7560		41850		962.0	6072.8	7034.8	2054.2
4：00	1075	1075	7540		49387		962.0	6072.8	7034.8	2054.2
5：00	1075	1075	7520		56905		962.0	6072.8	7034.8	2054.2
6：00	1411	1411	6095	0	63000		1185.1	6072.8	7257.9	2119.3
7：00	1643	1920		0	63275	－277	1522.8	0.0	1522.8	1004.6
8：00	3148	1920		0	62045	1228	1522.8	0.0	1522.8	1004.6
9：00	4560	1920		0	59403	2640	1522.8	0.0	1522.8	1004.6
10：00	6108	1920		0	55213	4188	1522.8	0.0	1522.8	1611.3
11：00	6334	0		0	48877	6334	0.0	0.0	0.0	0.0
12：00	6367	0		0	42508	6367	0.0	0.0	0.0	0.0
13：00	6568	0		0	35937	6568	0.0	0.0	0.0	0.0
14：00	6750	0		0	29185	6750	0.0	0.0	0.0	0.0
15：00	7296	1920		0	23807	5376	1522.8	0.0	1522.8	1004.6
16：00	7157	1920		0	18568	5237	1522.8	0.0	1522.8	1611.3
17：00	6431	1920		0	14055	4511	1522.8	0.0	1522.8	1611.3
18：00	4872	0		0	9181	4872	0.0	0.0	0.0	0.0
19：00	3335	0		0	5843	3335	0.0	0.0	0.0	0.0
20：00	2537	0		0	3304	2537	0.0	0.0	0.0	0.0
21：00	2074	1920	0	0	3148	154	1522.8	0.0	1522.8	1611.3
22：00	1205	1920		0	3860	－714	1522.8	0.0	1522.8	1004.6
23：00	1411	1411	7640		11498		1185.1	6072.8	7257.9	2119.3
合计	85993	26888	59155	0		59106	22071	48582	70653	28097
日移高峰电量＝		28053	kWh	日移平峰电量＝		19414	kWh	高峰电量＝	12182	kWh

某生态软件园区域水蓄冷方案25%负荷电费统计表 表5-128

时间	总冷负荷（RT）	基载制冷（RT）	制冷机制冷量（RT）		蓄冷水槽（RT）		基载耗电（kWh）	蓄冷耗电（kWh）	耗电小计（kWh）	电费（元）
			主机蓄冷	主机制冷	储冷量	释冷量				
0：00	882	882	7620		40031		833.6	6072.8	6906.4	2016.7
1：00	672	672	7600		47629		694.2	6072.8	6767.0	1976.0
2：00	672	672	7580		55207		694.2	6072.8	6767.0	1976.0
3：00	672	672	7560		62764		694.2	6072.8	6767.0	1976.0
4：00	672	672	7540		70302		694.2	6072.8	6767.0	1976.0
5：00	672	672	7520		77820		694.2	6072.8	6767.0	1976.0
6：00	882	882	−14820	0	63000		833.6	6072.8	6906.4	2016.7
7：00	822	0		0	62176	822	0.0	0.0	0.0	0.0
8：00	1574	0		0	60601	1574	0.0	0.0	0.0	0.0
9：00	2280	0		0	58319	2280	0.0	0.0	0.0	0.0
10：00	3054	0		0	55263	3054	0.0	0.0	0.0	0.0
11：00	3167	0		0	52094	3167	0.0	0.0	0.0	0.0
12：00	3184	0		0	48908	3184	0.0	0.0	0.0	0.0
13：00	3284	0		0	45622	3284	0.0	0.0	0.0	0.0
14：00	3375	0		0	42245	3375	0.0	0.0	0.0	0.0
15：00	3648	0		0	38595	3648	0.0	0.0	0.0	0.0
16：00	3578	0		0	35015	3578	0.0	0.0	0.0	0.0
17：00	3216	0		0	31797	3216	0.0	0.0	0.0	0.0
18：00	2436	0		0	29359	2436	0.0	0.0	0.0	0.0
19：00	1668	0		0	27689	1668	0.0	0.0	0.0	0.0
20：00	1269	0		0	26419	1269	0.0	0.0	0.0	0.0
21：00	1037	0		0	25380	1037	0.0	0.0	0.0	0.0
22：00	603	0		0	24775	603	0.0	0.0	0.0	0.0
23：00	882	882	7640		32413		833.6	6072.8	6906.4	2016.7
合计	44201	6006	38240	0		38195	5972	48582	54554	15930
日移高峰电量＝		17482	kWh	日移平峰电量＝		14026	kWh	高峰电量＝	0	kWh

5.5.4 供冷经济技术对比

1. 初投资

各方案初投资对比见表5-129。

某生态软件园各供冷方案初投资汇总表 表5-129

制冷方式	初投资（万元）	差额（万元）	比率（%）	备注
区域电制冷	6898	—	—	基准
区域冰蓄冷	7532	634	9.2	增加
区域水蓄冷	7370	472	6.8	增加

注：初投资仅为设备投资，不含阀门管道及安装调试等费用。

2. 年运行能耗及费用

各方案年运行能耗及费用对比见表 5-130 和表 5-131。

某生态软件园各供冷方案运行能耗汇总表　　表 5-130

制冷方式	装机电负荷		移峰电量(MWh)	年能耗			减排CO_2(t)	备注
	设计值(kW)	减少(kW)		电量(MWh)	折标准煤(t)	节标准煤(t)		
区域电制冷	13520	—	0	20278	7097	—	—	基准
区域冰蓄冷	9039	4481	7330	22316	7228	131	339	增加
区域水蓄冷	8830	4690	10797	20472	6307	790	2055	减少

某生态软件园各供冷方案运行费用汇总表　　表 5-131

制冷方式	运行费用（万元）	差额（万元）	比率（%）	备注
区域电制冷	2376	—	—	基准
区域冰蓄冷	1623	753	32	减少
区域水蓄冷	1351	1025	43	减少

注：运行费用含电费和基础电费。

3. 全寿命周期费用

系统设备寿命按 20 年计算，各方案的全寿命周期费用见表 5-132 和图 5-56。

某生态软件园各供冷方案全寿命周期费用　　表 5-132

制冷方式	初投资（万元）	还贷款（万元）	年运行费用（万元）	年均费用（万元）	全寿命周期			备注
					总费用（万元）	差额（万元）	节省率（%）	
区域电制冷	6898	345	2376	3066	61318	—	—	基准
区域冰蓄冷	7532	377	1623	2377	47532	13786	22	减少
区域水蓄冷	7370	369	1351	2089	41770	19548	32	减少

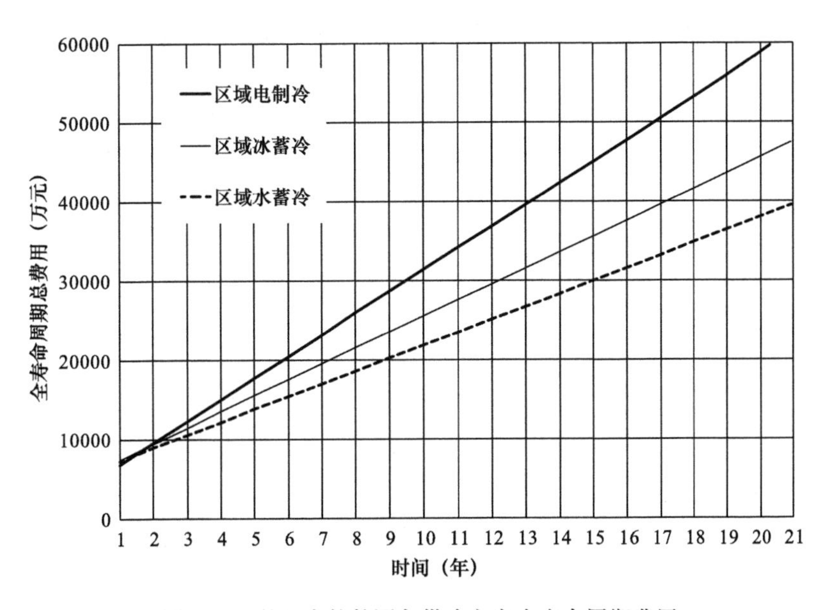

图 5-56　某生态软件园各供冷方案全寿命周期费用

4. 对电网的影响

区域蓄冷系统，考虑群体建筑使用系数，整体负荷减小，以区域冰蓄冷为例，系统设备装机电负荷减小4481kW，相应配电系统容量减小，电力增容费降低，变电站容量减小，发电厂投资节省3584万元。

5. 能源方案建议

冰蓄冷与水蓄冷从系统方面对比：冰蓄冷需要双工况冷水机组、蓄冰槽、蓄冰盘管等，自控系统较复杂，初投资较高；制冰时冷机效率下降，冰蓄冷总能耗较高；冰蓄冷蓄冷密度高，蓄冷槽所占空间较小。在运行方面，冰蓄冷可以提供低温冷水，外融冰系统可以提供1～3℃的低温冷水，水蓄冷系统冷水供水温度为4～8℃。

区域冰蓄冷方案与区域电制冷方案相比，初投资高9.2%；电力装机容量低4481kW，减少了市政电力投资；运行过程中，每年可以转移7330MWh的高峰和平峰电量到低谷时段，提高了电网的运行效率；综合计算运行能耗的减少和转移高峰电量的节能量，综合减排$CO_2$339t，运行费用减少753万元/年。

区域水蓄冷方案与区域电制冷方案相比，初投资高6.8%；电力装机容量低4690kW，减少了市政电力投资；运行过程中，每年可以转移10797MWh的高峰和平峰电量到低谷时段，提高了电网的运行效率；综合计算运行能耗的减少和转移高峰电量的节能量，综合减排$CO_2$2055t，运行费用减少1025万元/年，具有很好的经济效益和社会效益。

经过上述论述和对各方案的初投资、运行费用进行分析，对于该生态软件园供冷方案，建议将区域水蓄冷作为首选方案。

5.5.5 结论与建议

区域水蓄冷方案与区域电制冷方案相比，初投资高6.8%；电力装机容量低4690kW，减少了市政电力投资；运行过程中，每年可以转移10797MWh的高峰和平峰电量到低谷时段，提高了电网的运行效率；综合计算运行能耗的减少和转移高峰电量的节能量，综合减排$CO_2$2055t，运行费用减少1025万元/年，具有很好的经济效益和社会效益。

参考文献

[1] 中华人民共和国国家标准. 公共建筑节能设计标准 GB 50189—2005 [S]. 北京：中国建筑工业出版社，2005.

[2] ANSI/AHRI Standard 550/590-2011 Performance Rating of Water-Chilling and Heat Pump Water-Heating Packages Using the Vapor Compression Cycle.

[3] AHRI Standard 210/240-2008 Performance Rating of Unitary Air-Conditioning&Air-Source Heat Pump.

[4] 汪训昌. 正确理解、解释与应用 ARI550/590 标准中的 IPLV 指标 [J]. 暖通空调，2006，36 (11)：46-50.

[5] 钟瑜，张秀平，贾磊. 蒸气压缩循环冷水（热泵）机组性能评价方法探讨 [J]. 制冷与空调，2012，12 (1)：84-88.

[6] 李苏泷. 冷水机组综合部分负荷性能指标与能耗计算 [J]. 暖通空调，2005，35 (11)：80-82.

[7] 龙惟定，周辉. 公共建筑节能设计标准宣贯辅导教材 [M]. 北京：中国建筑工业出版社，2005.